建筑技术理论与实践丛书

建筑物理

从物理原理到国际标准

马尔科·平特里奇 / 著
陈 智/译

东南大学出版社
SOUTHEAST UNIVERSITY PRESS
·南京·

图字:10-2021-270 号

图书在版编目(CIP)数据

建筑物理:从物理原理到国际标准/(斯洛文)马尔科·平特里奇(Marko Pinterić)著;陈智译. --南京:东南大学出版社,2021.6

书名原文:Building Physics: from physical principles to international standards

ISBN 978-7-5641-9565-6

Ⅰ. ①建… Ⅱ. ①马…②陈… Ⅲ. ①建筑物理学-高等学校-教材 Ⅳ. ①TU11

中国版本图书馆 CIP 数据核字(2021)第 108743 号

建筑物理: 从物理原理到国际标准

译　　者: 陈　智
出版发行: 东南大学出版社
出 版 人: 江建中
社　　址: 南京市四牌楼 2 号(邮编: 210096)
网　　址: http://www.seupress.com
经　　销: 全国各地新华书店
印　　刷: 南京凯德印刷有限公司
开　　本: 787 mm×1092 mm　1/16
印　　张: 17.25
字　　数: 356 千字
版　　次: 2021 年 6 月第 1 版
印　　次: 2021 年 6 月第 1 次印刷
书　　号: ISBN 978-7-5641-9565-6
定　　价: 58.00 元

本社图书若有印装质量问题,请直接与营销部联系。电话(传真):025-83791830

序 言

建筑物理学是一门科学的分支，研究和探讨建筑物内及其周围的热、空气、湿气、污染物、声音和光的流动，以及这些流动如何影响人们的生活和工作环境质量及建筑物的能源效率和耐久性。因此，建筑物理学科的发展与应用直接影响着人们的健康、安全、舒适、生产力、创造力和幸福以及社会的可持续发展。

本书的独特之处在于，它通过国际标准组织(ISO)制定的相关国际标准将建筑物理的基本理论与实际解决方案联系起来。它简洁地介绍了热力学、传热学、声学和照明的理论，将其应用于建筑能源和环境系统。它用来自相关 ISO 标准的性能指标和最佳实现方法来清晰地了解当前的知识和实践状态。ISO 标准是通过国际合作达成共识制定的。它们反映了当前的理解和实用的解决方案，并在测量和评估方法、测试程序、性能标准和质量方面提供了国际认可的通用标准。随着新知识、新要求和验证结果的出现，ISO 标准会随着时间的推移而不断改进，因此也是衡量建筑物理及其实际应用进展的有效途径。

我很高兴看到这本书被翻译成中文。它不仅是一本出色的教科书，带有清晰的插图，易于理解，而且很好地把相关的 ISO 标准介绍给读者。它有助于拓宽学生的视野，增强将理论与实际解决方案紧密联系起来的能力。

张建舜，博士
国际建筑物理协会主席
美国暖通空调学会和国际室内空气质量与气候协会资深会员
锡拉丘兹大学机械与航空航天工程系建筑能源与环境系统实验室教授兼主任
南京大学建筑与城市规划学院客座教授
2021 年 4 月 1 日

Prologue

Broadly speaking, Building Physics is a branch of science that studies the flows of heat, air, moisture, pollutants, sounds, and lights in and around buildings, and how these flows affect the quality of people's living and working environment as well as the energy efficiency and durability of buildings. Advances in Building Physics hence directly impact the health, safety, comfort, productivity, creativity and wellbeing of people and sustainable development of the society.

The present book is unique in that it connects the fundamental theory of Building Physics to practical solutions through the relevant international standards developed by the International Standards Organization (ISO). It systematically and concisely introduces the theory of thermodynamics, heat transfer, acoustics and lighting as they are applied to the building energy and environmental systems. And it uses performance criteria and best practices from relevant ISO standards to give a clear picture of the current state of knowledge and practices. ISO standards are developed using a consensus process through international collaborations. They reflect current understanding and practical solutions as well as provide internationally recognized standards in measurement and evaluation methods, test procedures, performance criteria, and quality. ISO standards also improve over time as new knowledges, requirements and validation results become available, and hence are also a viable way to gauge the progresses in Building Physics and its applications in practice.

I am pleased to see that the book is being translated to Chinese. It is not only an excellent textbook that is easy to understand with clear illustrations, but also provides a great reference to the relevant ISO standards. It helps to broaden the views of our students and develop the ability to better link theory to practical solutions.

Jianshun "Jensen" Zhang, Ph.D.
Chairman, International Association of Building Physics

Fellows of AHSREA and ISIAQ
Professor and Director of Building Energy and Environmental Systems Laboratory
Department of Mechanical and Aerospace Engineering
Syracuse University
Visiting Professor of Nanjing University's School of Architecture and Urban Planning

April 1, 2021

译者序

建筑物理是研究建筑环境中的热、声、光等与建筑实体之间关系的一门学科，这门学科同时还与人的生理及心理感受密切相关。因此建筑物理对于提高建筑质量与建筑舒适性是非常重要的。

在我国多年的建筑物理教育中，已经出现了许多非常优秀且经典的教材。但是这些教材往往忽略物理细节，同时不强调数学的推导，而是直接给出相关的结论。而学生在学习这门课时也同样是以记住这些结论为主。由于建筑学教育中通常不安排普通物理等课程，因此学生在学习建筑物理时往往觉得非常困难。另外绿色建筑已经成为建筑设计中不可或缺的一个环节，而绿色建筑设计中出现的很多问题是无法直接套用教材中所给的结论的。由于缺乏基本原理的学习和相应的数学推导，学生们在面对一个具体的新问题时往往无从下手，缺少解决问题的能力。

当我被安排为扬州大学建筑学的学生讲授建筑物理时，我便试图做一些改变，我希望建筑物理能从较为基本的物理原理讲起，慢慢过渡到最后的结论，然后再展示一些实际的案例。当我在准备相关教案时，我接触到了马尔科·平特里奇教授的这本书，我发现这本书的写作思路和我的非常相像，因此我决定将它翻译成中文，介绍给国内的建筑学学生，同时也希望这本书能给我国的建筑物理教育提供一定的参考和补充。

在我看来，这本书的最大特点是为建筑物理的相关内容补充了很多基础知识。比如在讲建筑热工之前，作者从温度这一最基本的概念讲起；在讲建筑声学之前，作者详细介绍了波的理论。我觉得这些基础知识是非常必要的，它们是一座沟通高中物理与建筑物理的桥梁。同时作者并不是直接给出标准里的结论，而是由基本原理一步一步慢慢推导出来，这种做法可以让学生更清晰地理解相关知识。另外国内一些教材中给出的一些计算方法现已不被采用，而这本书中给出的计算方法与最新的国标是一致的。本书还提供了一些额外知识，比如通过一个例题简要说明为什么对于固体或液体只提供一个比热容值，使学生不至于感到困惑。本书还对红外热成像进行了较为详细的介绍，而红外热成像技术现在已经被广泛应用到建筑技术中。在数学方面，作者的推导已经尽可能地详细和简单，即使是建筑系的学生，只要花一些工夫是可以搞明白思路的。本书最终以国际标准的形式将建筑物理中各部分的知识呈现出来，这使得本书不仅可以作为建筑物理本科阶段学习的补充读物，也非常适合建筑城市环境相关专业的研究生深入学习使用。由于本书和国际标准做到了相互衔接，因此本书也适用于建筑工程人员特别是绿色建筑、环境设计咨询专业的从业者阅读参考。我觉得对于建筑学专业的学生来说，将知识通过直观的案例进行展示对于加深理解而言是大有裨益的。相比于国内的教材，这本书在应用和案例展示方面呈现得较少，这一点是其不足之处。

在翻译过程中，我尽可能按照原文的意思进行直译，对于个别原文表达不太顺畅的地方采用了意译。在专业词汇方面，由于作者所使用的部分词汇的英文单词和我国通用的不太一致（但表达的意思明显相同），我则按照国内的通用名称进行翻译。有些词汇没有一致的中文名称（不同书中使用的名称不同），我则选择简洁易懂的中文来翻译。还有一些作者使用的词汇在国内没有对应的中文名称，我则根据词汇的语义直接进行了翻译。总之力求避免在概念上产生混淆。由于译者水平有限，书中难免有许多舛错讹误，希望广大读者不吝批评指正。

本书被纳入了南京鼓楼建科科研团队筹划的“建筑技术理论与实践”丛书中。鼓楼建科的学术召集人杨玉锦师弟为丛书策划及本书的版权协调、翻译校对做了大量工作。在翻译过程中，南京大学陈乐易、肖疏雨两位博士以及博士生张明杰同学等给予了大量的帮助，在此对他们表示感谢。本书的英文原著已经出了第二版，我是在第二版的基础上翻译的，原作者为该译著中的图片做了大量的工作。同时要感谢张建舜教授为本书作序，还要感谢东南大学出版社的魏晓平编辑及其他工作人员为本书所付出的努力，感谢南京大学的刘铨老师为本书设计封面。

翻译此书时，我的儿子刚出生不久，因此在翻译期间我的爱人承担了大部分育儿工作，谨以此书献给他们。

陈 智

于瓠樗小屋

2021.2.8

前　言

土木工程近几十年来的发展趋势是建筑的设计、建造和重建越来越重视多学科方法的交叉。建筑的设计不再仅仅是为了躲避自然的不利因素，而是为了建立舒适的生活条件和维护人类健康。此外，化石燃料的枯竭和气候变化使得建筑能源利用效率成为焦点。虽然结构完整性仍然是首要关注的问题，但热传递、湿传递、建筑声学和建筑光学等传统建筑物理现象的知识正在变得同样重要。

然而，建筑物理的教育和该领域的学术研究、标准和立法等方面取得的重大进展并不匹配。对建筑物理中的某特定领域进行详细介绍的书有很多，但(阅读它们)往往需要高深的高等数学知识，这让它们更适合物理学家阅读。(相比之下)适合土木工程师和建筑师的著作则要少得多。此外，在对各种现象的简明描述方面，不同群体和不同研究方向的人之间的差距越来越大。

当我被委托为土木工程和建筑学专业的学生讲授建筑物理时，我决定解决这个问题。我不仅想把所有感兴趣的主题放在一个屋檐下，而且还想以国际标准的形式呈现建筑物理中各个学科之间的联系，这些学科和它们的物理原理之间的联系，以及理论和应用之间的联系。建立这些联系会使各主题更具教育性和趣味性。爱因斯坦有句名言“一切理论都应该简洁，但不能过于简化”，我的目标是在不扭曲物理事实的情况下尽可能降低数学的复杂性。为了帮助读者更好地阅读，这本书还包括一些关于热力学和波理论的介绍性部分，同时假设读者熟悉固体和流体力学。最后，在需要动态演示的地方，我还提供了一些多媒体内容。

构思良好的各种标准大大简化了我的工作，这些标准还包括了物理量的符号和名称的规定。本书使用符合标准的符号和名称，如表 A.1 所示。

我相信，这本书的写作方法将提高人们对建筑物理相关主题的认识和知识，并对专业研究者有所裨益。另一方面，这本书也一定有需要改进的地方，我期待着读者对这本书提出建设性的建议和批评。

目　录

引　言

在建筑设计和施工过程中，往往涉及不同的学科，每个学科都有各自不同的任务：

- 建筑学主要关注的是美学和空间功能。
- 土木工程主要关注的是结构完整性。
- 另一方面，建筑物理则主要关注居住者的生活条件以及建筑内外部环境之间的相互作用。

本书涵盖了最主要的建筑物理现象，可分为四个主题：热传递、湿传递、声音和光。尽管主题极其多样，但它们有许多共同点，如图 A 所示。

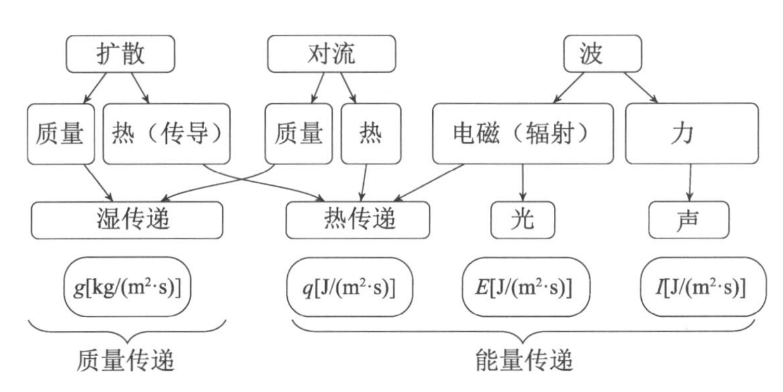

图 A　本书所涵盖的物理原理和建筑物理现象的全貌图

首先，我们通常对某一物理实体（质量或各种形式的能量）的传递感兴趣。物理实体的传递最好通过强度或流量密度来描述，其含义是通过一个面传递的实体总量，除以该面的面积和传输时间。因此，强度的定义和单位是：

注意

任何物理量的传递，无论是质量还是能量，最好用强度或流量密度这样的概念来描述。

$$强度=\frac{物理实体总量}{面积\times时间}[\mathrm{X/(m^2\cdot s)}]$$

对于湿、热、电磁辐射（光）和声音，用来描述它们传递过程的物理量分别叫做水蒸气流量密度、热流密度、辐照度（照度）和时均声强。我们将在适当的章节对这些概念逐一说明。同时，考察它们的相似性和差异性也可以更好地阐明如此定义的目的。

此外，上述所有传递过程的发生仅基于三个基本物理机制：扩散、对流和波。我们将在后文碰到它们时讨论所有这些机制。

根据问题类型，我们将研究建筑物的不同部分：

- 建筑元件*是建筑物的主要部分，如墙、地板或屋顶。
- 建筑构件是建筑元件或其一部分。

我们将在整本书中恰当地使用这两个短语。

这本书还包括热力学和波动力学的介绍以方便参考。

最后，在出版时，会附带一些在线多媒体内容（网址：http：www.pinteric.com/books/.），这些内容会在书的页边空白处用符号表示。以后可能会添加更多的多媒体材料，请关注。

***译者注**

建筑元件的原文为building element，国标GB/T 20311—2006中将建筑元件称为建筑单元。事实上这两个概念区分得并不明显，如GB/T 20311—2006在说明中又指出“在本标准中，构件一词可以用来指单元和构件”。

1 热力学基础

热力学是物理学的一个分支,其研究的是系统的整体性质及其之间的能量传递。所谓“系统”,我们可以理解成所研究的空间中任何定义明确的区域。这一重要的概念通常与“真实”的物体有关,从常见的固体到容器内的气体。

由于系统通常包含大量粒子,因此需要对其进行统计描述。为此,热力学定义了额外的物理量,例如内能、物质的量、压力和温度。

本章的目的并非是对热力学给出一个全面系统的阐述,而是对本书后面所用到的一些概念进行简单介绍。另外本章最后还阐述了能量平衡、热泵和热机。

1.1 物质的结构

宏观物体总是由大量粒子组成的,这些粒子即原子和/或分子。这些粒子的行为取决于物质的状态(图 1.1):

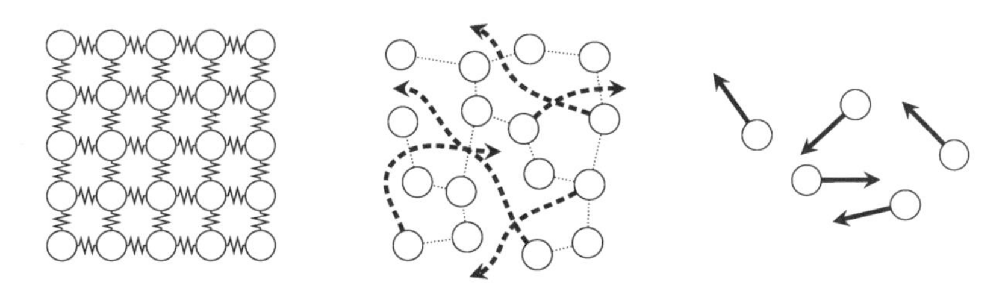

图 1.1 物质三种状态的简单模型,固态(左)、液态(中)和气态(右)

- 在固态状态下,粒子通过强大的电磁力紧密结合在一起。这些粒子不能四处移动,但可以在平衡位置附近振荡。固态物质可以保持自己的形状。
- 在液态状态时,粒子彼此之间非常靠近,并且由于弱电磁力而不规则地连接在一起,这些电磁力很容易断开并重新建立。这些粒子可以很容易地四处移动。液态物质不能保持其自身的形状,而是呈容器的形状。但是因为液体总是保持恒定的体积,所以如果液体的体积小于容器的体积,液体会形成自己的表面。
- 在气态状态下,粒子之间相隔很大的空间,它们之间除了偶尔碰撞外没有力的作用。这些粒子自由、快速地运动。气态物质不能保持其自身形状，而且始终充满整个容器空间。

在存在压力差的情况下，液态和气态物质都处于流动状态（连续变形）。因此，它们也统称为“流体”。

1.2 热量和温度

我们通过定义一些基本概念开始热力学研究。其中部分定义将随着知识的扩展，在以后得到进一步的阐述。我们假设两个系统彼此热接触，如果能量可以非机械地在它们之间传递，即仅通过它们之间的温度差进行传递，由于热接触，能量从一个物体传递到另一个物体，那么这传递的能量就是热量，单位是焦耳(J)。请注意热量与其他类型的能量是同一个单位。最后，热平衡指的是两个系统处于热接触状态，但在它们之间没有热量传递。

热力学的第一个重要定律是热力学第零定律或热平衡定律：如果系统A和B处于热平衡状态，并且使系统A和C处于热平衡状态，然后系统B和C也处于热平衡状态。

这个定律可以通过实验证明，并且非常重要，因为它使我们可以定义温度。假设有几个不同的系统，通过凭借热力学第零定律，我们可以对这些系统进行分类（没有共同元素的子集），使相互之间处于热平衡的系统归为一类，如图1.2所示。这样我们就可以用唯一的温度 T 为每个类进行标记。

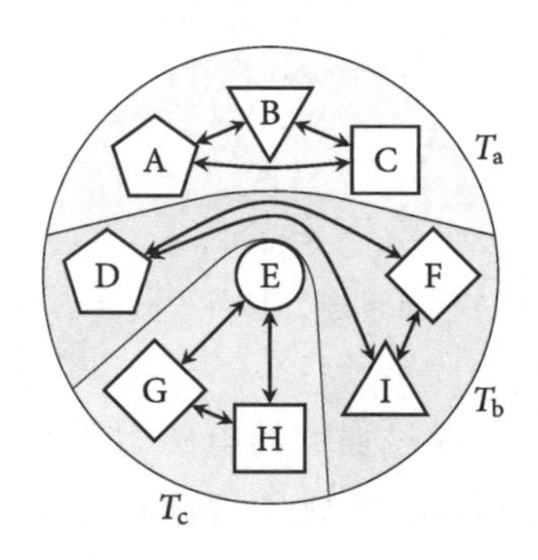

图1.2 九个系统，箭头表示处于热平衡状态。可以形成热平衡状态的系统被归类，并以不同的温度标记

注意

如果两个物体处于热接触状态，它们可以通过热量的形式发生能量交换。但如果它们具有相同的温度，那么净传热将会是零。

因此，两个系统间的热传递取决于它们的温度。如果它们的温度不同，热量将会在它们之间发生传递，如果它们之间具有相同的温度，那么就不会有热量传递。以辐射为例，热量总是在两个系统之间传递的，如果两个系统具有相同的温度，那么净传热将会是零。

通过这一定律，我们也可以让两个物体在不通过热接触的情况下就能判断它们是否处于热平衡状态。我们可以使用一个中间媒介，即温度计来达到这一目的，如图 1.3 所示。

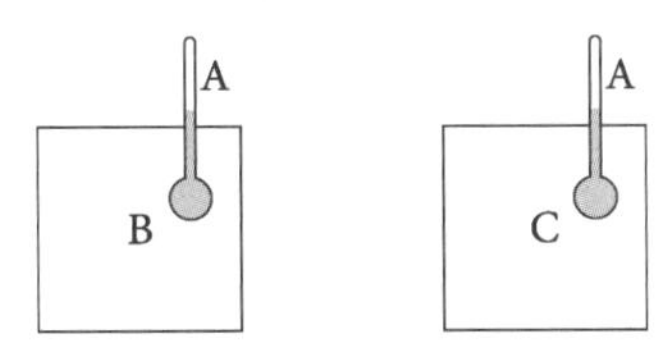

图 1.3 首先将温度计(物体 A)与物体 B 热接触。达到热平衡后，我们记录第一个读数。然后将物体 A 从与物体 B 的热接触中移除并与物体 C 热接触。达到热平衡后，我们记录第二个读数。如果两个读数相同，我们可以得出结论：B 和 C 彼此处于热平衡

由此可见，温度是可以量化的。因此我们可以发展出这样的一种方法，使通过该方法得到的较大的数代表较热的系统，较小的数代表较冷的的系统。历史上，有多个通过定义两个参考状态的数值来定义温度标度的尝试。其中最著名的就是我们每天都在用的摄氏温标，其符号为 θ，单位是摄氏度(℃)。摄氏温标是通过以下两个参考状态定义的：

- $\theta=0$℃是标准大气压(1.013×10^5 Pa)下水的熔点温度。
- $\theta=100$℃是标准大气压(1.013×10^5 Pa)下水的沸点温度。

根据这个温标，水的三相点是 0.01℃。

后来的科学发现表明，在自然界中温度−273.15℃是最低可能的温度，该温度通常称为绝对零度。绝对零度是开尔文温标的基础，用符号 T 表示，它的单位是开尔文(K)。请注意，1 K 与 1℃代表相同的温度间隔。开尔文温标由以下参考状态定义：

- $T=0$ K 是绝对零度。
- $T=273.16$ K 是水的三相点温度。

可以使用以下表达式轻松转换这两个温标的温度：

$$T=\theta+273.15 \tag{1.1}$$

但请注意的是，某个温标下的温差或温度变化值用另一个温标计算时其值是相同的：

$$T_2-T_1=(\theta_2+273.15)-(\theta_1+273.15)=\theta_2-\theta_1$$
$$\Delta T=\Delta\theta \tag{1.2}$$

开尔文温标是基于温度的真实零值，而摄氏温标基于的则是与一种特定物质、特定压力相关联的零度。因此，原则上所有温度都应用开尔文温标表示。但是，在工程应用中，更易于感知的摄氏温标用得更多。因为大多数物理过程都不依赖于绝对温度而是取决于温差，因此摄氏温标出现得

注意

开尔文温标是基本温标，但无论是开尔文温标还是摄氏温标，相同的温度差或温度变化代表的值是一样的，两种温标都可以用来描述温差或温度变化。

更加频繁。为避免混淆，每个温标都有一个特定的符号，因此很容易弄清楚在特定的表达式中使用的是哪一种温标。

1.3 热膨胀

与温度有关而最为人所知的过程就是热膨胀。当温度升高时，物质的体积通常也会随之而增大。这个现象是物质内粒子间平均距离发生变化所导致的。

在大多数实际情形下，相比于物体的尺度，热膨胀所导致的尺寸变化是很小的，而且在任意方向上尺寸变化是正比于温度变化的。这一现象可以用如下方程描述：

$$\Delta l = \alpha_l l_0 \Delta T$$

其中 l_0 是某一方向上的初始长度，Δl 是相应的伸长量，ΔT 是温度的变化量。比例系数 α_l(1/K)称为线膨胀系数(表 1.1)。

表 1.1 常见建筑材料线膨胀系数的典型值或平均值

材料	$\alpha_l/10^{-6}\mathrm{K}^{-1}$
木材，沿着纹理方向	5
木材，垂直于纹理方向	50
砖	8
石膏板*	16
混凝土	10
玻璃	9
陶、瓷	7
钢	12
石头	8
冰	50

*数值是从一些厂家处获得。

由于一个物体在任一方向上尺寸都会随着温度发生变化，因此物体的体积也会发生变化。体积的变化同样是正比于温度变化的，该现象可以描述为：

$$\Delta V = \alpha_V V_0 \Delta T$$

其中 V_0 是初始体积，ΔV 是体积的增加量，ΔT 是温度的变化量。比例系数 α_V(1/K) 称为体膨胀系数。

由于无论是摄氏温标还是开尔文温标，相同的温差代表相同的温度变化，因此前述方程也可以用摄氏温标来描述：

$$\Delta l = \alpha_l l_0 \Delta\theta \tag{1.3}$$

$$\Delta V = \alpha_V V_0 \Delta\theta \tag{1.4}$$

上述两个膨胀系数理论上是可以建立联系的。为了获得这种关系，我们考虑一个初始边长是 a_0 的立方体，由于对于各向同性的固体来说，沿着各个方向的线膨胀系数是一样的，因此物体的初始体积和膨胀后的体积可以描述为：

$$V_0 = a_0^3$$
$$V = a^3 = (a_0 + \Delta a)^3 = [a_0(1 + \alpha_l \Delta\theta)]^3$$
$$= a_0^3[1 + 3\alpha_l \Delta\theta + 3(\alpha_l \Delta\theta)^2 + (\alpha_l \Delta\theta)^3] \approx V_0(1 + 3\alpha_l \Delta\theta)$$

由于在大部分情况下 $\alpha_l \Delta\theta \ll 1$，因此在上述推导中我们忽略了高阶部分。只考虑体积变化量，同时代入式 1.4，我们最终可以得到：

$$\Delta V = V - V_0 = 3\alpha_l V_0 \Delta\theta \Rightarrow \alpha_V = 3\alpha_l \tag{1.5}$$

体膨胀系数对液体来说尤其重要，因为液体没有固定的形状，而是和它的容器形状相同，而线膨胀系数对液体来说没什么意义。

在土木工程施工中，热膨胀会导致额外的内应力。在桥梁工程中，为了让桥梁各构件能够在不产生额外内应力的情况下膨胀，我们往往会插入膨胀节(图 6.12)。

1.4 理想气体状态方程

正如在第 1.1 节所指出的，一个宏观系统往往包含大量粒子。例如 1 kg的水中含有 3.3×10^{25} 个水分子，每个水分子的质量是 3.0×10^{-26} kg。系统的质量 m，粒子数 N 以及单个粒子质量 m_1 之间的关系是：

$$m = N m_1 \tag{1.6}$$

在上述等式的右侧，我们同时使用了一个极大的数和一个极小的数，这使得该表达式在使用时变得复杂。

为了避免同时处理一个极大的数和一个极小的数，我们可以将粒子的数量和一个参考数值关联起来。这样我们就定义出了摩尔这样的一个单位。1 摩尔表示含有 6.022×10^{23} 个粒子，每摩尔的粒子数，即阿伏伽德罗常数 $N_A = 6.022\times10^{23}/\text{mol}$。

接下来我们就以摩尔为单位定义物质的量这样一个物理量，并用摩尔数来描述粒子的数量。

$$n = \frac{N}{N_A} \tag{1.7}$$

最后我们定义摩尔质量 M(kg/mol)为一摩尔粒子的质量：

$$M = N_A m_1 \tag{1.8}$$

注意

物质的量和摩尔质量这两个量可以很方便地描述具有大量粒子的系统。

值得注意的是,阿伏伽德罗常数之所以被规定成那样的一个数值,目的是使得 1 mol 的质子正好是 1 g,从而令使用更加方便。

把上述两个定义代入式(1.6),从而得到：

$$\boxed{m = nM} \tag{1.9}$$

这里可以看到,物质的量和摩尔质量使用起来远比用粒子数和单个粒子质量方便。例如 1 kg 的水含有 55 mol 的水分子,水的摩尔质量是 0.018 kg/mol。

接下来我们将对宏观流体对其环境所施加的力感兴趣(我们将在后文中阐述这些力的微观机制)。我们可以通过观察充气的气球来直观地感受到这种力的存在,如图 1.4 所示。由于充气气球的尺寸远比未充气的大,因此必然存在着一种力将气球膜维持在恰当的地方,而这个力的来源就是气球内的空气。这个力是垂直于气球膜的,而不同地方的气球膜小微元朝向不同,因此不同地方的力方向也不同,因此我们用一个标量来描述这个力会更加方便。此外由于施加在球膜上的力正比于膜微元的面积,因此我们用垂直作用在微元上的作用力 dF 和微元面积 dA 的比值定义出了压强 p 这个概念,其单位是帕斯卡(Pa)。

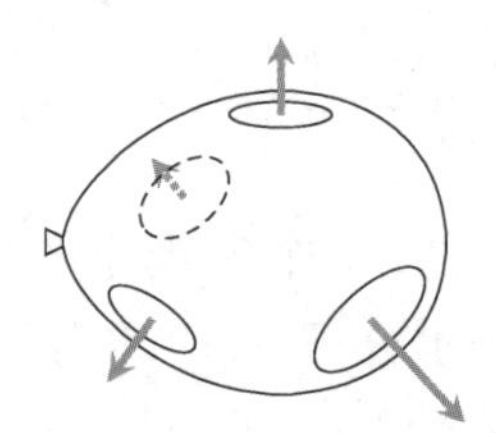

图 1.4 充气气球中的空气在气球膜上施加作用力,以保持其充气状态。这些力垂直于球膜,因此,不同地方的作用力方向不同,并且大小与膜面积成正比

$$p = \frac{\mathrm{d}F}{\mathrm{d}A} \tag{1.10}$$

如果垂直作用在表面上的压力均匀分布在一个平面 A 上,我们也可以不用微分式来计算压强,这样即有：

$$p = \frac{F}{A} \tag{1.11}$$

帕斯卡 Pa 和 N/m^2 是等价的。常用的压强单位还有巴 bar(1bar=1×

10^5 Pa)和标准大气压 atm(1 atm＝1.013×10^5 Pa)。

气体的状态可以用压强、体积和温度充分地描述。实验表明，对于一定量的密闭气体，上述三个物理量之间存在着定量关系。对于大多数普通气体而言，最简单的关系式为：

$$pV=nRT \tag{1.12}$$

其中 $R=8.314$ J/(mol·K)是气体常数。上式即为理想气体状态方程。在理想气体中，粒子仅占容器的一小部分，也就是说当气体压强很低时，该方程更为适用。此外，除非发生弹性碰撞，否则这些粒子自身以及与容器壁之间都不会发生力的作用。

1.4.1　道尔顿分压定律

大多数的实际气体都包含多种粒子。比如干空气这一最重要的气体，其中 78.08%的粒子为氮分子，氧分子占 20.95%，氩原子占 0.93%，二氧化碳分子占 0.04%，所有其余粒子占比低于 0.01%。那么对于这样的混合气体我们还可以使用理想气体状态方程吗？

注意

空气是包含各种分子和原子的气体混合物。

研究表明，理想气体混合后的混合气体依然是理想气体，此时混合气体的总物质的量 n_{tot} 和总压强 p_{tot} 有如下关系：

$$p_{tot}V=n_{tot}RT$$

混合气体中的任一种成分也都是理想气体，满足：

$$p_1V=n_1RT$$
$$p_2V=n_2RT$$
$$p_3V=n_3RT$$
$$\cdots$$

这里我们考虑到混合气体中的各成分具有相同的温度 T 和体积 V。压强 $p_1,p_2,p_3\cdots$是各成分的分压强，也就是其他成分都不存在的情况下该成分气体所产生的压强。

气体混合物中的粒子总数是各成分粒子数之和，这一点可以用物质的量来描述：

$$n_{tot}=n_1+n_2+n_3+\cdots$$

结合前式我们可得：

$$p_{tot}=p_1+p_2+p_3+\cdots \tag{1.13}$$

气体混合物的总压强等于各成分气体分压强之和，这就是道尔顿分压定律。

道尔顿分压定律可以通过理想气体的微观图像来展示。气体是由大量的粒子如分子、原子等构成的，这些粒子可以在空间中自由运动。在它们运动过程中，它们不仅相互碰撞，同时也会和容器壁面发生碰撞(图1.5)，碰撞产生的力导致了气体压强。而每一成分粒子由于碰撞产生的力的总和构成了总的碰撞压力。

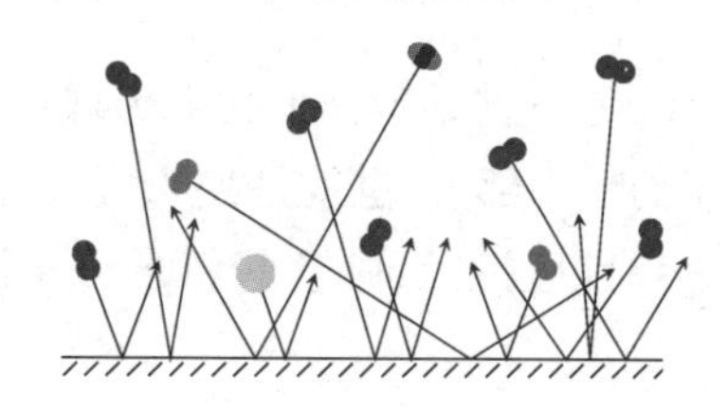

图 1.5 理想气体的微观图像。粒子和容器壁面发生碰撞，碰撞产生的力导致了气体压强。而每一成分粒子由于碰撞产生的力的总和构成了总的碰撞压力

1.5 热力学第一定律

注意

系统所具有的能量叫做内能，热量是两个系统间传递的那部分能量。

热力学中常见的一个错误说法是系统具有热量。事实上，如我们将要展示的，一个系统只能具有内能或焓，而热量和功是用来度量两个系统之间所传递的那部分能量的。

宏观系统中的单个粒子具有机械能。根据第 1.1 节的描述，我们知道任何状态下的物体其内部粒子都具有动能，在固态和液态情况下粒子还具有势能(电磁力是保守力)。因为我们感兴趣的是对系统的宏观描述，因此我们将系统内所有粒子的机械能* 总和定义为内能 U(J)。内能的单位和任何能量的单位相同，是焦耳(J)。

*** 译者注**

机械能中的势能通常指的是重力势能和弹性势能，而本书所说的机械能则包含了电磁场中的势能。

系统的内能可以通过两种方式发生改变：

注意

传热趋向于使两个系统温度相等，而不是令内能相等

1. 第一种方式是如果两个系统处于热接触状态，同时系统的接触界面不能运动，如图 1.6 所示，此时能量将从高温系统传递到低温系统，传递的能量叫做热量：

$$\Delta U_2 = -\Delta U_1 = Q$$

注意

做功趋向于使两个系统压强相等，但也可能是外力作用的结果。

2. 第二种方式是如果两个系统没有处于热接触状态，但它们的接触界面可以运动，如图 1.7 所示，此时能量将从膨胀系统传递到被压缩系统，传递的能量叫做做功。

$$\Delta U_2 = -\Delta U_1 = A$$

外界对气体或气体对外界做的功是可以计算出来的。假设容器中有一定量的气体，该容器拥有一个可以无摩擦移动面积为 A 的活塞，如图 1.8

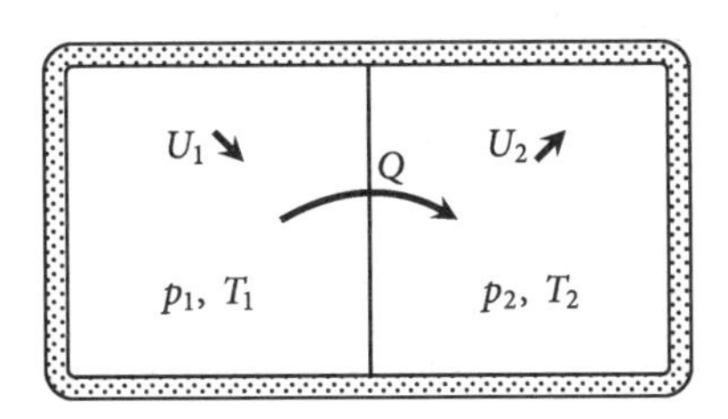

图 1.6 内能的变化完全由热量的传递导致，其中 $T_1 > T_2$。能量由高温系统传向低温系统，高温系统内能减少，低温系统内能增加，传递的是热量

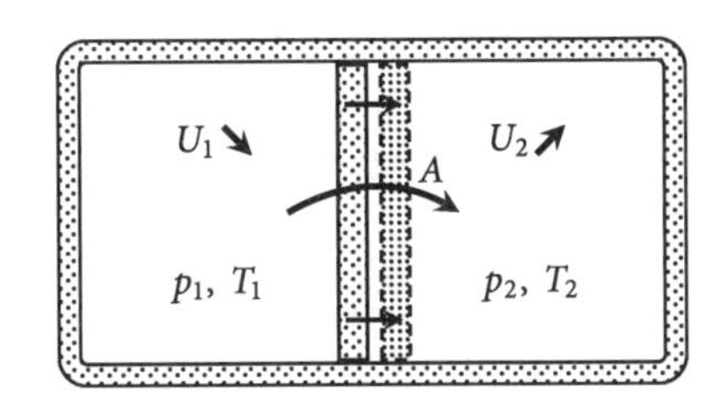

图 1.7 内能的变化完全由做功导致，其中 $p_1 > p_2$.不考虑温度影响，能量会从膨胀系统（高压系统）传向被压缩系统（低压系统），膨胀系统内能减少，被压缩系统内能增加，传递的能量是功

所示。我们缓慢（以恒定速度）地推动该活塞压缩气体，此时外力 F_{ex} 和气体作用在活塞上的力 F 是相等的。由于气体被压缩，因此气体体积的变化量是负值，$dV < 0$。就绝对值而言，体积的变化量等于活塞的位移乘以活塞的面积，$-dV = A_p ds$。我们假设活塞的位移很小，以至于气体的压强和体积都没有发生明显变化，根据功的定义可以计算出外力做的功为：

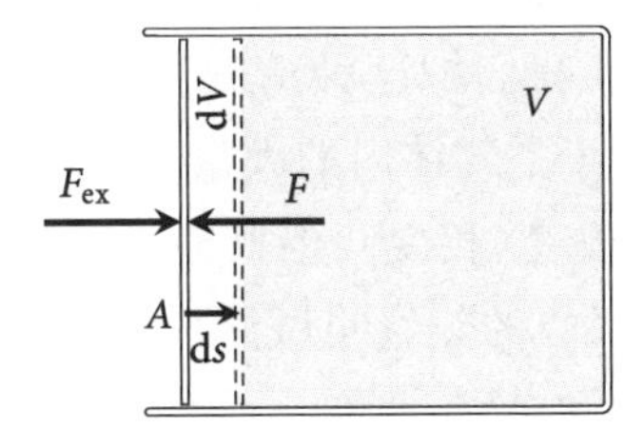

图 1.8 压缩气体做功。气体对运动的活塞施加力，根据定义，这就是做功

$$dA_{ex} = \boldsymbol{F}_{ex} \cdot d\boldsymbol{s} = F_{ex} ds = \frac{F}{A_p}(A_p ds) = -p dV > 0$$

类似的，我们可以计算出气体对活塞做的功为：

$$dA = \boldsymbol{F} \cdot d\boldsymbol{s} = -F ds = -\frac{F}{A_p}(A_p ds) = p dV < 0$$

当气体被压缩时，$dV < 0$，外力做的功是正的，气体做的功是负的；当

气体膨胀时，$dV>0$，外力做的功是负的，气体做的功是正的。在本书的后文中我们讨论气体做功时，功可以通过如下公式计算：

$$A=\int p\,dV \tag{1.14}$$

在实际过程中，两个系统间传递的能量既有热量也有功。我们可以从以下两个方面考察内能的变化：

注意

系统内能的变化源于热量的传递、做功，或两者的共同作用。

1. 从系统外部角度来看，系统内能的变化等于环境传递给系统的热量加上环境对系统做的功：

$$\Delta U=Q+A_{ex} \tag{1.15}$$

2. 从系统内部角度来看，系统内能的变化等于环境传递给系统的热量减去系统对环境做的功：

$$\boxed{\Delta U=Q-A} \tag{1.16}$$

上面是热力学第一定律的两种不同描述。但请注意，不管看待的角度如何，热力学第一定律的微分形式都描述如下：

$$\boxed{dU=dQ-p\,dV} \tag{1.17}$$

1.6 比热容

当一个系统吸热时，可能会发生下面两种物理过程：

1. 物体的温度上升。我们把这种情况下吸收的热量叫做显热。从微观角度来看，相当于是物体内的大量粒子动能增加。
2. 物体的状态发生改变（相变），但此时物体的温度保持不变，因此我们把这种情况下吸收的热量叫做潜热。从微观角度来看，相当于是物体内的大量粒子的势能增加。

这一小节我们主要讨论显热，潜热部分我们将在第 1.7 节阐述。在实验上我们可以得到这样的一个结果，一个物体吸收的显热是正比于物体的质量的，同时还正比于物体温度的变化量 $\Delta T=T_2-T_1$，其中 T_1 是初始温度，T_2 是末态温度。

我们可以用一个方程来描述上面的结果：

$$Q=mc\Delta T \tag{1.18}$$

其中的比例系数 c[J/(kg·K)]为称为比热容。

由于比热容通常是与温度有关的，因此上式最好用微分的形式表达：

$$dQ = mc\,dT \tag{1.19}$$

考虑到不同温标下相同的温差代表相同的温度变化情况，因此上式也可以用摄氏温标来表达：

$$Q = mc\Delta\theta \tag{1.20}$$

$$dQ = mc\,d\theta \tag{1.21}$$

不同材料的比热容通常不同，一些建筑材料比热容的典型值可见表 A.3。

在工程应用上，有时热量与体积的关系看起来会更加直观，因此引入密度之后，式(1.20)可改写为：

$$Q = V(c\rho)\Delta\theta \tag{1.22}$$

其中比热容与密度的乘积 $c\rho$[J/(m^3 · K)]也被称为体积比热容。

下面我们从微观角度来考察一下物体吸热后的变化情况。首先不管物体处于什么状态，吸热后物体内部大量粒子的随机运动平均速度会增加，也就是说动能增加。另一方面，对于固体、液体而言，由于受热膨胀(1.3 节有阐述)，因此粒子间的距离会增大，即势能增加。无论是动能的增加还是势能的增大，都会导致系统内能的增加。同时由于体积膨胀，物体也会对外做功。对于气体来说，根据热力学第一定律，整个过程可以定量描述如下：

$$dQ = dU + p\,dV \tag{1.23}$$

物体吸收的热量可以使物体内能增加或令其对外做功，至于有多少热量用来增加内能，有多少用来对外做功，则完全取决于吸热的物理过程。下面我们针对气体讨论两种最重要的过程：

1. 等容过程指的是吸放热时气体体积不变的过程，这一过程中的比热容我们称之为定容比热容：

   $$dQ = mc_V\,dT \tag{1.24}$$

   因为这一过程气体体积变化 $dV = 0$，因此气体对外不做功，吸收的所有热量都用来增加内能，由式(1.23)我们可以得到：

   $$dU = mc_V\,dT \tag{1.25}$$

   上式的重要性在于我们第一次得到了内能与温度的直接关系。内能的增加通常(并非一定)与温度的升高有关。

2. 等压过程指的是吸放热时气体气压不变的过程。这一过程中的比热容我们称之为定压比热容：

   $$dQ = mc_p\,dT \tag{1.26}$$

这一过程中，热量既用来增加气体的内能，同时令气体对外做功，根据式(1.23)和式(1.25)我们可以得到：

$$\mathrm{d}Q = mc_V\mathrm{d}T + p\frac{\mathrm{d}V}{\mathrm{d}T}\mathrm{d}T = mc_p\mathrm{d}T$$

$$\Rightarrow c_p = c_V + \frac{p}{m}\frac{\mathrm{d}V}{\mathrm{d}T}$$

对于理想气体，我们利用式(1.12)和式(1.9)可以得到：

$$c_p = c_V + \frac{p}{m}\frac{nR}{p} = c_V + \frac{R}{M} \tag{1.27}$$

从上式可以看到，定压比热容大于定容比热容。相同温升情况下，定压系统比定容系统吸收的热量更多，其原因是定压系统还需要一部分能量来让系统膨胀做功。

定压过程是非常常见的，因此类比于内能我们定义了一个新的用来表征系统内在属性的物理量焓 H(J)，类比于式(1.25)可以写作：

$$\mathrm{d}H = mc_p\mathrm{d}T \tag{1.28}$$

注意

焓既包含了系统内能同时还包含了为系统腾出空间所需要的能量。

焓既包含了系统内能同时还包含了为系统腾出空间所需要的能量。

例 1.1 两种比热容的差值

试计算在标准大气压下混凝土的两种比热容的差值。其中混凝土的密度为 $\rho = 2.2\times10^3$ kg/m^3，线膨胀系数 $\alpha_l = 1.0\times10^{-5}$ K^{-1}，定压比热容 $c_p = 1\,000$ J/(kg·K)。

根据式 1.26 和 1.23，定压下吸收的热量用来增加系统的内能同时令系统膨胀做功：

$$Q = mc_p\Delta T = mc_V\Delta T + p\Delta V$$

我们可以通过式 1.4 和 1.5 计算出混凝土体积的增加量为：

$$\Delta V = \alpha_V V_0\Delta T = \alpha_V\frac{m}{\rho}\Delta T = 3\frac{\alpha_l m}{\rho}\Delta T$$

综合上述两个方程，我们即可计算出混凝土两种比热容的差值：

$$mc_p\Delta T = mc_V\Delta T + 3m\frac{p\alpha_l}{\rho}\Delta T$$

$$c_p - c_V = 3\frac{p\alpha_l}{\rho} = 1.38\times10^{-3}\ \ \mathrm{J/(kg\cdot K)}$$

我们可以看到，混凝土两种比热容的差值比起定压比热容小了六个量级。

绝大多数固体和液体材料的线膨胀系数都很小，而密度很大，因此吸收的热量只有很小的一部分用来使材料膨胀做功，大部分都被用来增加此材料的内能，因此使材料膨胀做功的那部分能量我们通常忽略不计，所以对于固体或液体，它们的两种比热容差异通常也是被忽略的，即：

$$c_V \approx c_p = c$$

因此对于表 A.3 中的固体和液体材料，我们只提供了一个比热容值。

1.7 相变

在一些特殊的情况下，式(1.20)便不再有效了，此时尽管有热量被吸收，但系统的温度却保持不变。这种情况中最重要的一种现象就是相变过程，也就是物体在固态、液态及气态之间相互转化的过程。

为了更好地理解相变，让我们来观察一下在一个标准大气压下将水缓慢地从－30℃加热到130℃这一过程。图 1.9 对该过程进行了展示。

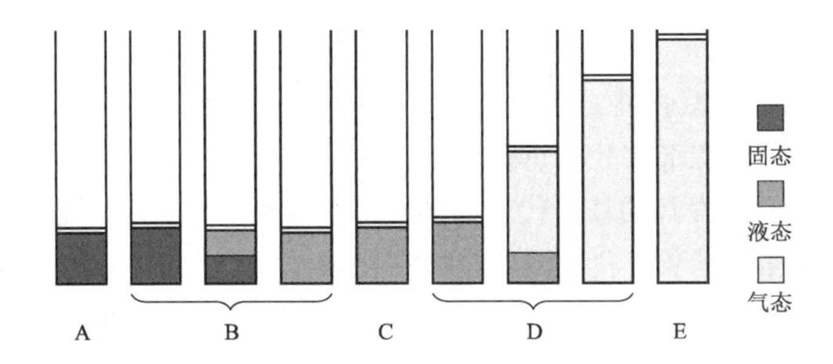

图 1.9 一个标准大气压下水从－30℃到 130℃的升温过程。该过程涉及五个温度区间，$\theta_A < 0℃$，$\theta_B = 0℃$，$0℃ \leqslant \theta_C < 100℃$，$\theta_D = 100℃$ 和 $\theta_E > 100℃$

1. 在 A 阶段，$\theta_A < 0℃$，所有的水都呈现固态(冰)。通过加热，冰的温度逐渐上升。
2. 在 B 阶段，$\theta_B = 0℃$，此时冰开始熔化。通过加热，冰逐渐从固态变为液态的水，但是系统的温度保持不变，直到所有的冰都变成水。
3. 在 C 阶段，$0℃ < \theta_C < 100℃$，此时所有的水都呈液态。通过加热，水的温度逐渐上升。
4. 在 D 阶段，$\theta_D = 100℃$，此时水开始沸腾。通过加热，水开始从液态变为气态的水蒸气，但系统的温度保持不变，直到所有的水都变成水蒸气。
5. 在 E 阶段，$\theta_E > 100℃$，此时所有的水都变成了水蒸气。通过加热，水蒸气的温度逐渐上升。

我们可以注意到，只有在 B 阶段，也就是温度为 0℃时，固态的水和液态的水可以在热平衡中共存。同时也只有在D阶段，也就是温度为100℃时，液态的水和气态的水可以在热平衡中共存。于是我们将物体固液共存时的温度定义为熔点，将液气共存时的温度定义为沸点。

图1.10展示的是水在加热时其温度与热量的关系。图中的斜线(A、C和E)正是式(1.20)所描述的。

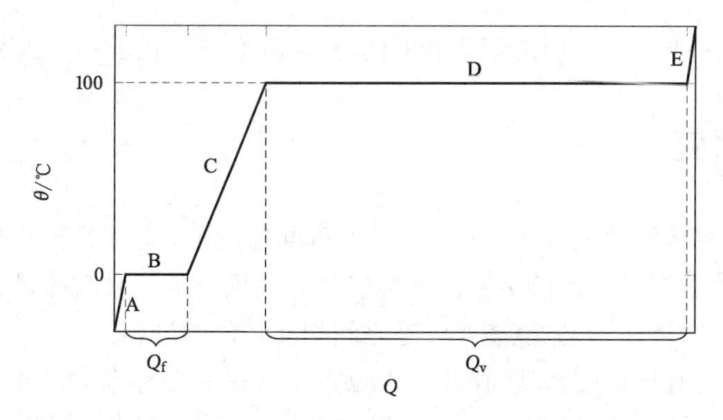

图1.10　水的加热曲线。其中水平线段正是和相变过程相关的阶段，该过程中温度保持不变。在图表的其余部分，温度变化与热量成正比

值得注意的是，图中各阶段斜线的斜率是不同的，而这些斜线的斜率反映的是不同状态下水的比热容。

图中水平线段B的长度代表固体全部熔化所需的热量，我们称之为熔解热Q_f；线段D的长度代表液体全部汽化成水蒸气所需的热量，我们称之为汽化热Q_v。熔解热和汽化热都跟物质的质量成正比，我们可以将其关系写为：

$$Q_f = mq_f \tag{1.29}$$

$$Q_v = mq_v \tag{1.30}$$

其中q_f(J/kg)是熔解比潜热，指的是单位质量的物质全部熔化所需要的热量；q_v(J/kg)是汽化比潜热，指的是单位质量的物质全部汽化所需要的热量。

式(1.29)和式(1.30)都是从外界向系统传热的角度来描述的。从微观角度，在相变过程中随着热量的吸收，物质内部粒子之间的一些键可能会断开，物质内能中势能部分增加。相变过程往往同时伴随着热膨胀，也就是说物体会对外做功，从系统的角度来看，相变过程中吸收的热量等于物体的焓变：

$$\Delta H_f = mh_f \tag{1.31}$$

$$\Delta H_v = mh_v \tag{1.32}$$

其中h_f(J/kg)是熔解比焓，h_v(J/kg)是汽化比焓，很显然比焓和比潜热是

相等的。

式(1.29)、式(1.30)和式(1.31)、式(1.32)的区别在于,前者是从能量传递的角度来描述相变过程,而后者是从能量变化的角度描述的。我们的兴趣点在于关注系统自身的变化情况,因此本书将主要采用后一种方式来描述。

物体的状态与物体的温度有关。然而室温的水在低压下可能呈现气态,在高压下也可能呈现出固态。将物体的状态与物体的压强和温度关系描绘出来的图,我们称之为相图。

水的相图如图 1.11 所示。阴影区域分别代表三种单独的状态,固态、液态和气态。边界线处则代表某两种状态可以共存,其中比较特殊的是三条线的交点,其温度是 0.01℃,压强是 0.006 1 bar。在这个点,固体、液体和气体三种状态可以共存,我们称之为三相点。

注意

在相图中,区域部分代表某种状态,线代表的是两种状态共存。

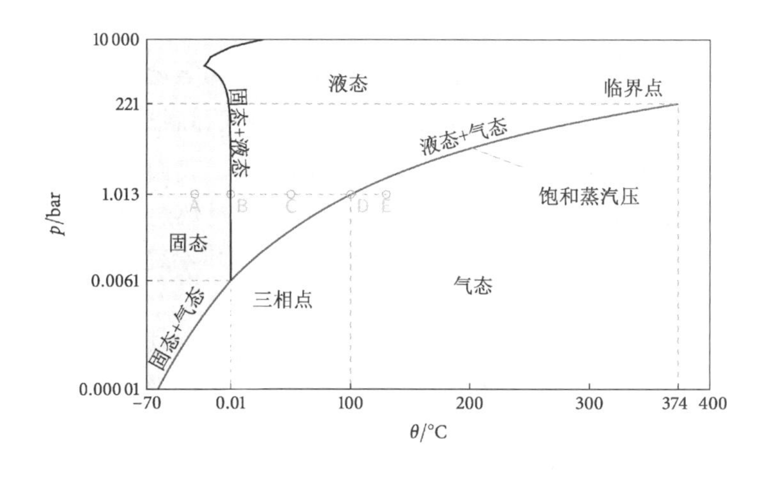

图 1.11 水的相图

液态与气态的分界线在温度为 374℃、压强为 221 bar 这一点结束,这一点也被称为临界点。当温度及压强大于临界点时,我们便无法区分液态和气态。

六种物态变化为:

1. 熔化,固态到液态
2. 凝固,液态到固态
3. 汽化,液态到气态
4. 冷凝(液化),气态到液态
5. 升华,固态到气态
6. 凝华,气态到固态

最重要的边界是气态和其余两种物质状态之间的边界。我们常用饱和蒸汽压来描述该边界,饱和蒸汽压还可以用于描述空气湿度和对冷凝、凝华的预测。

饱和蒸汽压曲线表明，较高压强对应较高的沸点。这一原理被用于高压锅中，它可以增加压强，从而提高沸点，使烹饪的速度更快。

注意
水在高压下沸点更高。

需要指出的是，水蒸气只占湿空气很少的一部分。根据道尔顿分压定律，水蒸气的分压强比大气压强低得多，因此水可以在远低于100℃的情况下汽化，这个过程被称为蒸发，我们将在第4.2节对此进行讨论。

1.8 建筑的能量平衡

在第1.5节，我们已经知道能量会自发地从高温系统传输到低温系统。这一过程所导致的一个不良结果是建筑物会在较冷的冬天损失能量，而在较热的夏天吸收能量，如图1.12(a)所示。为了保持室内温度不变，我们需要对冬天损失的能量进行补偿，将夏天吸收的能量搬运出去，也就是说我们要建立能量平衡。

根据热力学第二定律，我们是无法让能量从低温系统自发地传向高温系统。但是我们依然可以由以下几种策略使建筑达到能量平衡。

第一种策略便是使用炉子来补偿损失的能量。我们将一些化石燃料(石油、天然气或煤炭)或者木头放入炉子当中，通过燃烧使这些燃料的化学能释放出来转化成内能，同时将这部分的能量提供给建筑物。这种形式的能量转化效率达到100%。

另外一种策略是利用热泵来建立能量平衡。热泵是将低温物体的能量传递到高温物体，这看起来貌似违背了热力学第二定律，但是只要我们额外做功或额外提供一定的热量，那么就可能让一部分热量从低温物体传到高温物体。

注意
热泵比火炉的效率高，因为它不是在两种不同形式的能量间转化，而是在两个环境间转移能量。

在蒸汽压缩式热泵工作的过程中，我们通过做功使热流的方向发生改变，如图1.12(c)所示。热泵在工作过程中提供的热量是比输入的功更多的，也就是说热泵的供热效率大于100%。事实上，一个典型热泵的效率比炉子高出数倍。相比于火炉。热泵的另外一个优势是它既可以用来补偿建筑冬天所损失的热量，同时还可以将夏天建筑获得的热量转移出去。

我们还可以通过将建筑与发电厂相关联使建筑达到能量平衡。如图1.12(d)所示。发电厂是一个用来发电的工业设施。它们通常由火炉、热机和发电机构成。火炉的功能是将化学能转变成内能，当热量流过热机时，热机可以对外做功。而发电机可以将热机提供的功转化成电能。

发电厂在工作时的一个副产品是废热，这部分的废热既可以直接排放到环境当中，也可以供应给附近的建筑，如图1.12(d)左所示。当把这部分的废热提供给建筑时，我们将发电厂的这种使用方式称为热电联产(CHP)。

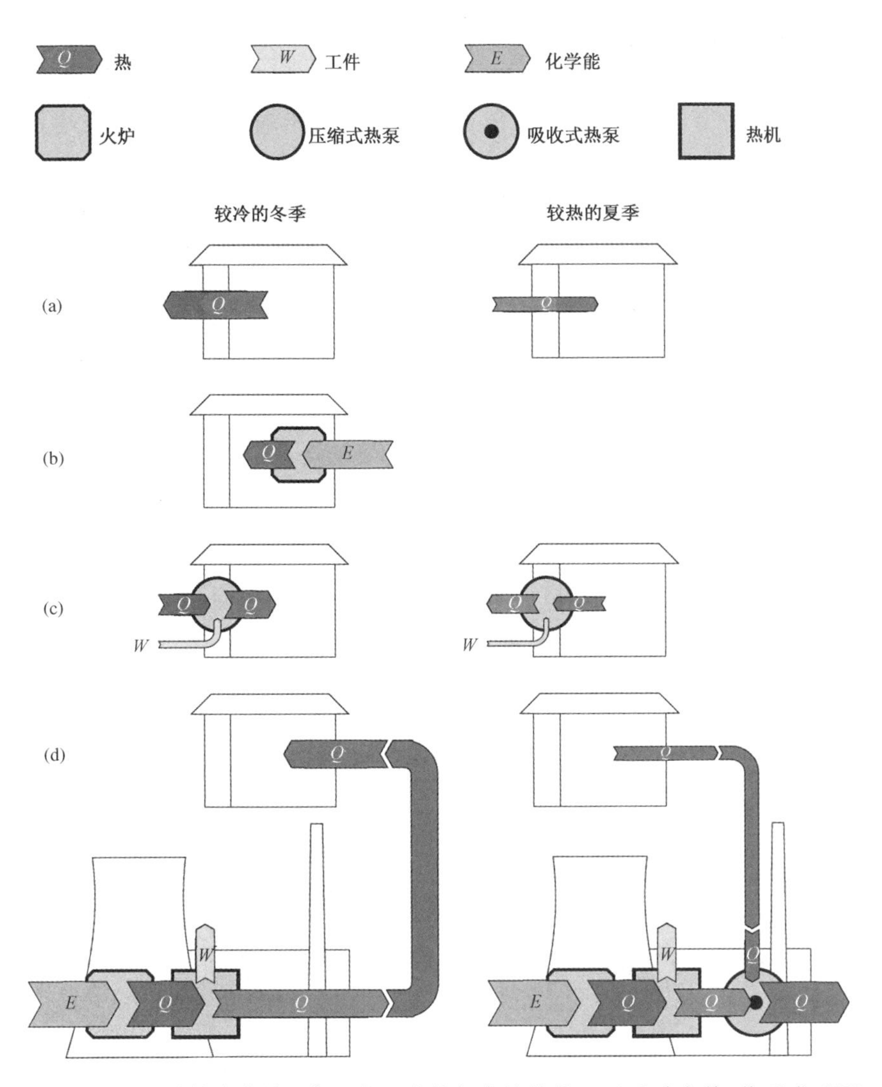

图 1.12 建筑的能量平衡。冬天建筑损失的能量可以通过火炉、热泵或 CHP 系统提供补偿热量。夏天建筑所获得的能量可以通过热泵或 CCHP 系统将热量转移出室外。其中深灰色和浅灰色指的是用来传递热量的介质的温度，深灰色和浅灰色分别对应于高于和低于室内的温度(见彩插)

我们还可以采用吸收式热泵利用这些废热进行制冷，如图 1.12(d)右所示。我们将发电厂的这种使用方式称为冷热电联产(CCHP)。

需要注意的是为了讨论方便，在这一节我们将功和电能等价了。事实上我们是利用发电机将功转化成电能，利用电动机将电能转化成功。但是由于这两种机器的转化效率都接近 100%，因此这种等价并不影响我们对上述问题的讨论。而关于热机和热泵的具体细节，我们将在第 1.9 节进行阐述。

1.9 热泵和热机

在第1.8节中，我们提到可以通过使用蒸气压缩式热泵来实现建筑物的能量平衡，因此各种形式的蒸气压缩式热泵已经成为标准的建筑设备。现在我们将仔细研究蒸气压缩式热泵的工作原理。为了方便，直到本节末尾我们将蒸气压缩式热泵简称为热泵。为了进行比较，我们还将研究热机的工作原理，热机与热泵有紧密的关系。

1.9.1 简介

如我们已经提及的，热泵或热机同时以热量和功两种形式与环境发生能量交换。

热泵

热泵(图1.13，左)是一种将低温 T_l 环境的能量传递到高温 T_h 环境的装置。由于这种情况下热流方向与热量自发传递的方向相反，因此我们必须对热泵做功。由于热机本身的内能是不发生改变的，因此我们可以得到：

$$A + Q_l = Q_h$$

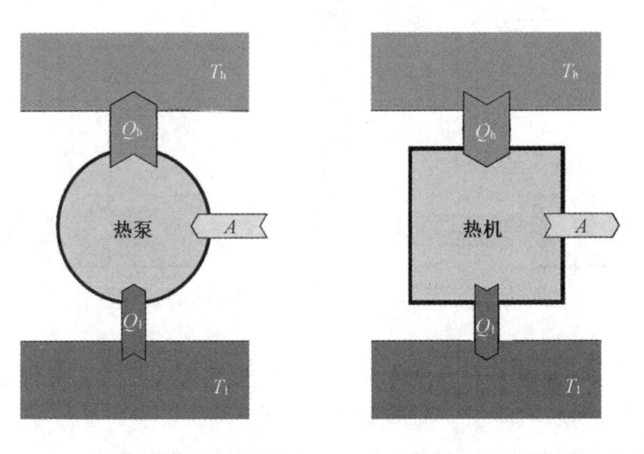

图1.13 热泵(左)与热机(右)原理图。对热泵做功，它可以将能量从低温环境传向高温环境。当热机置于具有温差的两个环境中，它可以对外输出功(见彩插)

热泵可以以加热模式给高温环境加热，也可以以制冷模式给低温环境降温(冰箱和空调)，如果我们将从环境中得到或传递给环境的热量与热泵所做功的商定义为能效比COP，那么在加热和制冷模式下，我们分别可以得到不同的能效比。

在制冷模式下我们所关注的是从低温环境中抽走的热量 Q_l，所以此时的能效比是：

$$\mathrm{COP}_{\mathrm{cooling}}=\frac{Q_l}{A}=\frac{Q_l}{Q_h-Q_l} \tag{1.33}$$

其中 Q_h是向高温环境输送的热量。

在加热模式下，我们所关注的是输送给高温环境的热量，所以此时的能效比是：

$$\mathrm{COP}_{\mathrm{heating}}=\frac{Q_h}{A}=\frac{Q_h}{Q_h-Q_l} \tag{1.34}$$

其中 Q_l是从低温环境吸收的热量。加热模式下的能效比要大于制冷模式下的。

如果热量可以自发地从低温环境传向高温环境，不需要外界做功，那么这种情况能效比将是无穷大。但事实上我们不可能设计出这样一个不需要输入功却能够持续不断地将低温环境的能量传递给高温环境的机械，事实上这也是热力学第二定律的另一种表述。

热机

热机（图 1.13，右）是一种利用热能来做功的装置。热机要想对外输出功，那么必须要有一个高温环境和一个低温环境。热量自发地从高温环境传向低温环境，在这个过程中热机对外输出了功。由于热机本身的内能是不变化的，因此我们可以得到：

$$Q_h=A+Q_l$$

我们将热机输出的功与其从高温环境所获得的热量 Q_h 之商定义为机械效率 η：

$$\eta=\frac{A}{Q_h}=\frac{Q_h-Q_l}{Q_h}=1-\frac{Q_l}{Q_h} \tag{1.35}$$

其中 Q_l 是传入低温环境的热量。如果在我们获得功的同时没有热量传入低温环境，也就是说 $Q_l=0$。那么在这种情况下，从高温环境获得的所有热量都将转化为功，也就是说机械效率 $\eta=1$。但事实上我们无法设计出这样一个从高温环境获得热量并将它全部转化成功的机械，而这又是热力学第二定律的另外一种表述，因此热机的机械效率永远小于 1。

1.9.2 气体过程

我们将向读者展示以理想气体为工作介质的热泵和热机，在那之前我们必须要来熟悉一下四种气体过程。

1. 等温过程。当气体在变化过程中温度保持不变时，该过程就是等温过程。如果我们将恒定的温度代入理想气体状态方程式（1.12），那么我们就会看到压强和体积的乘积也是常数：

$$pV=\frac{mRT}{M}=\text{constant} \tag{1.36}$$

2. 等压过程。当气体在变化过程中压强保持不变时，那么该过程就是等压过程。如果我们将恒压代入理想气体状态方程式(1.12)，那么我们就会看到气体的体积和温度之比是常数：

$$\frac{V}{T}=\frac{mR}{Mp}=\text{constant} \tag{1.37}$$

3. 等容过程。当气体在变化过程中体积保持不变时，那么该过程就是等容过程。如果我们将恒定的体积代入理想气体状态方程式(1.12)，那么我们就会看到气体的压强和温度之比是常数：

$$\frac{p}{T}=\frac{mR}{MV}=\text{constant} \tag{1.38}$$

4. 绝热过程。当气体在变化过程中不与外界环境发生热交换时，那么该过程就是绝热过程。在绝热过程中气体的状态参数(p, V, T)会发生变化，它们的关系可以通过理想气体状态方程的全微分形式来描述：

$$p\,\mathrm{d}V+V\mathrm{d}p=\frac{m}{M}R\,\mathrm{d}T$$

如果我们令热力学第一定律当中的 $\mathrm{d}Q=0$，结合式(1.25)，我们可以得到：

$$mc_V\mathrm{d}T+p\,\mathrm{d}V=0$$

从上式中消除 $\mathrm{d}T$，并利用式(1.27)，于是：

$$p\,\mathrm{d}V+V\mathrm{d}p=-\frac{R}{Mc_V}p\,\mathrm{d}V=-\frac{c_p-c_V}{c_V}p\,\mathrm{d}V=(1-\gamma)p\,\mathrm{d}V$$

其中 γ 是定压比热容与定容比热容的比值：

$$\gamma=\frac{c_p}{c_V}$$

整理并积分得：

$$\frac{\mathrm{d}p}{p}+\gamma\frac{\mathrm{d}V}{V}=0$$

$$\ln p+\gamma\ln V=\text{constant}$$

$$pV^{\gamma}=\text{constant} \tag{1.39}$$

利用理想气体状态方程。我们也可以将上述关系改写成：

$$TV^{\gamma-1} = \text{constant} \tag{1.40}$$

我们通常用 pV 图来展示气体过程，也就是气体的压强与体积的关系图。这是因为在 pV 图中，曲线与体积轴所围的面积代表气体所做的功。图 1.14 展示了上述四种气体过程。由于 $c_p > c_V$(1.27)，$\gamma > 1$，因此绝热过程的曲线比等温过程更加陡峭。

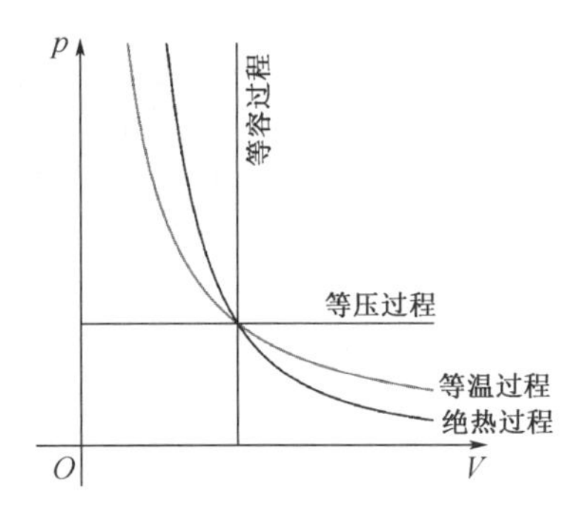

图 1.14 理想气体四种气体过程的 pV 图。值得注意的是绝热过程的曲线比等温过程更加陡峭

在本节的最后，我们将导出绝热过程压缩模量 K 的值，并将会在第 6.1.1小节使用到该值。

如果我们做出如下的定义：

$$\Delta p = -K \frac{\Delta V}{V}$$

$$\frac{\Delta p}{\Delta V} = -\frac{K}{V}$$

用微分的形式改写上述定义，同时利用 $pV^\gamma = C$[式(1.39)]，于是我们得到：

$$\frac{K}{V} = -\frac{\mathrm{d}p}{\mathrm{d}V}(CV^{-\gamma}) = \gamma CV^{-\gamma-1} = \gamma \frac{p}{V}$$

$$\Rightarrow K = \gamma p \tag{1.41}$$

1.9.3 卡诺循环

最后我们将展示一个由理想气体作为工作介质的热泵和热机。理想气体被密闭于一个气缸之中，该气缸的一端有一个活塞。理想气体将在经历两个等温过程和两个绝热过程后回到初始状态，该循环也被叫做卡诺循环。我们选择该过程是因为该过程的循环的效率是最高的。这一点可以被证明，但证明过程超出了本书的范围。

热泵

热泵循环如图 1.15(左)所示,其中上半部分是循环的图示,下半部分是循环的 pV 图。循环的四个过程分别为:

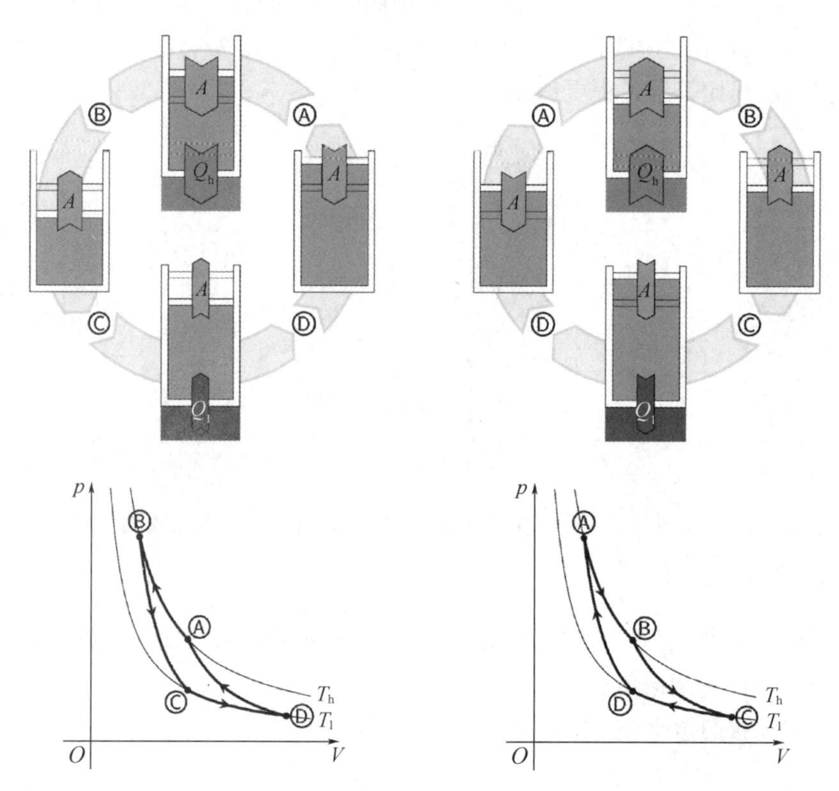

图 1.15 利用卡诺循环工作的热泵(左)和热机(右)。其中上半部分是循环的图示,下半部分是循环的 pV 图。需要注意的是热泵和热机所采用的循环是相同的,但循环的方向相反(见彩插)

1. 过程 A 到 B:气缸中的气体与高温环境 T_h 热接触,由于是等温压缩,因此气体的内能不变,根据热力学第一定律,我们对气缸所做的功全部转化成热量,并传递到高温环境中。该过程持续发生直到压强达到最大,气缸的体积达到最小。为了使气缸中的气体能够回到 A 状态,该气体必须与低温环境 T_l 相接触。
2. 过程 B 到 C:在让气体与低温环境 T_l 热接触之前,我们必须让该气体的温度降低,所以我们让气体绝热膨胀。在这个过程当中,气体对外做功。该过程持续发生,直到气体的温度达到 T_l。
3. 过程 C 到 D:气缸中的气体与低温环境 T_l 热接触,我们让气体等温膨胀,因此气体的内能不变,根据热力学第一定律,气体从环境中所吸收的热量将全部转化成功。该过程持续发生直到气体的压强达到最小,气缸的体积达到最大。
4. 过程 D 到 A: 在让气体与高温环境 T_h 热接触之前,我们必须要让气体升温。所以我们对气体绝热压缩，使其温度达到 T_h，该循环结束。

从 pV 图上，我们可以读出外界环境对气体做的功与气体对外界环境做的功。其中 D－A－B 曲线与横坐标所围的面积代表外界环境对气体做的功，B－C－D 曲线与横坐标所围的面积代表气体对外界环境做的功。我们可以看到，外界对气体做的功大于气体对外界环境所做的功，这是将能量从低温环境传到高温环境所必需的。

热机

热机循环如图 1.15（右）所示，其中上半部分是循环的图示，下半部分是循环的 pV 图。循环的四个过程分别为：

1. 过程 A 到 B：气缸中的气体与高温环境 T_h 热接触，由于是等温膨胀，因此气体的内能不变，根据热力学第一定律，气缸从环境所吸收的能量全部转化为功。该过程结束后，气体达到一个相对较大的压强和相对较小体积的状态。为了完成循环，我们必须回到 A 状态。但如果我们原过程返回，那所获得的功将全部重新施加给该气体。考虑到在低温时压缩气体所需的功相对较小，因此我们必须要将该气体与一个较冷的环境相接触。
2. 过程 B 到 C：在让气体与低温环境 T_l 热接触之前，我们必须让该气体的温度降低，所以我们让气体绝热膨胀。在这个过程当中，气体继续对外做功。该过程持续发生，直到气体的温度达到 T_l。
3. 过程 C 到 D：气缸中的气体与低温环境 T_l 热接触，我们让气体等温压缩，因此气体的内能不变，根据热力学第一定律，我们对气体做的功将全部转化成热，并释放到低温环境中。该过程持续发生直到气体的压强达到一个相对较大状态，气体的体积达到一个相对较小状态。
4. 过程 D 到 A：在让气体与高温环境 T_h 热接触之前，我们必须要让气体升温。所以我们对气体绝热压缩，使其温度达到 T_h，该循环结束。

从 pV 图上，我们可以读出外界环境对气体做的功与气体对外界环境做的功。其中 C－D－A 曲线与横坐标所围的面积代表外界环境对气体做的功，A－B－C 曲线与横坐标所围的面积代表气体对外界环境做的功。我们可以看到，气体对外界环境所做的功大于外界对气体做的功，这部分的功就是由从高温环境传向低温环境的热量所提供的。

下面我们来计算气体在等温过程中所吸收或释放的热量，正如上文所述，根据热力学第一定律，这部分的热量应该等于气体所做的功。

$$Q=A=\int_{V_1}^{V2} p\,\mathrm{d}V=\frac{mRT}{M}\int_{V_1}^{V_2}\frac{\mathrm{d}V}{V}=\frac{mRT}{M}\ln\left(\frac{V_2}{V_1}\right)$$

这里我们用到了理想气体状态方程式(1.12)和等温过程方程式(1.36)。对A-B段和D-C段分别使用上述公式：

$$|Q_h| = \pm\frac{mRT_h}{M}\ln\left(\frac{V_B}{V_A}\right),\ |Q_l| = \pm\frac{mRT_l}{M}\ln\left(\frac{V_C}{V_D}\right)$$

其中+号代表的是热泵循环，一代表的是热机循环。体积的关系，可以利用绝热过程的方程来计算：

$$T_h V_B^{\gamma-1} = T_l V_C^{\gamma-1},\ T_h V_A^{\gamma-1} = T_l V_D^{\gamma-1}$$

两式相除：

$$\left(\frac{V_B}{V_A}\right)^{\gamma-1} = \left(\frac{V_C}{V_D}\right)^{\gamma-1} \Rightarrow \frac{V_B}{V_A} = \frac{V_C}{V_D}$$

这样我们计算出吸放热之比：

$$\frac{|Q_h|}{|Q_l|} = \frac{T_h\ln\left(\frac{V_B}{V_A}\right)}{T_l\ln\left(\frac{V_C}{V_D}\right)} = \frac{T_h}{T_l} \tag{1.42}$$

如果将式(1.42)代入式(1.33)和式(1.34)，我们便可得到能效比：

$$\mathrm{COP}_{\mathrm{cooling}} = \frac{T_l}{T_h - T_l} \tag{1.43}$$

$$\mathrm{COP}_{\mathrm{heating}} = \frac{T_h}{T_h - T_l} \tag{1.44}$$

注意

热泵的能效比取决于环境的温差。

我们注意到能效比是和环境的温度有关的，环境的温差越小，能效比就越大。

如果将式(1.42)代入式(1.35)，我们便可得到机械效率：

$$\eta = 1 - \frac{T_l}{T_h} \tag{1.45}$$

我们注意到机械效率是和环境的温度有关的，高低温之商越大，机械效率就越大。

我们已经在前文指出卡诺循环的优势，但遗憾的是我们无法制造出利用卡诺循环工作的热泵和热机。尽管如此，卡诺循环依然可以帮助我们揭示热泵和热机的运行规律，同时可以告诉我们能效比的理论最大值。

习题

1.1 在−10℃时用一根钢尺去测量一根铜棒，测量的长度是

2 000.0 mm，试问在 30℃时用同样的方法去测量，其长度是多少？假设铜和钢的线膨胀系数分别是 $1.7\times10^{-15}\,K^{-1}$ 和 $1.2\times10^{-15}\,K^{-1}$。(2 000.4 mm)

1.2 0℃时，温度计内玻璃泡中酒精的体积是 200 mm^3。该玻璃泡和一个狭长的玻璃管相连，该玻璃管的直径是 0.5 mm。试计算这个温度计上代表 1℃刻度的长度。假设玻璃不会发生膨胀。其中酒精的体膨胀系数是 $1.1\times10^{-3}\,K^{-1}$。(1.1 mm)

1.3 在 20℃时，将 2 kg 的氧气放入一个 100 L 的容器中。试计算该容器能承受的压强最小值。氧气的摩尔质量是 0.032 kg/mol。(1.5×10^6 Pa)

1.4 试计算压强为 1.00 bar 时以下两种状态下干空气的密度：(a)10.0℃；(b) 20.0℃。干空气的摩尔质量是 29.0 g/mol。(1.23 kg/m^3，1.19 kg/m^3)

1.5 有一种混合气体，总质量 10.0 kg，摩尔质量是 0.026 kg/mol，该混合气体内包含 2.0 kg 的氧气。如果该混合气体的压强为 2.5 bar，试计算其中氧气的分压强。氧气的摩尔质量是 0.032 kg/mol。(0.41 bar)

1.6 一个房间内充满了一个标准大气压下的气体，该房间 10 m^3，室内温度 10℃，若把室内空气加热到 30℃，试计算以下两种状况各需要多少热量：(a) 房间是密闭的；(b) 房间非密闭的。其中空气的摩尔质量是 29.0 g/mol，定容比热容是 720 J/(kg·K)。(180 kJ，250 kJ)

1.7 一个 600 g 的不锈钢容器内部有 2.0 L 的液态水，两者的温度均为 20℃。将一个 1.0 kW 的加热器放入容器，试计算将容器和水一起加热到沸点所需的时间。不锈钢和水的比热容分别为 600 J/(kg·K) 和 4 200 J/(kg·K)。(12 min)

1.8 一个温度为 150℃、半径为 2.5 cm 的玻璃球被放入质量为 2.0 kg、温度为 18℃ 的水中，试计算热平衡后两者的温度。玻璃的密度为 2 500 kg/m^3，水与玻璃的比热容分别为 4 200 J/(kg·K) 和 800 J/(kg·K)。(20℃)

1.9 一个温度为 600℃、质量为 1.0 kg 的铝块被放入质量为 1.0 kg、温度为 20℃的水中，试计算蒸发掉的水的质量。其中水的汽化比潜热为 2.26×10^6 J/kg，水与铝的比热容分别为 4 200 J/(kg·K) 和 900 J/(kg·K)。(50 g)

1.10 将一个质量为 500 g、温度为 −10℃ 的冰以及一个质量为 1.0 kg、温度为 500℃ 的钢一起放入一个绝热钢制容器中，该容器质量为 450 g、温度为 250℃，试计算热平衡后三者的温度。其中冰的熔解比潜热为 336 kJ/kg，水、冰及钢的比热容分别为 4 200 J/(kg·K)、2 100 J/(kg·K) 和 470 J/(kg·K)。(22℃)

1.11 一个绝热容器内有 2.0 kg 温度为 0℃ 的液态水，现在用泵向容器内抽水蒸气，由于水汽化吸热，因此水会慢慢结冰，试问最多可以获得多少质量的冰。其中冰的熔解比潜热为 336 kJ/kg，水在 0℃时的汽化比潜热为 2.5×10^6 J/kg。(1.8 kg)

1.12 一个 10.0 m×20.0 m×3.0 m 的长方体房间内充满温度为 30℃的干空气，空气密度为 1.165 kg/m^3。在房间内有一箱 12 L、温度为 5℃的水，经过一段时间，室内空气和水的温度都达到了 20℃，试计算蒸发掉的水的质量。其中干空气的比热容为 1 005 J/(kg·K)，水的比热容为 4 200 J/(kg·K)，20℃时水的汽化比潜热是 2 450 kJ/kg。(2.6 kg)

1.13 普通成年人因热量散失而消耗的能量最多，能量损失主要通过辐射、对流、排汗、呼吸和传导(按重要性顺序列出)进行。在以下假设下计算出排汗和呼吸的热损失功率：

- 一个普通人每天通过排汗和呼吸，将 0.8 L 的 20℃的水转变成 37℃的水蒸气。其中水的比热容为 4 200 J/(kg·K)，37℃时水的汽化比潜热是2 410 kJ/kg。
- 一个普通人每天吸入 11 m^3 的 20℃的空气，并将空气加热到 37℃。吸入的空气密度为 1.2 kg/m^3，空气比热容为 1 010 J/kg。

我们将在第 2 章的习题 2.6 中计算其他的热损失。(26 W)

2 传热学

2.1 引言

在这一章，我们将进一步了解热量传递的机制。热量可以通过下面三种方式传递，即：

1. 热传导

2. 热对流

3. 热辐射

在短时间内，热量的传递总量是正比于时间的，一分钟内传递的热量是一秒内传递的 60 倍。因此，我们可以用热流率来描述传热过程，其单位是 W(瓦特)，定义为：

$$\Phi = \frac{\mathrm{d}Q}{\mathrm{d}t} \tag{2.1}$$

W 和 J/s 是等价的。对于稳态传热，热流率与时间无关，因此该情况下也可以用非微分形式描述上式：

$$\Phi = \frac{Q}{t} \tag{2.2}$$

在大多数实际情形下，热流率是正比于通过热量的面积的，因此我们又可以定义热流密度 q($\mathrm{W/m^2}$)来描述传热过程：

注意

传热过程最好用热流密度来描述。

$$\Phi = Aq \tag{2.3}$$

2.2 热传导

注意

热平衡指的是温度与空间与时间无关，但稳态传热指的是温度与空间有关而与时间无关。由于稳态传热比较简单，所以我们从稳态传热开始研究。

热传导过程主要是在局部微观粒子不能随意整体运动的物体中发生的。固体中的传热过程主要是传导，因为对于固体而言，虽然也有一些粒子(如电子)能够随机地在固体内运动，但绝大多数粒子都只能在平衡位置振动(见第 1.1 节)。热传导过程是粒子间碰撞及部分粒子扩散的结果，因此导热也被称为热扩散。

2.2.1 傅立叶定律

我们首先从稳态传热过程开始讨论。所谓稳态，意思是温度虽会随着空间分布，但每处的温度不会随着时间变化。

让我们来考察一块两侧具有不同温度的固体板的传热情况，该板较热的一侧温度为 T_h，另一侧温度为 T_l（如图 2.1 所示），板的横截面积为 A，厚度为 d。

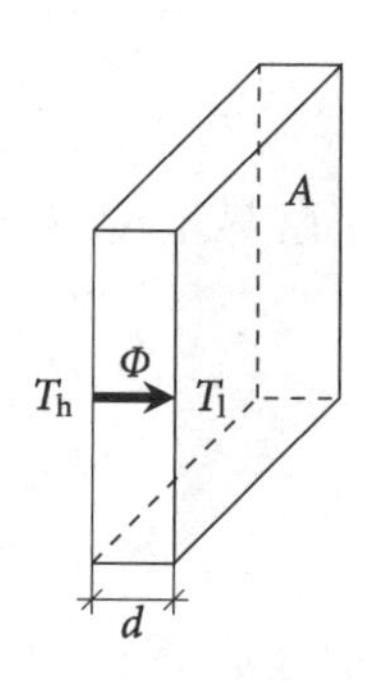

图 2.1 当两侧具有不同温度时，$T_h > T_l$，固体板的导热过程。板的横截面积为 A，厚度为 d

通过实验我们可以发现，这种传热过程中的热流率有以下特点：

注意

当空间中有温差时，热传导就会发生，也就是热量从高温处流向低温处。

- 正比于横截面积 A；
- 反比于板的厚度 d；
- 正比于板两侧的温差 $\Delta T = T_h - T_l$。

我们可以把上述三个结论用一个表达式来表达：

$$\Phi = \lambda \frac{A \Delta T}{d} \tag{2.4}$$

注意

保温材料指的是阻碍热传递的材料，通常具有较低的导热系数。

上式就是傅立叶定律，也叫热传导定律，其中比例系数 λ[W/(m · K)]被称为导热系数。

热传导过程与物体的材料有关，因此导热系数通常也和材料有关，一般通过实验来确定不同材料的导热系数。一些建筑材料导热系数的典型值可见表 A.3。

保温材料指的是阻碍热传递的材料（图 2.2），保温材料通常具有较低的导热系数。

对于式(2.4)，我们更常用摄氏温标来表达，因此傅立叶定律又可以写做：

$$\Phi = \lambda \frac{A \Delta \theta}{d} \tag{2.5}$$

图 2.2 保温材料：挤塑聚苯乙烯(左)和矿棉(右)，保温材料中起主要作用的是空气(见第 2.3 节)

引入热流密度这个概念[式(2.3)]，傅立叶定律可改写成：

$$q=\lambda\frac{\Delta\theta}{d} \tag{2.6}$$

通常我们用热阻这个物理量来描述建筑构件的热学性能，热阻指的是材料的厚度与其导热系数的比值：

$$R=\frac{d}{\lambda} \tag{2.7}$$

或者，有时我们也会用热阻的倒数，也就是传热系数 k[$W/(m^2\cdot K)$]来描述建筑构件的热学性能*：

$$k=\frac{1}{R}=\frac{\lambda}{d} \tag{2.8}$$

※译者注

k 值和后文的 U 值都被翻译为传热系数，在概念上两者没有本质区别，只是一个对应单一结构，一个对应复合结构。

这样，傅立叶定律又可以写成：

$$\Phi=\frac{A\Delta\theta}{R} \tag{2.9}$$

$$q=\frac{\Delta\theta}{R} \tag{2.10}$$

2.2.2 组合材料的热阻

下面我们将讨论建筑构件中多种材料组合时的传热问题，材料可以有两种基本的组合方法，一种是并行放置，一种是串行放置，如图 2.3 所示。

对于并行放置的多层材料(图 2.3，左)，如果每一种的左侧温度都为 θ_h，右侧温度为 θ_l，我们可以得到：

$$\Phi_1=\frac{A_1(\theta_h-\theta_l)}{R_1},\quad \Phi_2=\frac{A_2(\theta_h-\theta_l)}{R_2}$$

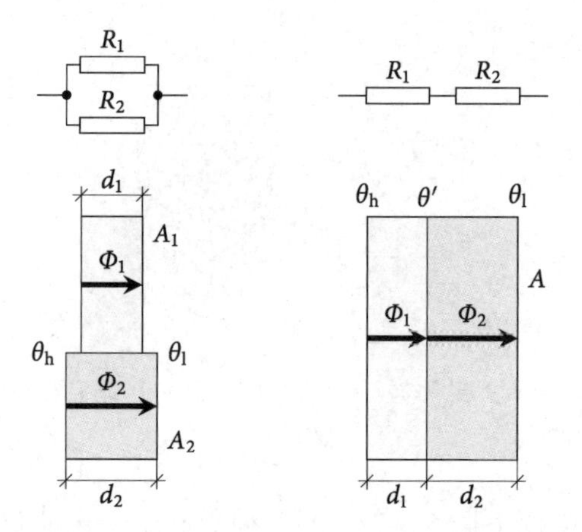

图 2.3 建筑构件中多种材料组合时的传热过程，并行放置（左），串行放置（右）。上面画的是类比的电路图

从左到右的整体热流率就等于每种材料热流率的总和：

$$\Phi = \Phi_1 + \Phi_2 = \left(\frac{A_1}{R_1} + \frac{A_2}{R_2}\right)(\theta_h - \theta_l) \equiv \frac{A_{eq}}{R_{eq}}(\theta_h - \theta_l)$$

$$\Rightarrow \frac{A_{eq}}{R_{eq}} = \frac{A_1}{R_1} + \frac{A_2}{R_2}$$

我们可以将这个结果推广到 n 层：

$$\frac{A_{eq}}{R_{eq}} = \sum_{i=1}^{n} \frac{A_i}{R_i} \tag{2.11}$$

对于串行放置的多层材料（图 2.3，右），我们假设每层材料的横截面积都一样，$A_1 = A_2 = A$，同时假设两层材料界面处的界面温度为 θ'，这样我们便有：

$$\Phi_1 = \frac{A(\theta_h - \theta')}{R_1},\ \Phi_2 = \frac{A(\theta' - \theta_l)}{R_2}$$

此时通过两层材料的热流率应该有什么样的关系呢？如果 $\Phi_1 > \Phi_2$，那么进入两层材料边界处的热量大于流出的，因此界面处温度将会上升。反之如果 $\Phi_1 < \Phi_2$，那么进入两层材料边界处的热量小于流出的，界面处温度将会下降。我们讨论的是稳态传热，也就是说 θ' 不应该随时间变化，因此必然有：

$$\Phi_1 = \Phi_2$$

这样我们就可以计算得到：

$$\theta' = \frac{\theta_l R_1 + \theta_h R_2}{R_1 + R_2}$$

将 θ' 代入 Φ_1 与 Φ_2，便可以得到：

$$\Phi = \Phi_1 = \Phi_2 = \frac{A}{R_1 + R_2}(\theta_h - \theta_l) \equiv \frac{A_{eq}}{R_{eq}}(\theta_h - \theta_l)$$
$$\Rightarrow R_{eq} = R_1 + R_2$$

这里面我们考虑到了 $A_{eq} = A$。

对于任意 n 层材料，有：

$$\Phi = A\frac{\theta_h - \theta'_1}{R_1} = A\frac{\theta'_1 - \theta'_2}{R_2} = A\frac{\theta'_2 - \theta'_3}{R_3} = \cdots = A\frac{\theta'_{n-1} - \theta_l}{R_n} \quad (2.12)$$

于是我们得到：

$$\Phi = A\frac{\theta_h - \theta_l}{R_1 + R_2 + R_3 + \cdots + R_n}$$

我们便可得到一通用形式：

$$R_{eq} = \sum_{i=1}^{n} R_i \quad (2.13)$$

指出热传导和电流传导之间的相似性是很有意义的，如图 2.3(左)所示。在并行放置中，热量会部分从上层材料中通过，部分从下层材料中通过。而在串行放置中，所有的热量都会通过每一层的材料。同样，在并联电路中，电流会部分地分别从上下两个电阻中通过，而在串联电路里，所有电流会通过每一个电阻。

2.2.3 多维导热

如果热量并非垂直通过材料的表面，而是以一定的角度流入，如图 2.4 所示，那么这个时候角度 θ 应该被考虑进来。在式(2.3)中，面积是定义为垂直于热流方向的面积，因此当热流以一定角度流入材料表面时，该热流率计算如下：

$$\Phi = A'q = A\cos\theta q \quad (2.14)$$

我们可以看到，与垂直流入相比，尽管热流密度与材料的表面积相同，但此时的热流率是不同的。在第 2.4 节，我们会用这个事实去解释地球表面各地的温度差异。

我们用矢量来定义热流密度：

$$\boldsymbol{q} = q_x\boldsymbol{i} + q_y\boldsymbol{j} + q_z\boldsymbol{k} \quad (2.15)$$

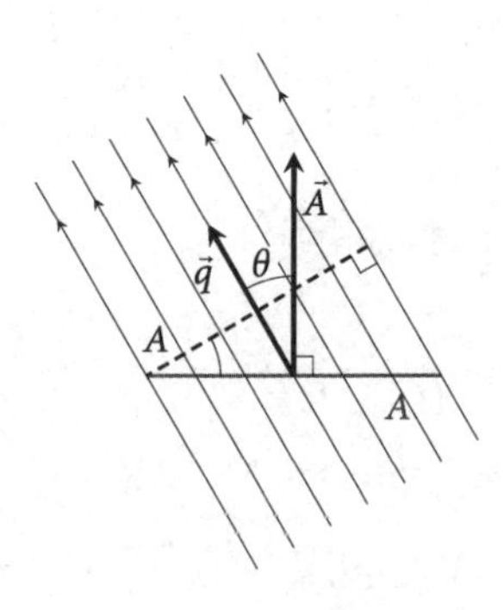

图 2.4 热量非垂直流入时导热过程。热流密度是用垂直于热流方向的面积定义的，因此热流方向与表面法向的夹角必须要考虑进去

在数学上，我们用一个垂直于表面的矢量 **A** 来描述表面，该矢量的长度代表表面的面积。这样一来，热流率就可以用两个矢量的乘积表示：

$$\Phi = \mathbf{A} \cdot \boldsymbol{q} \tag{2.16}$$

对于一维传热过程，当材料的厚度和两侧温差趋近于零时，即 $d \rightarrow dx$，$\Delta\theta \rightarrow d\theta$，式(2.6)可用微分形式表达：

$$q = -\lambda \frac{d\theta}{dx} \tag{2.17}$$

如果随着 x 轴的正方向温度是增加的，那么热流将向 x 轴的负方向流动，因此在上式中，我们加入了一个负号。

对于更复杂的三维导热情况，温度是三个方向坐标的函数，因此热量会在三个方向传输，因此此时傅立叶定律应该写成：

$$q_x = -\lambda \frac{\partial\theta}{\partial x},\ q_y = -\lambda \frac{\partial\theta}{\partial y},\ q_z = -\lambda \frac{\partial\theta}{\partial z}$$

引入矢量微分算子：

$$\nabla = \frac{\partial}{\partial x}\boldsymbol{i} + \frac{\partial}{\partial y}\boldsymbol{j} + \frac{\partial}{\partial z}\boldsymbol{k} \tag{2.18}$$

我们可以将三维导热下的傅立叶定律写成：

$$\boldsymbol{q} = -\lambda\left(\frac{\partial\theta}{\partial x}\boldsymbol{i} + \frac{\partial\theta}{\partial y}\boldsymbol{j} + \frac{\partial\theta}{\partial z}\boldsymbol{k}\right)$$

$$\boldsymbol{q} = -\lambda \nabla \theta \tag{2.19}$$

即热流密度等于材料导热系数和材料内部温度负梯度的乘积。

梯度算符是导数算符在多维情况下的推广。如果一个标量的值由一

个三维函数 $f(x, y, z)$决定，那么由任意位置梯度所得的矢量满足以下两个特征：

1. 矢量方向与函数增大的方向相同；
2. 矢量的长度正比于函数斜率。

图 2.5 展示了一个二维函数的梯度图像。

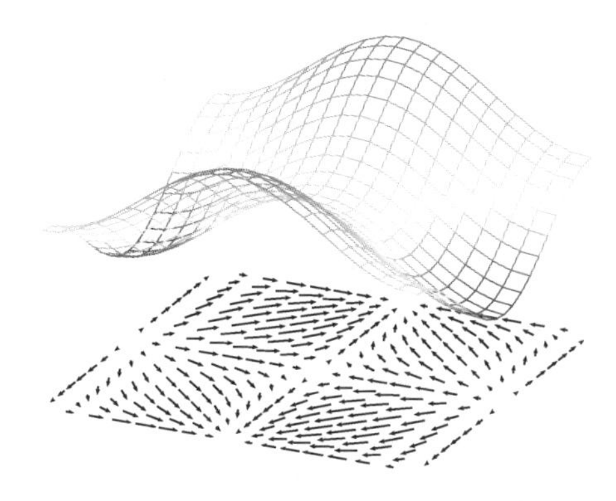

图 2.5 一个二维函数 $f(x, y) = \cos x - \cos y$。梯度矢量的方向与函数增大的方向相同，长度正比于函数斜率

我们这里所关注的标量和矢量是温度与热流密度。由于热流方向是和温度降低的方向相同，而温度梯度是和温度增大的方向相同，因此在式(2.19)中我们用负号使等号两边的方向一致。

对于任一多维函数，我们还可以定义等高线，也就是将函数中所有值相同的点连起来所得到的线。梯度矢量与等高线具有以下关系：

1. 矢量方向总是垂直于等高线；
2. 矢量的长度正比于等高线的疏密。

图 2.6 展示了一个二维函数的等高线。我们这里关注的是等温线，也就是空间中所有温度相同的点所连接起来的线。热流密度总是垂直于等温线的。

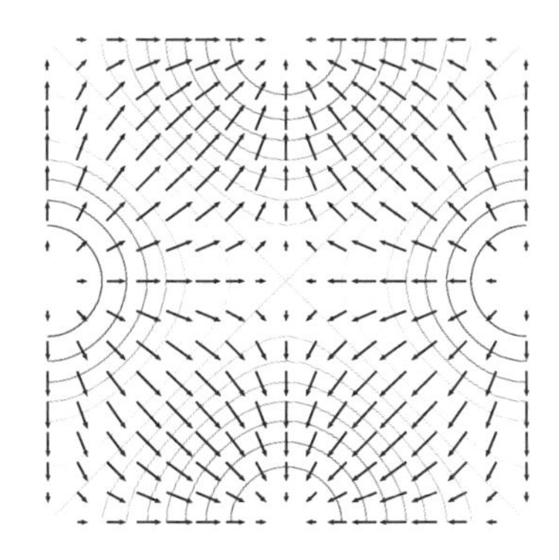

图 2.6 一个二维函数 $f(x,y) = \cos x - \cos y$ 的等高线图。梯度方向垂直于等高线，梯度矢量的长度正比于等高线的疏密程度

第 3 章的图 3.13 向我们展示了一个热桥中的二维导热过程，其中描绘了温度与等温线的分布情况。

2.2.4 动态导热

目前为止我们讨论的都是稳态导热，也就是说在这些导热过程中温度不随时间变化，建筑构件里也没有能量的累积。由于建筑构件中的温度和内能保持不变，所以从一侧流入的热量也必然全部从另一侧流出（图 2.7，左）。

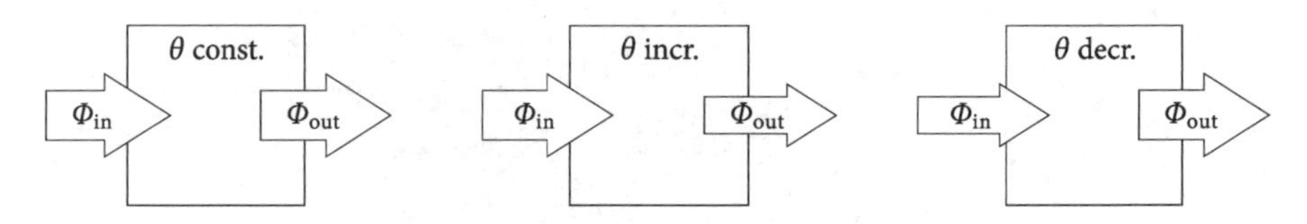

图 2.7 稳态导热（左）与动态导热（中和右）的差异。当从一侧进入建筑构件的热量与从另一侧流出的不同，那么建筑构件的温度就会发生改变

现在我们将要研究动态导热过程。由于从建筑构件一侧流入的热量与从另一侧流出的热量不同，因此建筑构件的温度和内能都会发生变化（图 2.7，中和右）。

为了研究温度的变化量，我们来考察建筑构件中一个体积为 $\Delta x \times \Delta y \times \Delta z$ 的小微元（图 2.8）。在动态导热情况中，流入小微元的热量 Φ_{in} 与流出小微元的热量 Φ_{out} 不同，因此在单位时间内，小微元中所得的净热量为：

$$\Phi_{net} = \Phi_{in} - \Phi_{out} = \frac{dQ}{dt}$$

由于热流并不必然只沿着一个方向，因此我们用矢量的形式来描述如下：

$$\boldsymbol{\Phi} = \Phi_x \boldsymbol{i} + \Phi_y \boldsymbol{j} + \Phi_z \boldsymbol{k}$$

注意

动态导热一般发生在温度随时间变化的过程中，我们用动态导热来讨论一些复杂的传热过程。

如图 2.8 所示，x、y 和 z 三个方向的热流率分别为 Φ_x、Φ_y 和 Φ_z。为了方便，我们假设 $\Phi_{in} > \Phi_{out}$，因此小微元净热流率与其温度的关系如下：

$$[\Phi_x(x) + \Phi_y(y) + \Phi_z(z)] - [\Phi_x(x+\Delta x) + \Phi_y(y+\Delta y) + \Phi_z(z+\Delta z)] = mc\frac{\partial\theta}{\partial t}$$

小微元的质量可以用它的密度和体积的乘积来表示：

$$m = \rho V = \rho \Delta x \Delta y \Delta z$$

由于热流率是一个光滑函数，因此流出小微元的热流率可以通过泰勒

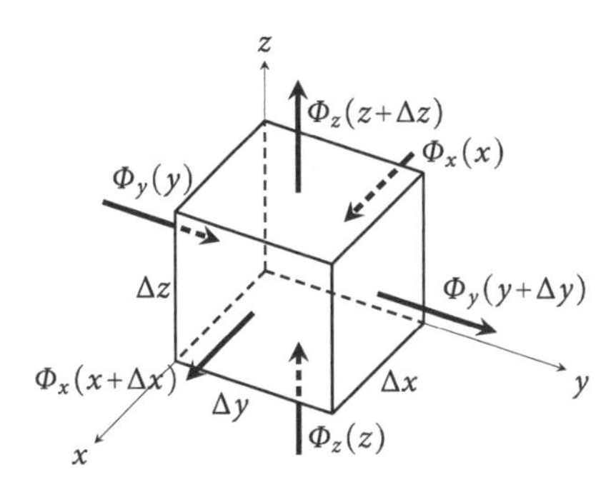

图 2.8 建筑构件中一个体积为 $\Delta x \times \Delta y \times \Delta z$ 的小微元。由于在动态导热过程中，流入微元的热量与流出的不同，因此导致了该微元温度的变化

展开的方法用进入小微元的热流率来表示：

$$\Phi_x(x+\Delta x)=\Phi_x(x)+\frac{\Delta x}{1!}\frac{\partial \Phi_x}{\partial x}+\frac{\Delta x^2}{2!}\frac{\partial^2 \Phi_x}{\partial x^2}+\cdots \approx \Phi_x(x)+\Delta x\frac{\partial \Phi_x}{\partial x}$$

$$\Phi_y(y+\Delta y)=\Phi_y(y)+\frac{\Delta y}{1!}\frac{\partial \Phi_y}{\partial y}+\frac{\Delta y^2}{2!}\frac{\partial^2 \Phi_y}{\partial y^2}+\cdots \approx \Phi_y(y)+\Delta y\frac{\partial \Phi_y}{\partial y}$$

$$\Phi_z(z+\Delta z)=\Phi_z(z)+\frac{\Delta z}{1!}\frac{\partial \Phi_z}{\partial z}+\frac{\Delta z^2}{2!}\frac{\partial^2 \Phi_z}{\partial z^2}+\cdots \approx \Phi_z(z)+\Delta z\frac{\partial \Phi_z}{\partial z}$$

通过忽略高阶小量，结合上述方程我们可以得到：

$$-\Delta x\frac{\partial \Phi_x}{\partial x}-\Delta y\frac{\partial \Phi_y}{\partial y}-\Delta z\frac{\partial \Phi_{zy}}{\partial z}=\rho c\Delta x\Delta y\Delta z\frac{\partial \theta}{\partial t}$$

热流密度等于热流率除以截面积，因此我们有：

$$q_x=\frac{\Phi_x}{\Delta y\Delta z},\quad q_y=\frac{\Phi_y}{\Delta x\Delta z},\quad q_z=\frac{\Phi_z}{\Delta x\Delta y}$$

$$\frac{\partial q_x}{\partial x}+\frac{\partial q_y}{\partial y}+\frac{\partial q_z}{\partial z}=-\rho c\frac{\partial \theta}{\partial t}$$

$$\boxed{\nabla\cdot \boldsymbol{q}=-\rho c\frac{\partial \theta}{\partial t}}\tag{2.20}$$

这里我们使用了热流密度的矢量形式[式(2.15)]和矢量微分算符[式(2.18)]。

式(2.20)就是没有热源情况下导热过程中的连续性方程。该表达式表明热流密度的散度等于材料的体积比热容[式(1.22)]与其温度变化率的乘积。从上式我们可以看出，在相同的热流密度下，如果一个材料具有较大的体积比热容，那么它的温度的变化量会更小，也就是说较大的体积比热容能够有效地抑制温度的波动。

> **注意**
> 较大的体积比热容能够有效地抑制温度的波动。

将连续性方程式(2.20)与三维情况下的傅立叶定律式(2.19)结合起来,我们就可以获得热扩散方程:

$$\nabla \cdot (\lambda \nabla \theta) = \rho c \frac{\partial \theta}{\partial t} \tag{2.21}$$

热扩散方程是一个二阶偏微分方程,它是用来描述温度随着时间和空间是如何变化的。当我们用它来研究热传导时,我们首先通过这个方程求解出温度与时间和空间的关系。然后我们根据式(2.19)计算出热流密度,最后我们通过对热流密度积分,求出热流率。

$$\Phi = \int_A \boldsymbol{q} \cdot \mathrm{d}\boldsymbol{A}$$

需要指出的是,导热系数是随着空间分布的,同时它还和温度以及水的质量、浓度有关,因此求解上述的微分方程会显得非常困难。通常情况下我们会把建筑构件划分成不同的部分,让每个部分具有相同的导热系数。这样的话,我们将式(2.21)简化成以下形式:

$$\frac{\partial \theta}{\partial t} = \alpha \left(\frac{\partial^2 \theta}{\partial x^2} + \frac{\partial^2 \theta}{\partial y^2} + \frac{\partial^2 \theta}{\partial z^2} \right)$$

$$\boxed{\frac{\partial \theta}{\partial t} = \alpha \nabla^2 \theta} \tag{2.22}$$

其中 α(m^2/s)又叫做热扩散系数,它是导热系数与体积比热容的比值:

$$\boxed{\alpha = \frac{\lambda}{\rho c}} \tag{2.23}$$

一些常见建筑材料的热扩散系数值可以见表 2.1。

$$\nabla^2 = \frac{\partial^2}{\partial x^2} + \frac{\partial^2}{\partial y^2} + \frac{\partial^2}{\partial z^2} \tag{2.24}$$

∇^2 又被称为拉普拉斯算子。

因为微分方程式(2.21)和式(2.22)既包括对空间的微分,也包括对时间的微分,因此为了求解方程,我们还需要下列两种条件:

- 边界条件。边界条件指的是我们所研究的系统边界处的温度或热流密度的值。
- 初始条件。初始条件指的是我们所研究的系统初始时刻的温度值。

事实上,对于绝大部分的实际问题,求解式(2.21)和式(2.22)都是非常困难的,因此我们需要对它们进行数值求解。但是也有一些理想化的理论模型,它们具有解析解,同时有一定的指导意义,我们会在书中进行讨论。但是这些微分方程的数学求解过程超出了本书的范围,因此我们只讨论这些模型的解。同时所有的模型都是一维的，因此我们不用考虑在 x、y 方向上的传热过程，于是式(2.22)简化为：

$$\frac{\partial \theta}{\partial t}=\alpha \frac{\partial^2 \theta}{\partial z^2} \tag{2.25}$$

2.2.5 不同温度的两种材料相接触

在第一个理论模型中，我们假设空间的某一半($z\leqslant 0$)都被某种材料占据，该材料的导热系数是 λ_1，密度是 ρ_1，比热容是 c_1，温度是 θ_1'。空间的另一半($z\geqslant 0$)都被另一种材料占据，该材料的导热系数是 λ_2，密度是 ρ_2，比热容是 c_2，温度是 θ_2'。在初始时刻，我们让两个物体热接触，这样热量就会从高温物体流向低温物体。很显然，此时的边界条件是两个物体在接触面处的温度相等，且一个物体在接触面处流出的热流密度等于另一个物体在接触面处流入的热流密度，即：

$$\theta_1(z=0)=\theta_2(z=0)$$

$$\lambda_1 \frac{\mathrm{d}\theta_1}{\mathrm{d}z}\bigg|_{z=0}=\lambda_2 \frac{\mathrm{d}\theta_2}{\mathrm{d}z}\bigg|_{z=0}$$

在此边界条件下，式(2.25)的解为：

$$\theta_1(z,t)=\theta_0+(\theta_1'-\theta_0)\mathrm{erf}\left(\frac{z}{2\sqrt{\alpha_1 t}}\right)$$

$$\theta_2(z,t)=\theta_0+(\theta_2'-\theta_0)\mathrm{erf}\left(\frac{z}{2\sqrt{\alpha_2 t}}\right)$$

其中：

$$\mathrm{erf}(z)=\frac{2}{\sqrt{\pi}}\int_0^z \mathrm{e}^{-t^2}\,\mathrm{d}t$$

是误差函数。接触面处的温度为：

$$\theta_0=\frac{b_1\theta_1'+b_2\theta_2'}{b_1+b_2} \tag{2.26}$$

其中：

$$b=\sqrt{\lambda\rho c} \tag{2.27}$$

b[$\mathrm{W\cdot s^{1/2}/(m^2\cdot K)}$]也被称为吸热系数。我们可以看到，接触面处的温度更接近具有较大吸热系数的材料温度，也就是说较大的吸热系数可以更好地抑制温度波动。

两个不同温度的物体相互接触后的温度空间分布如图 2.9 所示。我们可以看到，接触后接触面处立刻就达到了最终的接触面温度，而材料内部的温度则逐渐向接触面处温度变化。较大的扩散系数会加速温度均衡，这意味着扩散系数越小的材料对内部温度变化响应越慢。

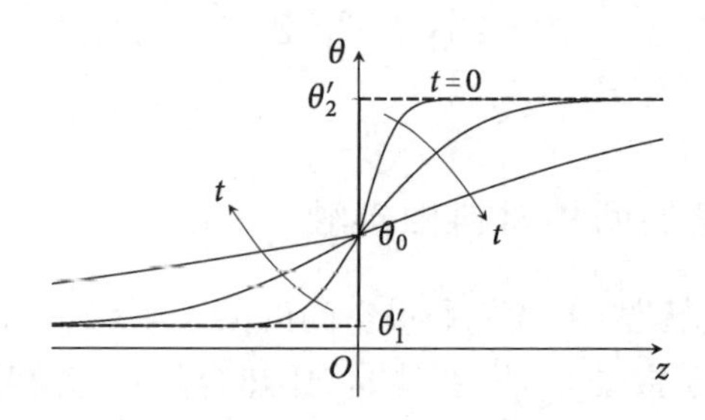

图 2.9 两个不同温度的物体相互接触后的温度空间分布。初始时刻，两个物体温度分别为 θ_1' 和 θ_2'，之后物体内部的温度逐渐向接触面处温度 θ_0 靠拢

表 2.1 一些常见建筑材料的热学特性

T=24 h				
材料	$\alpha/(10^{-6}\cdot m^2\cdot s^{-1})$	$b/[W\cdot s^{1/2}\cdot(m^2\cdot K)^{-1}]$	d/cm	$\frac{t_0}{x}\Big/(h\cdot cm^{-1})$
发泡聚苯乙烯	0.80	39	14.9	0.26
矿物棉	0.34	60	9.7	0.40
木材	0.16	320	6.7	0.57
实心砖	0.44	1 200	11.1	0.35
多孔砖	0.32	390	9.4	0.40
石膏板	0.30	380	9.1	0.42
中密度混凝土	0.75	1 910	14.4	0.27
玻璃	0.53	1 370	12.1	0.32
陶瓷，瓷器	0.67	1 580	13.6	0.28
钢	14.25	13 250	62.6	0.06
结晶岩	1.25	3 130	18.5	0.21
沉积岩	0.88	2 450	15.6	0.24
T=365.24 d				
材料	$\alpha/(10^{-6}\cdot m^2\cdot s^{-1})$	$b/[W\cdot s^{1/2}\cdot(m^2\cdot K)^{-1}]$	d/cm	$\frac{t_0}{x}\Big/(h\cdot cm^{-1})$
土壤、砂/砾石	0.98	2 020	3.1	17
土壤、黏土/淤泥	0.48	2 170	2.2	24

注：其中对于建筑材料，采用的计算周期为 24 h，对于土壤采用的是 365.24 d

这个理论模型的一个实际应用是解释当我们光着脚踩在地板上时的感受。脚的温度通常是 36℃，而地板的温度和室内温度相当。但是相比于

木地板，瓷砖具有更大的吸热系数（表 2.1），也就是说，人和瓷砖的接触温度会比人和木地板的接触温度低[式(2.26)]，这就是为什么虽然瓷砖和木地板的温度相同，但是人感觉接触瓷砖会更凉。

2.2.6 半无限大物体中的简谐导热

在第二个理论模型中，我们假设空间的一半都被某种材料占据。该材料的导热系数是 λ，密度是 ρ，比热容是 c。我们同时假设在材料的边界处（$z=0$），温度是简谐波动的，如图 2.10 所示。

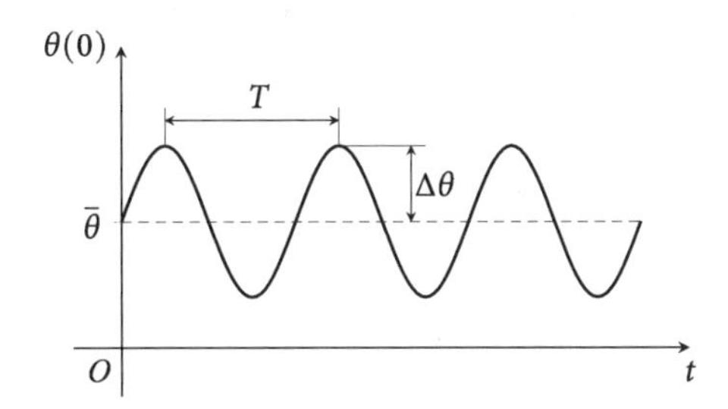

图 2.10 边界条件：材料的表面温度呈简谐波动

$$\theta(0,\ t)=\bar{\theta}+\Delta\theta\sin\left(\frac{2\pi}{T}t\right)$$

其中$\bar{\theta}$是平均温度，$\Delta\theta$ 是温度波动的振幅，T 是温度变化的周期。

此边界条件下，式(2.25)的解为：

$$\theta(z,\ t)=\bar{\theta}+\Delta\theta e^{-z/d}\sin\left[\frac{2\pi}{T}(t-t_0)\right] \tag{2.28}$$

其中 $d=\sqrt{\frac{T\alpha}{\pi}}$，$d$ 为渗入深度；$t_0=\sqrt{\frac{T}{4\pi\alpha}}z$，$t_0$ 为时间延迟。该解的正确性可以将其代入式(2.25)进行验证。

式(2.28)中与时间有关的部分如图 2.11 所示。随着深度的增加，温度的振幅不断变小，而时间延迟增加。

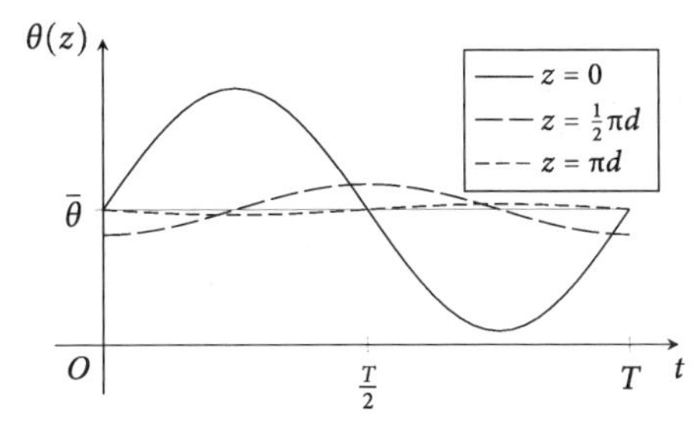

图 2.11 简谐边界条件下，半无限大物体内部三个位置处的温度随时间变化曲线。这三个位置对应的是图 2.12 中三个点所代表的位置

式(2.28)中与空间有关的部分如图 2.12 所示。在图像的左侧,我们可以看到温度波动是如何随着振幅的减小和时间延迟的增加而传入材料的内部。值得注意的是图中的第二个点相比于第一个点,总是延迟 $T/4$ 个周期,而第三个点总是延迟 $T/2$。这就意味着对于一个足够厚的材料,其内部总是存在着这样的一个位置,当表面的温度是最大值时,该处的温度处于最小值,反之亦然。

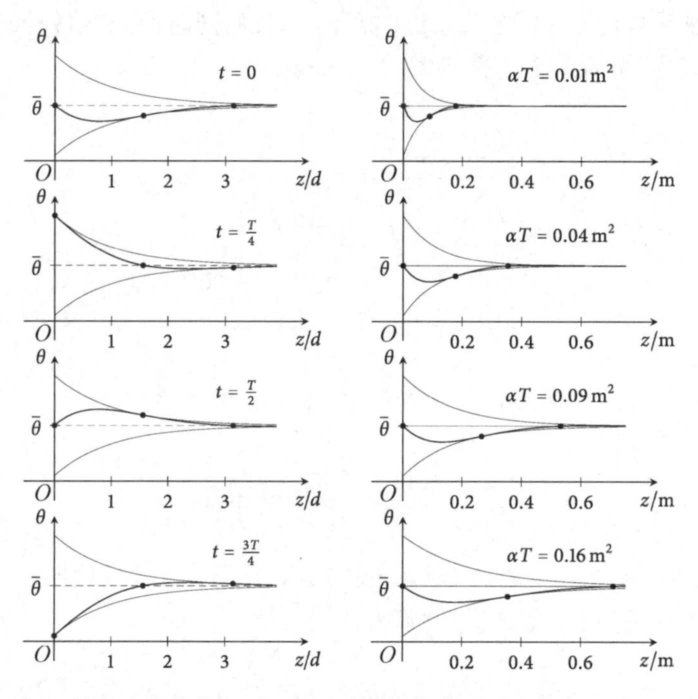

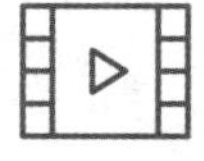

图 2.12 简谐边界条件下,半无限大物体内部温度随空间变化曲线。左侧展示了不同位置的温度随时间的演化。右侧展示了初始时刻温度空间分布与 αT 的依赖性

在图 2.12 的右侧,我们可以观察到较小的热扩散系数(或周期)如何对应于相同深度 z 处振幅的较大减小和时间的较大延迟。这也验证了第 2.2.5 小节所说的,当一个材料具有较小的热扩散系数时,它对温度的变化更加不敏感。

这个理想模型有两个非常实际的应用:

1. 建筑构件内的传热过程。我们最关注的是以昼夜为周期的温度波动情况,如图 2.13 所示。当温度较高时,建筑构件从环境吸收热量,温度升高。当夜间外部环境温度较低时,建筑构件放出热量,温度降低,因此建筑构件可以减弱外部温度振荡对内部环境的影响。

   建筑材料的热扩散系数越小,也就是说,材料的导热系数 λ 较小,以及它的体积比热容 ρc 较大时,那么它在减弱外部环境的影响上效果越明显。正如前文所指出较小的导热系数可以阻碍热量的

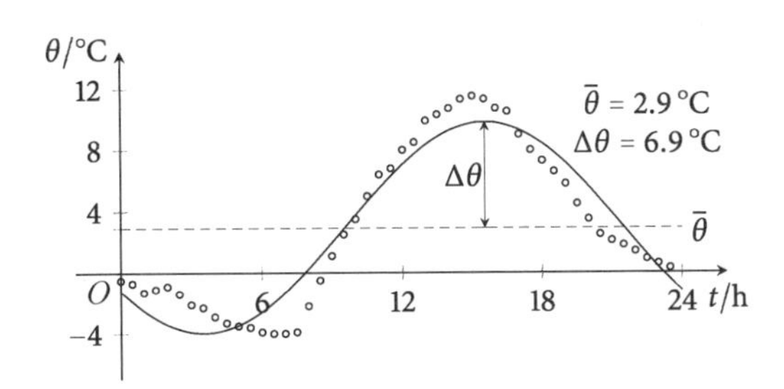

图 2.13 大陆性气候冬季多云天气的实际温度(空心点)和近似简谐函数

传递,较大的体积比,可以阻碍温度的变化。对于大部分的建筑材料,它们要么具有较大的导热系数和体积比热容,要么具有较小的导热系数和体积比热容,因此热扩散变化相对都很小(表 2.1)。

在常见的建筑材料中,木材的热扩散系数是最小的。因此,对于由单个材质构成的建筑构件,木材是一种完美的材料。表 2.1 还展示了一些常见建筑材料的渗入深度和时间延迟。通常对于非木材建筑构件,我们可以采用组合几种不同的材料,使得建筑构件的热扩散性能达到一个较小状态。比如,绝热部分的材料提供一个较小的导热系数,而体量较大的部分(混凝土、砖)提供较大的体积比热容。

2. 大地的温度。温度的年周期变化($T=365.24$)对我们研究建筑与大地接触时的热损失是非常重要的(图 2.14)。另外,根据式(2.28)和式(2.12)可以知道,对于一个较大的深度,物体的温度等于年平均温度。如果年平均温度超过 0℃,那么在大地深处肯定存在着一个位置,在该位置之下大地永远不会冻结;如果年平均温度低于 0℃,那么在大地深处肯定存在着一个位置,在该位置之下大地一直处于冻结状态——永冻层。

需要指出的是,在上述讨论中我们假设空气温度 θ_e 和建筑表面或地表温度 θ_{se} 相同。在第 3.1.1 小节我们将会看到,这个假设是不符合事实的。但是,这两者的温度可以用牛顿冷却定律[式(2.30)]和辐射热交换公式[式(2.48)]建立联系。

$$q=h_r(\theta_{se}-\theta_e)+h_c(\theta_{se}-\theta_e)=h(\theta_{se}-\theta_e)$$

其中 $h=\dfrac{1}{R_{se}}$ 是对流辐射表面传热系数。尽管上述假设不符合事实,但是可以证明的是,尽管上述假设会导致温度的变化幅度以及时间延迟发生变化,但式(2.28)的解依然是可以使用的。

$$\theta(z,t)=\bar{\theta}+A'\Delta\theta e^{-z/d}\sin\left[\frac{2\pi}{T}(t-t_0-t_0')\right]$$

其中 A'是附加振幅因子：

$$A'=\frac{1}{\sqrt{\left(1+\frac{b}{h}\sqrt{\frac{\pi}{T}}\right)^2+\left(\frac{b}{h}\sqrt{\frac{\pi}{T}}\right)^2}}$$

t'_0是附加时间延迟：

$$t'_0=\frac{T}{2\pi}\arctan\left(\frac{\frac{b}{h}\sqrt{\frac{\pi}{T}}}{1+\frac{b}{h}\sqrt{\frac{\pi}{T}}}\right)$$

较大的吸热系数会导致较小的附加振幅因子和较大的附加时间延迟。这也证明了第 2.2.5 小节的结论，即较大的吸热系数能够更好地抑制温度的变化。这个结论在一些建筑元件中将会有明显的体现。例如对于混凝土，$A'=0.65$，$t'_0=1.2$ h。

这个理论也有一些局限性，因为许多的建筑构件并不是无限厚的，而是通常由多层有限厚度的材料构成的。另外，在动态传热过程中还有一些其他的热源影响建筑构件的吸放热。为了获得真实情况下的精确结果，对式(2.21)进行数值求解是很有必要的。

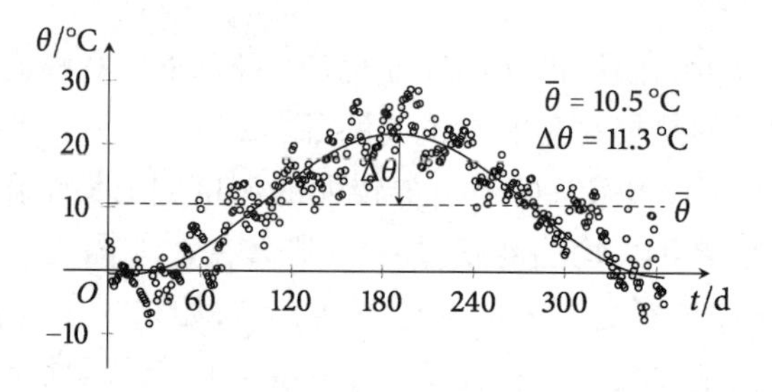

图 2.14 大陆性气候一年的实际温度(空心点)和近似简谐函数

2.3 热对流

注意

热对流是由微观粒子运动引起的，因此这种机制只出现在流体中，即液体和气体中。

热对流是一种由微观粒子运动引起的传热机制，其包括粒子的整体运动(平流)，这种机制只出现在流体中(见第 1.1 节)，即液体和气体中，因为要使粒子有整体运动，它们必须能够自由运动。除了粒子平流外，流体粒子间的碰撞和粒子扩散也可以引起热传递，因此，原则上，对流过程包括传导。

对流可以分为两类：

1. 自然对流。当一些自然过程(例如浮力)促使粒子的整体运动时，自然对流就出现了。
2. 强迫对流。当粒子的整体运动由一个装置(例如风扇或泵)引发时，就会出现强迫对流。

对流的一个实例是建筑物的集中供暖系统(图 2.15)。管道系统中的水循环对应于强迫对流。水在锅炉里加热,然后被泵送到散热器里,冷却后返回锅炉。房间里的空气循环对应于自然对流。首先,空气在靠近散热器的地方被加热,因为较热的空气密度低,它会因浮力而上升,然后在房间内移动。空气最终冷却下来,下降到地板处,然后返回到散热器处。空气的循环完全是由于自然过程,不需要设备。

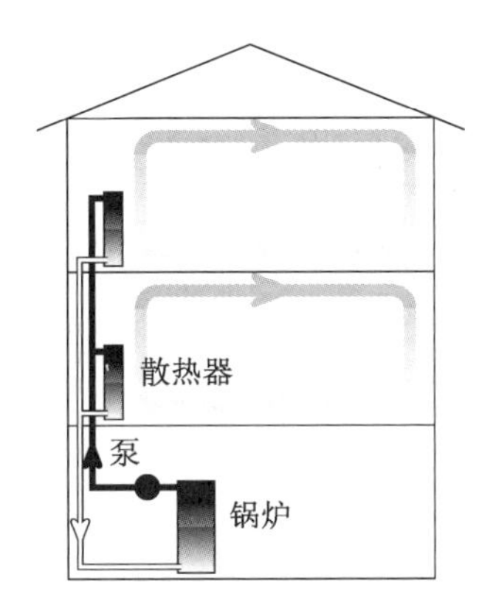

图 2.15 集中供暖系统。水的运动是强迫对流(黑色),空气的运动是自然对流(蓝色)(见彩插)

下面说明一下对流对保温材料的重要性。发泡聚苯乙烯(EPS)、挤塑聚苯乙烯(XPS)、石棉和玻璃棉等都是常见的保温材料,这些材料中起保温作用的主要成分是空气(图 2.2)。这其实并不奇怪,因为静止的空气是一种良好的保温材料(见表 A.3)。然而,如上述房间内的空气所示,循环的空气可以传递相当大的热量,因此阻止空气的运动对于保温来说是很有必要的。而这可以通过将空气封闭在聚苯乙烯气泡(EPS 和 XPS)内,或者通过稠密的纤维(石头和玻璃)阻止空气流动来实现。注意,由于聚苯乙烯/纤维的存在,保温材料的导热系数略大于空气本身的导热系数。

2.3.1 牛顿冷却定律

当房间中的散热器打开时,空气开始在散热器和房间中的较冷物体之间循环,如图 2.15 所示。由于物体和室内空气的温度都在升高,所以这是一个动态传热过程。最终,通过散热器进入房间的热量等于通过建筑元件外立面离开房间的热量。当室内物体的温度变得与时间无关时,这就成了一个稳态传热过程。在这种情况下,我们可以假设除了散热器和建筑元件外立面,房间中的所有物体,包括空气,都具有相同的温度。因此,此时温度梯度,即温度的空间变化,只出现在靠近散热器表面和建筑元件外立面附近的薄空气层中。

一般来说，在稳态传热情况下，温度梯度只出现在靠近固体表面的一层薄薄的流体中。因为只有在温度梯度存在的情况下才能进行传热，所以对流就是固体表面和流体主体之间的传热。

我们将仔细考察对流的微观图像。为了简单起见，我们只考虑固体表面温度高于液体温度的情况，如图 2.16 所示。

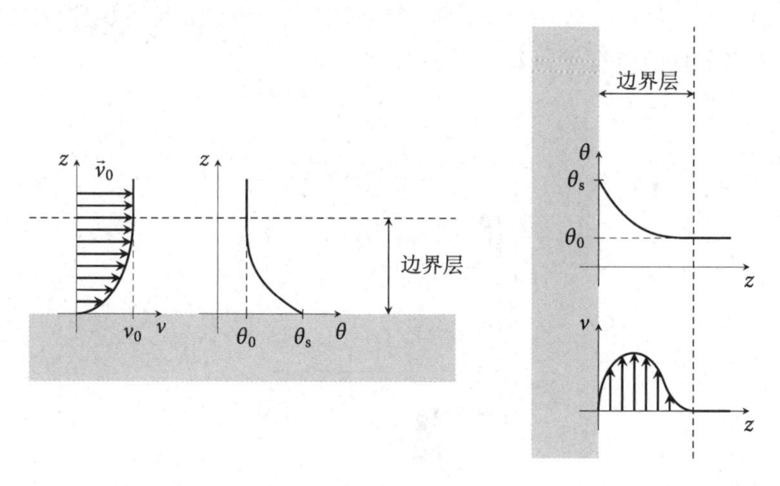

图 2.16 自然对流(右)和强迫对流(左)的微观图形。在边界层中，粒子的温度和速度逐渐改变

图 2.16(左)显示的是强迫对流的微观图形。流体主体的速度是 v_0，温度是 θ_0。而固体表面的温度，也就是紧邻着固体表面的流体温度是 $\theta_s > \theta_0$。由于摩擦，靠近固体表面的液体的速度等于零。此外，由于黏性(液体颗粒之间的摩擦)，液体的速度逐渐从 0 变为 v_0，从而形成一个边界层。在厚度近似相等的边界层中，温度从 θ_s 变为 θ_0。

图 2.16(右) 显示的是自然对流的微观图形。由于没有外力强迫，流体主体的速度为零，而流体主体的温度为 θ_0，而固体表面温度，以及靠近固体表面的流体温度是 $\theta_s > \theta_0$。由于固体温度较高，靠近固体表面的流体密度较小，浮力迫使它上升。然而，由于摩擦力，流体在固体表面附近的速度也等于零。由于黏性(液体颗粒之间的摩擦)，液体的速度逐渐从 0 变为 v_0，然后又回到 0，形成一个边界层。在和边界层厚度大致相等的尺度下中，流体温度从 θ_s 逐渐变化到 θ_0。

在集中供暖的案例中，强迫对流对应于从管道到锅炉中的水(固体表面比流体热)和从水到散热器(固体表面比流体冷)的热传递。自然对流对应于冬季从散热器到空气(固体表面比流体热)和从空气到外墙(固体表面比流体冷)的传热。

另外还有一些对流传热既含有强迫对流也含有自然对流。比如水在外力的作用下流过一个垂直的管道。来自水泵的作用力使水在管道内产生一个强迫对流，但同时由于浮力还会形成一个自然对流。再比如，将一个风扇放在散热器的附近，由于浮力会产生自然对流，同时风扇所形成的风会形成强迫对流。在这些案例中，热传递的机制都极端复杂，超出了本书的范围。

不考虑对流的类型，那么对流换热的热流率是正比于流体与固体的接触面积 A 以及固体表面与流体主体之间的温度差 $\theta_s - \theta_0$ 的。这就是牛顿冷却定律，它可以写做：

$$\Phi = A h_c(\theta_s - \theta_0) \tag{2.29}$$

其中 h_c[W/(m^2·K)]被称为对流表面传热系数。该定律还可以用热流密度写成：

$$q = h_c(\theta_s - \theta_0) \tag{2.30}$$

典型的对流表面传热系数可见表 2.2。另外要注意的是，气体的对流表面传热系数通常比液体的小，自然对流的传热系数也要比强迫对流的小。

表 2.2 对流表面传热系数的典型值

h_c/[W·(m^2·K)$^{-1}$]	对流类型	
	自然对流	强迫对流
气体	1～25	25～250
液体	50～1 000	100～20 000

土木工程案例中的对流表面传热系数在 ISO 6946 中有规定。内表面或与通风良好的空气层相邻的外表面的对流传热系数值如表 2.3 所示。在外表面处，也可以使用以下表达式计算系数：

$$h_{ce} = 4 + 4v$$

其中 v(m/s)是靠近固体表面的风速。

在冬季，人们对寒冷的感觉随着风速的增加而增加，这正是因为风增加了从人体皮肤到空气的对流热流率，增加了暴露在外的身体部位的冷却。

表 2.3 土木工程中的对流表面传热系数

h_c/[W·(m^2·K)$^{-1}$]	热流方向		
	向上	水平	向下
内表面	5.0	2.5	0.7
外表面	$4+4v$	$4+4v$	$4+4v$

2.3.2 对流在建筑中的应用

换热器是在两个或多个流体之间传递热量的装置，而对流是换热器背后的主要物理机制。在土木工程中，通常会遇到两种类型的换热器：

- 散热器通过两个对流过程将热量从液态水转移到空气中：首先将热量从水转移到金属内表面，然后从金属外表面转移到空气中。提高换热效率最简便的方法是增加换热面积。这对于金属与空气间的传热尤其重要，因为金属与空气间的对流表面传热系数远小于金属与水之间的对流表面传热系数(表 2.2)。我们常通过大尺寸平板设计、引入截面和柱、添加肋片即焊接在输送液态水的管道上的锯齿形金属条(图 2.17)等方式增大接触面积，还可以通过将自然对流改变为强迫空气对流来提高换热器的换热效率，所以常用风扇吹散热器使其散热更快。

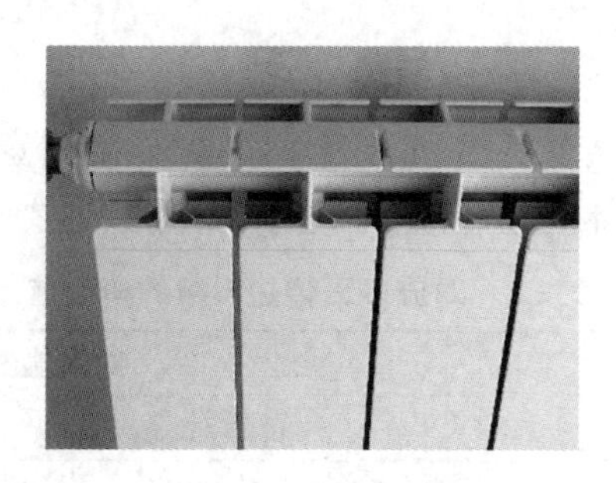

图 2.17 家用散热器。通过大尺寸平板设计、引入截面和柱、添加肋片等方式提高金属与空气间的热流率

- 回热器通过让离开建筑物的排气和进入建筑物的新鲜空气之间传递热量来回收能量(图 2.18)。这是使新鲜空气的温度更接近内部温度并减少能量损失的一种方法。我们将在第 3.4 节说明回热器的应用。

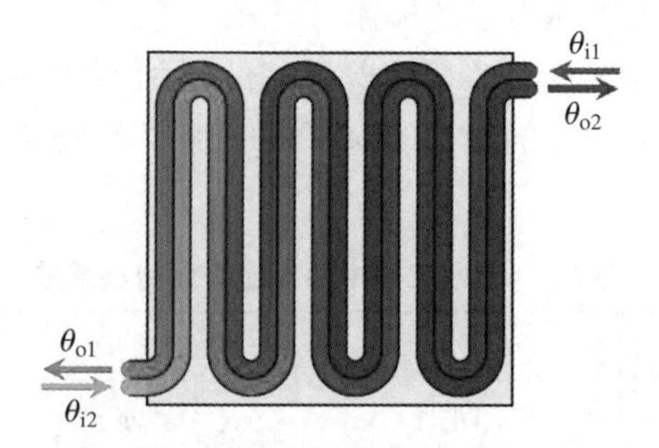

图 2.18 通过两个金属管道热接触构成的回热器的简易模型。在冬季，最初较热的废气和最初较冷的新鲜空气以相反的方向通过管道，在这一过程的热量从废气转移给新风。新风入口处温度为 θ_{i1}，出口温度为 θ_{o1}。废气入口温度为 θ_{i2}，出口温度为 θ_{o2}。$\theta_{o1} < \theta_{i2}$，$\theta_{o2} > \theta_{i1}$（见彩插）

我们可以让相同质量和相同比热容的两种流体流过换热器，并通过这

种方法评估换热器的效率。在最理想的情况下，其中流较冷液体的管道的入口处温度为 θ_{i1}，其出口处温度与较热管道的入口处温度 θ_{i2} 相同，这种情况下交换的热量为：

$$Q_{id}=mc(\theta_{i2}-\theta_{i1})$$

但事实上，较冷管道出口处温度只能达到 θ_{o1}，较热管道出口处温度为 θ_{o2}，此时交换的热量为：

$$Q_{re}=mc(\theta_{o1}-\theta_{i1})=mc(\theta_{i2}-\theta_{o2})$$

两次换热量之商就是换热器的效率 η：

$$\eta=\frac{\theta_{o1}-\theta_{i1}}{\theta_{i2}-\theta_{i1}} \tag{2.31}$$

回热器的概念，即气体换热器，与全热交换器的概念密切相关。在全热交换器中，排气和新鲜空气之间的金属壁被能够通过扩散传递水蒸气的透水膜所代替。这种改进措施降低了显热传递的效率[见式(2.31)]。然而，当水蒸气从较暖的空气转移到较冷的空气时，总的能量转移可能会增加，因为气态水分子携带着高潜热(见第 1.6 节)。因为焓值同时考虑了显热和潜热，所以这种类型的回热器被称为全热交换器。全热交换器的效率可以通过类似上文的方法来评估：

$$\eta=\frac{h_{o1}-h_{i1}}{h_{i2}-h_{i1}} \tag{2.32}$$

其中 h_{i1} 与 h_{i2} 是两种气体入口处的比焓，h_{o1} 是初始温度较低的气体出口处的比焓。

2.4 热辐射

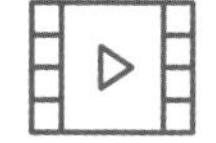

热辐射是一种不需要介质的传热机制，即使在真空(没有物质)中也可以发生。辐射通常意味着多种形式的能量传递，但对于热传递，我们讨论的是通过电磁波发生的能量传递。由于所有物体(温度高于绝对零度)都能发射电磁波，因此它们对传热有重要贡献。

辐射传热的典型例子发生在太阳和地球之间。因为这两个物体之间是真空，所以没有其他的传热机制可以发生。

> **注意**
> 辐射通常是由电磁波导致的，因此该过程主要发生在空气和真空中。

物体发射的电磁波具有很宽的光谱(波长范围很宽)，而热流密度取决于物体的温度。我们将首先讨论黑体的辐射。黑体是一种理想的物体，它能够吸收所有入射的电磁波。对于温度为 T 的黑体，我们用普朗克公式描述光谱辐射力：

$$\frac{\mathrm{d}}{\mathrm{d}\lambda}q(\lambda,T)=\frac{2\pi hc_0^2}{\lambda^5\left[\exp\left(\frac{hc_0}{\lambda kT}\right)-1\right]}$$

其中 $c_0=2.998\times10^8$ m/s 是真空中的光速，$h=6.626\times10^{-34}$ J·s 是普朗克常数，$k=1.381\times10^{-23}$ J/K 是玻耳兹曼常数。

图 2.19 显示了三种温度下的光谱辐射力，其中最重要的是太阳温度(约 5 800 K)和室温(约 300 K)下的。请注意，在较高的温度下，总的发射量更大，而光谱向短波方向移动。

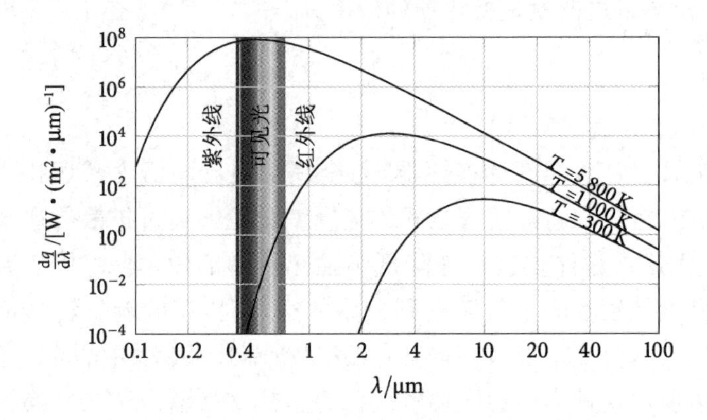

图 2.19 三种温度下的光谱辐射力，其中最重要的是太阳温度(约5 800 K)和室温(约 300 K)下的。只有较热的物体才能发出可见光(见彩插)

与太阳温度相近的物体发出的辐射在可见光谱中达到最大值，4 μm<λ<7.5 μm。白炽灯灯泡内的金属丝被电流加热到温度 $T\approx$ 2 700 K(图 2.20)时可以模拟太阳。在更低的温度下，如火焰中心和钢的锻造温度 $T\approx$1 200 K，物体仅发射可见光谱的红色部分。常温下的普通物体主要发出红外辐射，几乎没有可见光，这就是为什么没有光源我们就看不见它们。

通常，我们关心的最重要的物理量是总热流密度，我们可以通过对所有波长的普朗克公式进行积分得到：

$$q(T)=\int_0^\infty\frac{\mathrm{d}}{\mathrm{d}\lambda}q(\lambda,T)\mathrm{d}\lambda$$

$$\Rightarrow q(T)=\sigma T^4 \tag{2.33}$$

上式所得的结果被称为斯特藩-玻耳兹曼公式，其中 $\sigma=5.670\times10^{-8}$ W/(m²·K⁴)，也被称为斯特藩-玻耳兹曼常数。

图 2.20 由于电流加热灯丝产生高温，白炽灯泡发出可见的短波辐射(见彩插)

例 2.1 太阳常数

试计算太阳辐射的热流率，并计算太阳常数。假设太阳表面的温度为 $T_{\mathrm{Sun}}=5\,780\ \mathrm{K}$，太阳半径为 $r_{\mathrm{Sun}}=6.69\times10^{5}\ \mathrm{km}$。太阳常数定义为地球大气层边缘处接收到的热流密度。假设地球到太阳的距离为 $r=1.50\times10^{8}\ \mathrm{km}$，太阳是个黑体。

根据式(2.33)，太阳的表面热流密度为：

$$q_{\mathrm{Sun}}=\sigma T_{\mathrm{Sun}}^{4}$$

因此总的辐射热流率为：

$$\Phi_{\mathrm{Sun}}=A_{\mathrm{Sun}}q_{\mathrm{Sun}}=4\pi r_{\mathrm{Sun}}^{2}\sigma T_{\mathrm{Sun}}^{4}=3.85\times10^{26}\ \mathrm{W}$$

我们假设辐射在空间中均匀传播，所以通过以太阳为中心的任一球面的热流率都相同。这样我们就可以得到距离 r 处的热流密度：

$$q=\frac{\Phi_{\mathrm{Sun}}}{A}=\frac{\Phi_{\mathrm{Sun}}}{4\pi r^{2}}=1\,360\ \mathrm{W/m^{2}}$$

要注意的是，地球表面处的热流密度比上式得到的计算值要小很多，因此大气会吸收和反射一部分太阳辐射。

原则上，整个地球都受到同样热流密度的辐射，然而地球的某些部分比其他部分要冷得多。最热的地区是正午太阳处于接近头顶的那些地方，即太阳入射角为 0°处。对于这个位置以北和以南的地区，入射角逐渐增加，因此这些地方地球表面的相同大小区域获得的热流量更少[式(2.14)]。此外，这些地区太阳辐射需要穿透的大气在那里更厚。这一原理也解释了温度的季节变化。

辐射也解释了晴朗的夜晚为什么比多云的夜晚更冷。在夜间，地球表面的辐射比来自恒星的辐射要强烈得多，当辐射不被云层阻挡时，损失的能量要大得多。

2.4.1 灰体

目前为止我们所讨论的都是黑体，但事实上，大部分真实的物体都是灰体。辐射到物体上的电磁波部分被吸收，部分被反射，还有一部分会透射(图 2.21)。如果我们将辐射到物体表面的热流率命名为 Φ，反射的部分为 Φ_ρ，吸收的部分为 Φ_α，透射的部分为 Φ_τ，我们就可以定义光谱反射比 $\rho(\lambda)$、光谱吸收比 $\alpha(\lambda)$ 以及光谱透射比 $\tau(\lambda)$：

$$\rho(\lambda)=\frac{\Phi_\rho(\lambda)}{\Phi(\lambda)} \tag{2.34}$$

$$\alpha(\lambda)=\frac{\Phi_\alpha(\lambda)}{\Phi(\lambda)} \tag{2.35}$$

$$\tau(\lambda)=\frac{\Phi_\tau(\lambda)}{\Phi(\lambda)} \tag{2.36}$$

这里我们已经考虑到这三个系数都是和波长相关的，同时这三个系数的取值范围是 $0 \leqslant \rho(\lambda),\ \alpha(\lambda),\ \tau(\lambda) \leqslant 1$。

由于能量守恒，因此有：

$$\Phi_\rho(\lambda)+\Phi_\alpha(\lambda)+\Phi_\tau(\lambda)=\Phi(\lambda)$$

于是光谱吸收比、反射比和透射比有如下关系：

$$\rho(\lambda)+\alpha(\lambda)+\tau(\lambda)=1 \tag{2.37}$$

而黑体对所有波长的电磁波都有：

$$\alpha(\lambda)=1,\ \rho(\lambda)=\tau(\lambda)=0$$

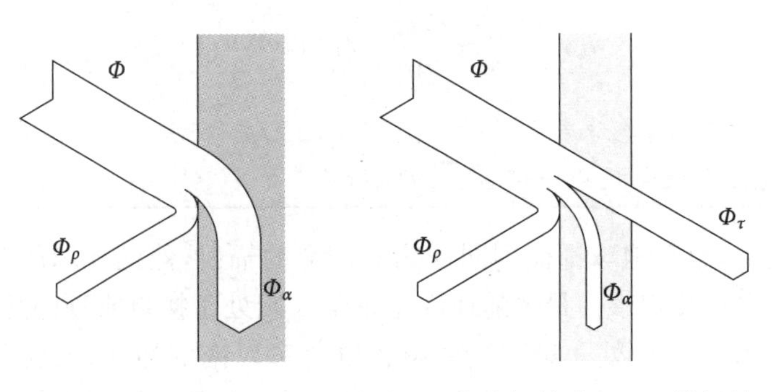

图 2.21 非透明材料(左)和透明材料(右)中的辐射过程。入射辐射(Φ)中，部分被反射(Φ_ρ)，部分被吸收(Φ_α)，部分被投射(Φ_τ)

玻璃是一种具有独特辐射特性的常用材料。它对短波(可见光)辐射的透过率相当大，$\tau \approx 0.85$，而对长波(红外)辐射的透过率较小，$\tau \approx 0$。我们可以通过使用光学和红外相机拍摄玻璃后面的场景来演示这些功能，如图

2.22 所示，对于红外摄像机，红外发射物体被玻璃挡住了。

图 2.22 由光学相机(左)和红外相机(右)记录的同一场景。由于玻璃可透过短波(可见光)辐射，但不可透过长波(红外)辐射，因此红外发射物体被玻璃遮挡。红外热成像技术将在第 2.4.4 小节详细阐述(见彩插)

玻璃的辐射特性(图 2.23)还可以解释温室效应。太阳发射的主要是短波辐射，$\lambda < 3\ \mu m$，太阳辐射从建筑的窗户玻璃的外侧投射进入室内(图 2.24)。太阳辐射被建筑物中的物体吸收，使其温度升高。因为物体的温度要低得多，所以它们进行的主要是长波辐射，$\lambda > 3\ \mu m$，这些电磁波不会透射出玻璃，而是被窗户玻璃吸收。吸收的辐射随后会分别部分发射回建筑物的内部和外部。因此，通过辐射，热量可以基本上不受阻碍地进入室内，但它只能间接和部分地离开建筑物内部(图 2.25)。

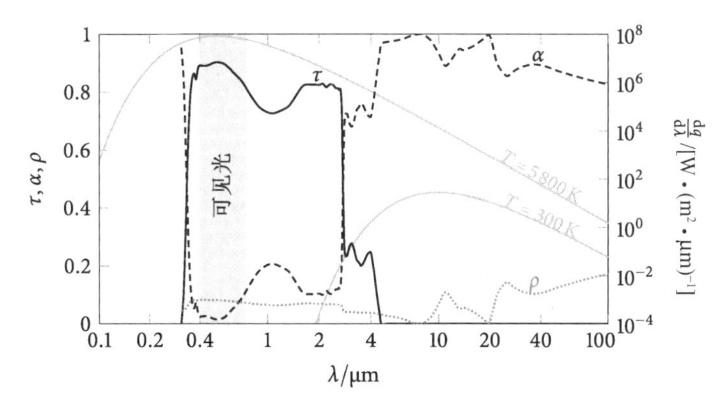

图 2.23 普通窗户玻璃的光谱透射比、吸收比和反射比。大部分的短波辐射被透射，大部分的长波辐射被吸收(见彩插)

在地球大气中也可以观察到类似的效应，在那里温室气体(H_2O，CO_2，CH_4)起着窗户玻璃的作用。

最后，灰体的一个重要特性是它们在相同温度下发出的辐射比黑体少。我们将发射率定义为在相同温度 T 下，灰体发射的热量与黑体发射的

图 2.24 典型的玻璃墙温室。由于玻璃的温室效应,温室内的温度升高

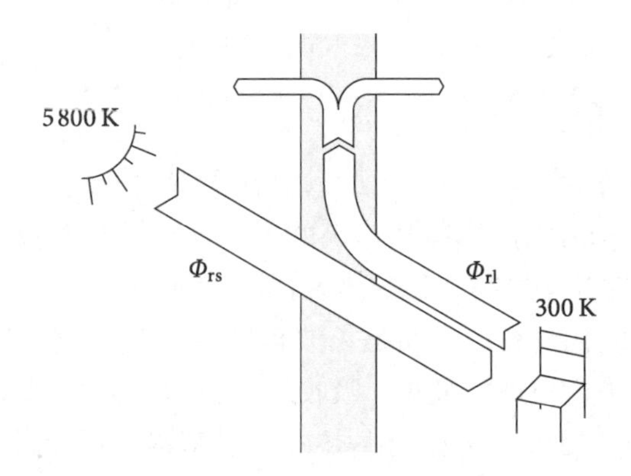

图 2.25 温室效应。太阳发出的短波辐射基本上可以无障碍地进入,而房间物体发出的长波辐射只能间接和部分地逃离建筑物内部

热量之比:

$$\varepsilon(\lambda)=\frac{\Phi(\lambda, T)}{\Phi_0(\lambda, T)} \tag{2.38}$$

2.4.2 表面间净辐射热交换

到目前为止,我们只讨论了单个物体发出的辐射,现在我们将考虑两个或两个以上物体之间的辐射换热问题。

> **注意**
> 辐射既会从高温物体传递给低温物体,也会从低温物体传递给高温物体,所以我们关注的是净辐射。

在传导和对流中,热量只从较高温度的物体传递到较低温度的物体。然而,由于所有物体都能发生辐射,因此辐射既会从高温物体传递给低温物体,也会从低温物体传递给高温物体(图 2.26)。所以我们关注的是净辐射,即从第 i 个物体到第 j 个物体的辐射与从第 j 个物体到第 i 个物体的辐射之间的差值:

$$\Phi_{net}=\Phi_{ij}-\Phi_{ji}$$

净辐射总是从高温物体传递到低温物体。正如我们在第 1.2 节中指出的，如果两个物体具有相同的温度并且处于热平衡状态，则两个方向上的热流量相等，因此净辐射热流量为零。

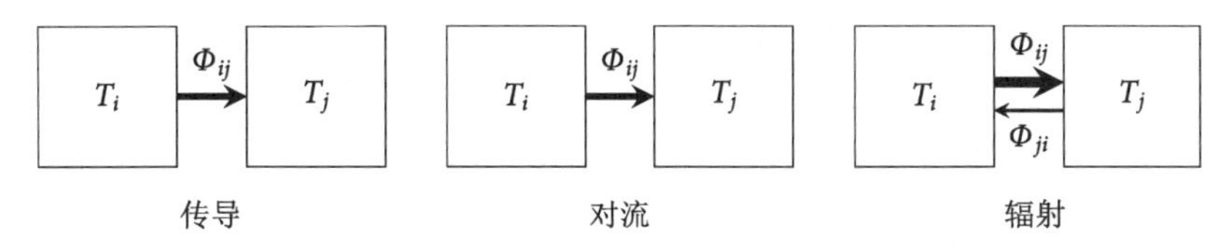

图 2.26 当 $T_i > T_j$ 时，传导、对流与辐射的不同。在传导和对流中，热量只从较高温度的物体传递到较低温度的物体。而辐射既会从高温物体传递给低温物体，也会从低温物体传递给高温物体

角系数

为了更好地解决这个问题，我们将研究物体表面之间的热交换，而不是物体之间的热交换。之所以如此原因很简单，因为通过辐射传递的能量只能在真空和气体等空旷空间中传递，这意味着只有共享一个封闭空间的物体才能通过这种机制交换热量。然而，只有那些与参与围合封闭空间的表面部分参与热交换，而不是整个物体表面都参与，如图 2.27 所示。

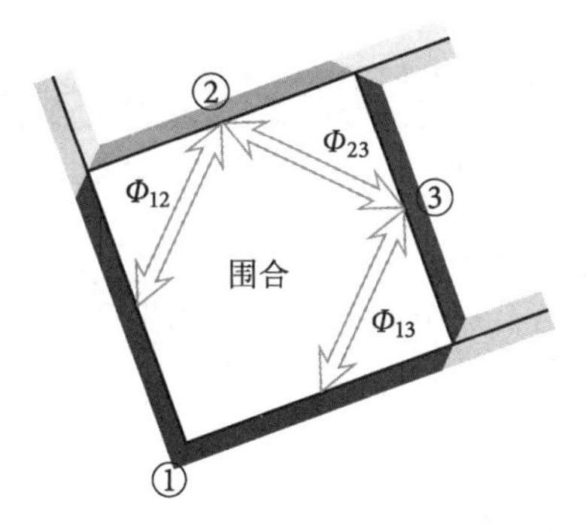

图 2.27 物体 1、2、3 共同围合了一个闭合空间，因此它们可以通过辐射进行换热。注意的是，并非物体的所有表面都参与它们之间的换热，只有标阴影的表面参与

净辐射取决于两个物体表面的温度和辐射特性。然而，同样重要的是要考虑到一个表面发射的辐射只有一部分被另一个表面截获，这意味着净辐射也取决于物体表面的几何形状和朝向。我们用角系数来描述物体的表面几何形状和朝向。角系数定义为从表面 i 辐射到表面 j 的热流率 Φ_{ij} 与从表面 i 发出的热流率 Φ_i 之比，即：

$$\Phi_{ij} = F_{ij}\Phi_i \tag{2.39}$$

很显然 $1 \geqslant F_{ij} \geqslant 0$。由于电磁波是沿直线传播的，因此凸表面发射的电磁波是不会直接辐射到自身表面的（见例 2.2），因此对于凸表面，$F_{ii}=0$，对于凹表面，$F_{ii}>0$。

i 表面所发出的辐射必然全部被围成封闭空间的其他表面所接收，因此：

$$\Phi_i = \sum_j \Phi_{ij} = \sum_j F_{ij}\Phi_i$$

两边消去 Φ_i，于是得到角系数完整性规律：

$$\sum_j F_{ij} = 1 \tag{2.40}$$

温度相同的两个黑体表面之间的净辐射换热应该是零，因此：

$$\Phi_{net} = \Phi_{ij} - \Phi_{ji} = F_{ij}\Phi_i - F_{ji}\Phi_j = F_{ij}A_i q_i - F_{ji}A_j q_j = 0$$

根据斯特藩-玻尔兹曼定律，温度相同时，$T_i = T_j$，表面热流密度也相同，$q_i = q_j$，于是我们得到角系数的相对性规律：

$$F_{ij}A_i = F_{ji}A_j \tag{2.41}$$

温度不同的两个黑体表面间的净辐射换热应该是：

$$\Phi_{net} = F_{ij}A_i\sigma(T_i^4 - T_j^4) \tag{2.42}$$

例 2.2 两个球面间的辐射换热

试计算由面积 A_1 和面积 A_2 的两个同心球面构成的两表面间的角系数。

因为辐射总是沿着直线进行的，所以所有离开内表面 1 的辐射都会辐射到外表面 2 上，所以：

$$F_{11} = 0,\ F_{12} = 1$$
$$F_{11} + F_{12} = 1$$

另一方面，离开外表面 2 的辐射会有一部分辐射到表面 2 上，因此：

$$F_{22} > 0,\ F_{21} < 1$$

根据式(2.40)我们得到：

$$F_{12}A_1 = F_{21}A_2 \Rightarrow F_{21} = \frac{A_1}{A_2}$$

最后根据式(2.38)我们得到：

$$F_{21} + F_{22} = 1 \Rightarrow F_{22} = 1 - \frac{A_1}{A_2}$$

我们将在第 8.3.4 小节中推导计算角系数的精确表达式。

基尔霍夫定律

通过考察黑体和灰体表面之间的简单辐射热传递,我们可以导出光谱发射比和光谱吸收比之间的关系。我们考虑一个被两个凸面包围的封闭体:一个黑体表面和一个非透明灰体($\alpha+\rho=1$)表面处于热平衡状态,也就是说,它们具有相同的温度 T。由于表面是凸面,所有从黑体表面发射的辐射都会辐射到灰体表面,反之亦然(图 2.28),也就是说,$F_{12}=F_{21}=1$ 且 $F_{11}=F_{22}=0$。黑体表面散发热量的热流密度为 Φ_0,其中被灰体表面吸收的为 $\alpha\Phi_0$,而$(1-\alpha)\Phi_0$被反射回来并被黑体表面完全吸收。灰体表面散发热量的热流密度为 Φ,全部被黑体吸收。由于两个物体处于热平衡,因此有:

$$\Phi=\alpha\Phi_0 \qquad \text{灰体表面}$$

$$\Phi_0=\Phi+(1-\alpha)\Phi_0 \qquad \text{黑体表面}$$

$$\Rightarrow\varepsilon=\frac{\Phi}{\Phi_0}=\alpha$$

我们可以看到,光谱发射比和光谱吸收比始终是相等的:

$$\varepsilon(\lambda)=\alpha(\lambda) \tag{2.43}$$

这就是基尔霍夫定律。

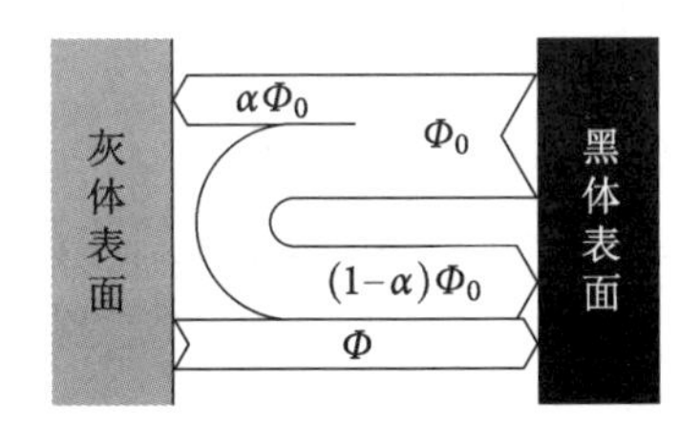

图 2.28 一个被两个凸面包围的封闭体:一个黑体表面和一个非透明灰体($\alpha+\rho=1$)表面。黑体表面散发热量的热流密度为 Φ_0,其中被灰体表面吸收的为 $\alpha\Phi_0$,而$(1-\alpha)\Phi_0$被反射回来并被黑体表面完全吸收。灰体表面散发热量的热流密度为 Φ,全部被黑体吸收

灰体表面间的热交换

虽然已经计算了两个任意的黑体表面之间的净辐射换热[式(2.42)],但两个灰体表面之间的换热更有意义。任意情况下的灰体表面间辐射换热的通解非常复杂,也没有很好的指导意义,因此我们将讨论限于满足两个条件的特殊情况:

1. 封闭空间只有两个表面,$F_{11}+F_{12}=F_{21}+F_{22}=1$。
2. 两个表面都是不透明的,$\alpha_1+\rho_1=\alpha_2+\rho_2=1$。

两个非透明灰体间净辐射换热示意图见图 2.29。我们假设净传热是从物体 1 到物体 2 的。注意,因为只有两个物体,所以在封闭空间内和两个

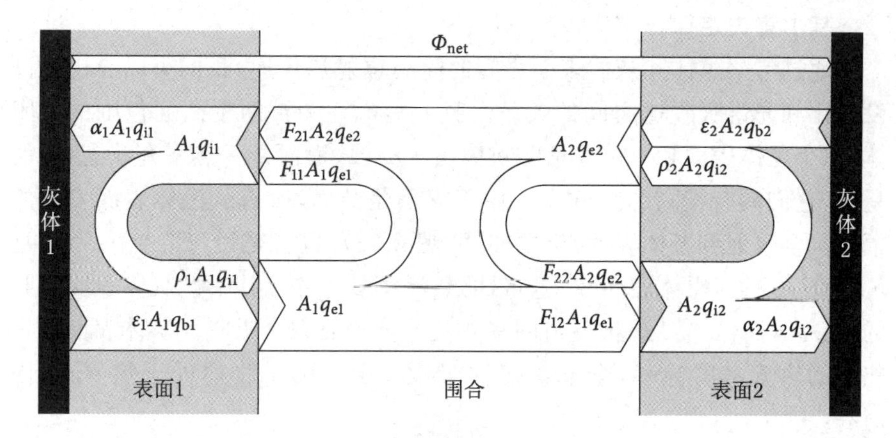

图 2.29 两个非透明灰体表面间的净辐射换热

表面内的净传热是相同的。用 q_{b1} 和 q_{b2} 分别表示为两个物体温度下黑体的热流密度,q_{e1} 和 q_{e2} 分别表示两个物体净发射表面热流密度,q_{i1} 和 q_{i2} 分别表示两个物体净入射表面热流密度。两个物体在封闭空间内的净辐射热交换是:

$$\Phi_{net}=\Phi_{12}-\Phi_{21}=A_1F_{12}q_{e1}-A_2F_{21}q_{e2}=A_1F_{12}(q_{e1}-q_{e2}) \tag{2.44}$$

我们用材料的特性参数 ε_1、ε_2、q_{b1} 和 q_{b2} 来表示 q_{e1} 和 q_{e2}。如图 2.28 所示,可以得到:

$$q_{e1}=\varepsilon_1 q_{b1}+\rho_1 q_{i1}=\varepsilon_1 q_{b1}+(1-\varepsilon_1)q_{i1}$$
$$q_{e2}=\varepsilon_2 q_{b2}+\rho_2 q_{i2}=\varepsilon_2 q_{b2}+(1-\varepsilon_2)q_{i2}$$

消去 q_{i1} 和 q_{i2}:

$$\Phi_{net}=A_1(\varepsilon_1 q_{b1}-\alpha_1 q_{i1})=A_1\varepsilon_1\left(q_{b1}-\frac{q_{e1}-\varepsilon_1 q_{b1}}{1-\varepsilon_1}\right)=\frac{\varepsilon_1}{1-\varepsilon_1}A_1(q_{b1}-q_{e1})$$

$$\Phi_{net}=A_2(\alpha_2 q_{i2}-\varepsilon_2 q_{b2})=A_2\varepsilon_2\left(\frac{q_{e2}-\varepsilon_2 q_{b2}}{1-\varepsilon_2}-q_{b2}\right)=\frac{\varepsilon_2}{1-\varepsilon_2}A_2(q_{e2}-q_{b2})$$

这样就得到:

$$\Phi_{net}=\frac{q_{b1}-q_{e1}}{\frac{1-\varepsilon_1}{A_1\varepsilon_1}}=\frac{q_{e1}-q_{e2}}{\frac{1}{A_1F_{12}}}=\frac{q_{e2}-q_{b2}}{\frac{1-\varepsilon_2}{A_2\varepsilon_2}}$$

注意到和式(2.12)的相似性,上式可以写成:

$$\Phi_{net}=\frac{q_{b1}-q_{b2}}{\frac{1-\varepsilon_1}{A_1\varepsilon_1}+\frac{1}{A_1F_{12}}+\frac{1-\varepsilon_2}{A_2\varepsilon_2}}$$

$$\Phi_{net}=\frac{\sigma(T_1^4-T_2^4)}{\frac{1-\varepsilon_1}{A_1\varepsilon_1}+\frac{1}{A_1F_{12}}+\frac{1-\varepsilon_2}{A_2\varepsilon_2}} \tag{2.45}$$

2.4.3 墙壁与环境间的辐射换热

对于大多数典型的土木工程问题，式(2.45)可以大大简化。我们关心的最重要的问题是建筑物外墙与其环境之间的净辐射。对于墙的外表面，环境是建筑物附近的环境，而对于墙的内表面，环境是房间的其余部分(图 2.30)。

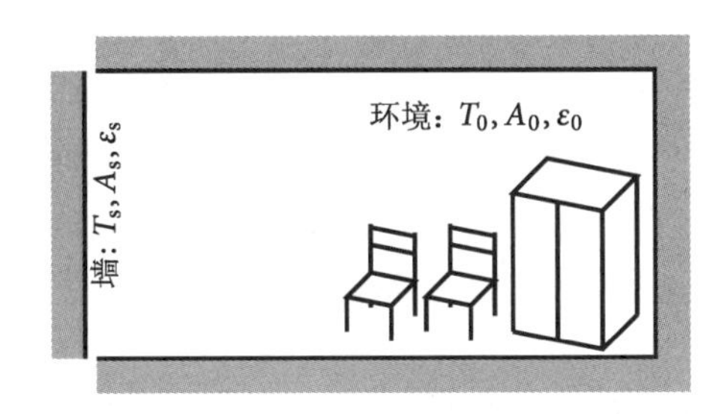

图 2.30 墙内表面与室内环境间的辐射换热。离开墙表面的所有辐射都被环境表面截获，因此，角系数为 $F_{s0}=1$

我们已经在第 2.3.1 小节中讨论过，对于稳定的传热，我们可以假设房间中除了散热器和外部建筑构件，其余所有物体，包括空气，都具有相同的温度。由于环境中所有物体的温度都是相同的，因此每对物体的净辐射换热量为零，而只有壁面与环境之间存在非零的净辐射换热量。因此可以将环境视为面积为 A_0 的单个表面，其平均温度为 T_0，平均发射率为 ε_0。另一方面，墙是面积为 A_s 的凸面，其温度为 T_s，发射率为 ε_s。离开墙表面的所有辐射都被环境表面截获，因此，角系数为 $F_{s0}=1$。这里 ε_s 考虑了室温辐射光谱最主要波长范围内 5.5～50 μm 的发射率，该值通过将室温下材料的光谱发射率进行加权得到。因为 $A_0 \gg A_s$，从式(2.45)中，可以得到：

$$\Phi_{net}=A_s\sigma\varepsilon_s(T_s^4-T_0^4)$$

在开尔文温标下，壁面和环境表面的温度没有显著差异。通过定义平均温度 $\overline{T}$ 和温差 ΔT，可以将上式展开，其中 $\Delta T \ll \overline{T}$：

$$\left.\begin{aligned}\overline{T}&=\frac{T_0+T_s}{2}\\ \Delta T&=T_s-T_0\end{aligned}\right\}\Rightarrow\left\{\begin{aligned}T_s&=\overline{T}+\frac{\Delta T}{2}\\ T_0&=\overline{T}-\frac{\Delta T}{2}\end{aligned}\right.$$

根据泰勒展开得到：

$$T_s^4 = \overline{T}^4 + 4\overline{T}^3\frac{\Delta T}{2} + 6\overline{T}^2\left(\frac{\Delta T}{2}\right)^2 + 4\overline{T}\left(\frac{\Delta T}{2}\right)^3 + \left(\frac{\Delta T}{2}\right)^4$$

$$\approx \overline{T}^4 + 4\overline{T}^3\frac{\Delta T}{2}$$

$$T_0^4 = \overline{T}^4 - 4\overline{T}^3\frac{\Delta T}{2} + 6\overline{T}^2\left(\frac{\Delta T}{2}\right)^2 - 4\overline{T}\left(\frac{\Delta T}{2}\right)^3 + \left(\frac{\Delta T}{2}\right)^4$$

$$\approx \overline{T}^4 - 4\overline{T}^3\frac{\Delta T}{2}$$

$$\Rightarrow T_s^4 - T_0^4 = 8\overline{T}^3\frac{\Delta T}{2} = 4\overline{T}^3(T_s - T_0)$$

于是得到：

$$\Phi_{net} = A_s h_r (T_s - T_0)$$

其中：

$$h_r = 4\sigma\varepsilon_s\overline{T}^3 \tag{2.46}$$

h_r[W/(m^2 · K)]被称为辐射表面传热系数。由于温差在开尔文温标和摄氏温标下代表的温度差值相同，于是将上式写为：

$$\Phi = Ah_r(\theta_s - \theta_0) \tag{2.47}$$

注意

辐射换热正比于墙表面与相邻环境间的温差。

注意到上式与牛顿冷却定律式(2.29)的相似性，该方程也可以用热流密度来表达：

$$q = h_r(\theta_s - \theta_0) \tag{2.48}$$

上面得到的辐射表面传热系数表达式被标准 ISO 6946 所使用。建筑物理中辐射表面传热系数的典型值是 3 W/(m^2 · K)到 5 W/(m^2 · K)。

例 2.3 真空保温瓶

圆筒形真空保温瓶由两个抛光钢容器组成，内筒高 $h_1 = 30$ cm，半径 $r_1 = 4.0$ cm，外筒高 $h_2 = 32$ cm，半径 $r_2 = 5.0$ cm。两筒间隙之间的空气被排出，容器壁的发射率为 $\varepsilon_1 = \varepsilon_2 = 0.07$。质量为 $m = 300$ g，温度为 $\theta_i = 0$℃ 的冰被放入保温瓶中。如果外部温度为 $\theta_e = 25$℃，则试分别使用精确及线性表达式计算冰熔化的时间。忽略通过瓶颈的热损失，冰的熔解比潜热为 $q_f = 336$ kJ/kg。

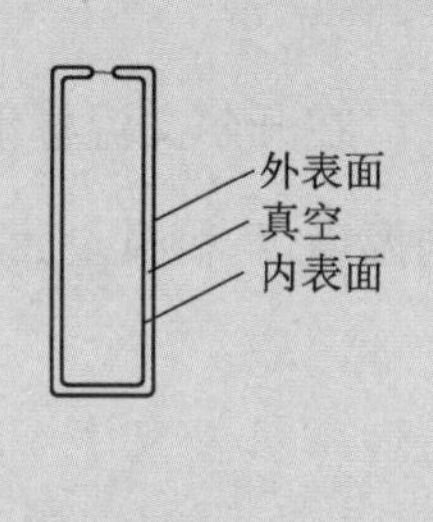

真空瓶的工作原理是基于两个容器之间间隙的真空。因为没有物质粒子,传导和对流都不能发挥作用。由于热量只能通过辐射传递,因此热流率大大降低。较小的热流率意味着真空瓶中的物体冷却或加热(取决于物体的温度)比在其他容器中慢得多。

两个筒壁的面积等于:

$$A_1 = 2\pi r_1 h + 2\pi r_1^2 = 0.116\ \text{m}^2$$

$$A_2 = 2\pi r_2 h + 2\pi r_2^2 = 0.085\ \text{m}^2$$

两筒间隙只被两个筒的壁面围合,因此可以使用式(2.45)内壁面1的温度为 $\theta_1 = \theta_i = 273\ \text{K}$,外壁面2的温度 $\theta_2 = \theta_e = 298\ \text{K}$。由于内壁面是凸面,因此 $F_{12} = 1$。于是得到:

$$\Phi = \frac{\sigma(T_i^4 - T_e^4)}{\dfrac{1-\varepsilon_1}{A_1\varepsilon_1} + \dfrac{1}{A_1} + \dfrac{1-\varepsilon_2}{A_2\varepsilon_2}} = -0.470\ \text{W}$$

使用线性表达式:

$$\Phi = \frac{4\sigma \overline{T}^3 (T_i - T_e)}{\dfrac{1-\varepsilon_1}{A_1\varepsilon_1} + \dfrac{1}{A_1} + \dfrac{1-\varepsilon_2}{A_2\varepsilon_2}} = -0.469\ \text{W}$$

结果之所以是负的,是因为内壁面接收的辐射大于其发射的。可得所有冰融化所需的热量及时间:

$$Q = mq_f = |\Phi| t \Rightarrow t = \frac{mq_f}{|\Phi|} = \begin{cases} 59.6\ \text{h}\ (\text{精确解}) \\ 59.7\ \text{h}\ (\text{线性解}) \end{cases}$$

如前文所指出的,使用精确表达式和线性表达式所获得的结果没有明显差异。

2.4.4 红外热成像

辐射能力取决于物体表面温度这一事实可用于非接触式温度测量。在土木工程(以及其他领域)中,我们主要关注接近室温的温度范围和温度的空间分布。这导致了一门特殊的红外热成像学科的发展。

接近室温的物体发出的辐射大部分在红外范围内。因此,热像仪检测红外范围(通常为 8 μm 至 14 μm)内的辐射,并生成该辐射的图像。

红外热像仪操作的研究涉及三个不同实体的表面,温度为 T_{obj} 的研究对象、温度为 T_{ins} 的仪器和温度为 T_{amb} 的环境。这种情况比在第 2.4.2 小节研究的两个表面之间辐射热交换的情况复杂得多,因此我们将采取一种简单的方法对此进行讨论。

物体发射的辐射热流密度由物体产生的热辐射和从物体上反射的环境辐射组成：

$$q_{in} = \varepsilon\sigma T_{obj}^4 + (1-\varepsilon)\sigma T_{amb}^4$$

这里假设研究对象是非透明的，即 $\rho = 1-\varepsilon$，同时认为环境是理想黑体。此时仪器与物体间的热交换为：

$$\Phi_{net} = \Phi_{in} - \Phi_{out} = F_{obj\text{-}ins} A_{obj}(q_{in} - q_{out})$$

其中 $F_{obj\text{-}ins}$ 是物体与仪器间的角系数，A_{obj} 是物体的面积。假设仪器也是理想黑体，那么可得到：

$$\Phi_{net} = F_{obj\text{-}ins} A_{obj}\sigma[\varepsilon T_{obj}^4 + (1-\varepsilon)T_{amb}^4 - T_{ins}^4]$$

我们可以利用式(2.41)角系数的相对性规律及式(8.31)角系数的计算方法得到：

$$A_{obj}F_{obj\text{-}ins} = A_{ins}F_{ins\text{-}obj} = \frac{\Omega_{ins\text{-}obj}\cos\theta_{ins}}{\pi}A_{ins}$$

其中，A_{ins} 是热像仪传感器(或孔径)的面积，θ_{ins} 是仪器的入射角，于是得到：

$$\Phi_{net} = \frac{\Omega_{ins\text{-}obj}\cos\theta_{ins}}{\pi}A_{ins}\sigma[\varepsilon T_{obj}^4 + (1-\varepsilon)T_{amb}^4 - T_{ins}^4]$$

最后，仪器的信号 U 正比于仪器和物体间的热交换，于是：

$$\begin{aligned} U &= C\Phi_{net} \\ &= C\frac{\Omega_{ins\text{-}obj}\cos\theta_{ins}}{\pi}A_{ins}\sigma[\varepsilon T_{obj}^4 + (1-\varepsilon)T_{amb}^4 - T_{ins}^4] \end{aligned} \quad (2.49)$$

注意

要通过热像图确定物体的温度，需要了解物体的发射率以及环境温度和仪器温度。

因此，要确定它的温度，我们不必知道被测表面的距离或面积，只需知道它的立体角和方向，而这两个值从仪器的角度都很容易得到。

热像仪在不区分波长的情况下，测量特定红外范围内的总热交换。所得数值结果可以用单色图像表示。然而，更常见的是将结果显示为假彩色，也就是用颜色的变化而不是强度的变化来显示测量结果。通常，图像中温度最高的部分显示为白色，中间温度显示为红色和黄色，最低温度显示为黑色(图 2.31)。因此，图像中的颜色与我们通常认为的可见光谱中的颜色完全无关，仅代表温度。

热像图在建筑物理中非常有用，常用它来测量建筑内外表面的温度。如图 2.31 所示，冬季保温层较厚的建筑物表面温度较低。从式(2.29)和式(2.47)中可以知道，较低的表面温度和较小的温度差意味着较小的热流量。部分外墙温度较高，暴露出建筑在热防护上的薄弱环节。我们将在第 3.2.2 小节中对此进行更详细的讨论。

在大多数实际情况下，除了物体的温度外，最关键的量是物体表面的

图 2.31 冬日一栋建筑的热像图。左侧图像显示了建筑具有较薄保温层的部分，右侧图像显示了建筑具有附加保温层的部分。更厚更好的保温层降低了热流量，从而降低了表面温度(见彩插)

发射率。这个量的确切值通常是未知的，而且对于在同一图像中捕获的各表面其值也是不同的。大多数建筑构件的发射率都接近 1，不过金属是一个例外，它们在可见和红外范围内都具有很高的反射比。在图 2.31 的右图中可以看到，金属的屋顶排水管温度低于环境温度。由于发射率低，尽管处于相似的温度下，管道的辐射热流率明显小于周围物体的辐射热流率。

习题

2.1 一个高度为 150 cm、宽度为 60 cm、深度为 60 cm 的冰箱，其壁面为 50 mm 厚的发泡聚苯乙烯，其导热系数为 0.040 W/(m·K)。冰箱内部保持−18℃，外部环境是 30℃。若冰箱中热泵的能效比是 300%，试计算该冰箱的功率。(50 W)

2.2 一个边长分别为 30 cm、35 cm 及 45 cm 的长方体容器，壁面是 20 mm 厚的发泡聚苯乙烯，其导热系数为 0.040 W/(m·K)。容器内放有 0℃的冰 2.0 kg，容器外部环境温度为 30℃。试计算冰全部融化所需的时间。如果我们想将其时间延长到 7.0 h，试计算所需的附加挤塑聚苯乙烯板厚度。挤塑聚苯乙烯板的导热系数为 0.035 W/(m·K)，冰的熔解比潜热为336 kJ/kg。(3.9 h，14 mm)

2.3 一面具有两层的墙，其中外层厚度 8.0 cm，导热系数是 0.038 W/(m·K)，内层厚度 15.0 cm，导热系数是 0.16 W/(m·K)。如果墙内表面温度为 17℃，外表面温度为−3.0 摄氏度，试计算两层接触面处的温度，并计算墙内0.0℃处与外表面间的距离。(10.8℃，1.7cm)

2.4 如果(a)黑体表面与太阳光垂直，(b)黑体表面与太阳光的夹角为 60°，忽略与地球上物体间的热交换，在地球表面的黑色表面将达到多少度？假设地球表面的太阳热流密度约为 1 000 W/m^2。在发射率与波长无关的

灰体表面上，能达到多少度？(91℃，78℃；相同)

2.5 如果环境温度为25℃，黑体表面与太阳光垂直时，该物体表面能达到多少度？假设地球表面的太阳热流密度约为1 000 W/m^2，平均风速为2.0 m/s。在相同条件下，发射率为0.1的灰体表面温度能达到多少度？(54℃，29℃)

2.6 在第1章的问题1.13中，我们计算了一个成年人因出汗和呼吸而产生的热流率。现在试计算通过辐射产生的净热流率，以及在特定条件下的房间里穿着衣服的不活动的人通过对流和传导产生的热流率。对于辐射和对流，假设一个人是发射率为0.97、表面积为1.8 m^2的垂直凸面，这样就可以使用建筑物理中典型的表面传热系数。取一个穿衣服的人的表面温度为28℃，房间温度为20℃。对于传导，假设鞋底的表面积为5 dm^2，鞋底的热阻为0.25 $m^2 \cdot K/W$。取脚底皮肤温度为33℃，地板温度为20℃。(83 W，36 W，2.6 W)

3 建筑构件中的热传递

在本章的第一部分中，我们将使用在前一章中揭示的传热机制来研究均质和非均质建筑构件中的传热。我们将在本章的第二部分利用第一部分所得结果研究整个建筑的传热。

3.1 均质建筑构件

在土木工程中，热量的传递结合了所有的传热机制：热传导、热对流和热辐射。除了建筑材料的物理性质外，热流量还取决于建筑的内外部条件，例如环境温度。虽然这些条件通常与时间有关，但在本章中，我们将集中讨论稳态传热，也就是说，大多数导出的物理量（热阻、传热系数、换热系数）将独立于或几乎独立于内外部条件。

我们从均质建筑构件开始讨论，所谓均质建筑构件也就是说，建筑构件是平的，并且其属性仅在垂直于建筑构件方向上改变。这个问题本质上是垂直于建筑构件表面的一维传热，而等温面是平面，且平行于建筑构件表面（见第 2.2.3 小节）。

注意

建筑构件中的热传递包含热传导、热对流和热辐射。

3.1.1 实心墙

建筑物理的首要任务是研究通过建筑构件的热传递。建筑构件主要由固体材料构成，而固体中唯一可能的传热机制就是传导。但是只靠传导并不能完全解释通过建筑构件发生的热传递。可以通过两种不同的推理方式得出结论：

1. 建筑构件表面与其周围环境（空气、其他物体）的温度是不同的。由于空气中存在温度梯度，因此还必须存在附加的传热机制。在空气中，主要的传热机制是对流和辐射。
2. 通过实心墙的传导只在墙内传递热量，即在墙壁的内表面和外表面之间。如果不存在其他传热机制，墙内的温度最终将相等。因此，必须存在着额外的传热机制使墙表面与其相邻环境之间传递热量，从而令墙的一个表面更冷，另一个表面更热。

因此，事实上建筑传热是在温度为 θ_e 的外部环境和温度为 θ_i 的内部环境间交换热量，而通过墙壁的传导仅是整个传热过程的一部分。

所有传热机制如图 3.1 所示。请注意，为了简单起见，暂时忽略来自太阳的短波辐射的影响，我们会在第 3.1.5 小节在讨论这一点。

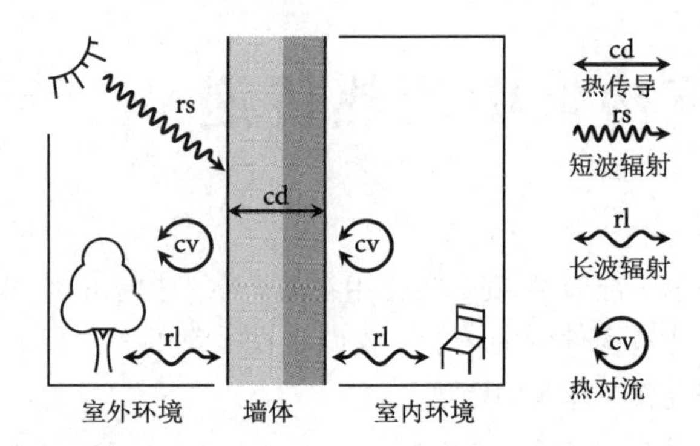

图 3.1 通过实心墙的传热图。室内外环境间通过传导、对流与辐射交换热量

假设 $\theta_i > \theta_e$，热量的传递方式如下：

- 通过辐射与对流从室内环境传向墙的内表面。
- 通过传导从墙的内表面传向外表面。
- 通过辐射与对流从墙的外表面传向室外环境。

我们把室外环境与室内环境之间的热阻定义为总热阻 R_{tot}。实心墙总热阻的等效热阻图如图 3.2 所示。

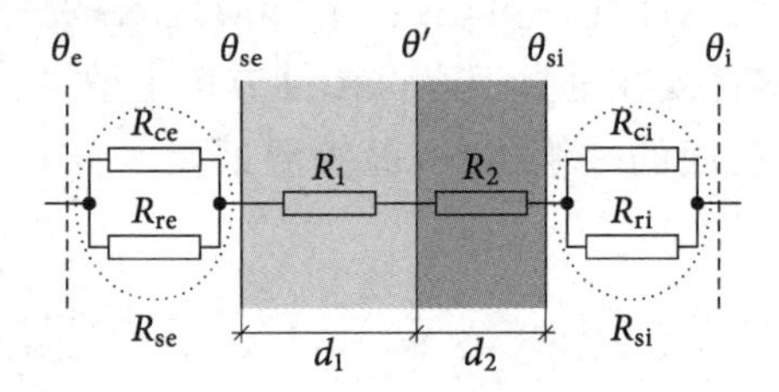

图 3.2 通过实心墙的热传递过程的等效热阻图

墙体外表面与周围环境之间有两种传热机制：热辐射和热对流。其中热辐射对应的热阻为 R_{re}，热对流对应的热阻为 R_{ce}。从式(2.30)、式(2.48)及式(2.10)可知，热阻是相应表面传热系数的倒数：

$$R_{ce} = \frac{1}{h_{ce}}, \quad R_{re} = \frac{1}{h_{re}}$$

类似地，墙体内表面与室内环境之间也有两种传热机制：热辐射和热对流。其中热辐射对应的热阻为 R_{ri}，热对流对应的热阻为 R_{ci}。热阻是相应表面传热系数的倒数：

$$R_{ci} = \frac{1}{h_{ci}}, \quad R_{ri} = \frac{1}{h_{ri}}$$

由于对于墙的整个壁面来说，辐射与对流是同时进行的，相当于电路中的并联运行，因此：

$$\frac{1}{R_{se}}=\frac{1}{R_{ce}}+\frac{1}{R_{re}},\quad \frac{1}{R_{si}}=\frac{1}{R_{ci}}+\frac{1}{R_{ri}}$$

$$R_{se}=\frac{1}{h_{ce}+h_{re}},\quad R_{si}=\frac{1}{h_{ci}+h_{ri}} \tag{3.1}$$

其中 R_{se}($m^2 \cdot K/W$)和 R_{si}($m^2 \cdot K/W$)分别是外表面热阻与内表面热阻。表面热阻是墙面与其周围环境之间的全部热阻。

注意

各层内部的热阻与导热过程有关，而表面处的热阻与对流和辐射有关。

表面热阻取决于多种因素，如对流类型、发射率、风速或平均温度。ISO 6946不仅提供了计算表面传热系数的方法(见第2章)，还提供了大多数实际情况中不同热流方向情况下表面热阻的典型值。这些值见表3.1。

表3.1　大多数实际情形下墙的表面热阻

R_s/($m^2 \cdot K/W$)	热流方向		
	向上	水平	向下
内表面，R_{si}	0.10	0.13	0.17
外表面，R_{se}	0.04	0.04	0.04

所有的表面热阻与墙体内各层材料的导热热阻都是串联的(图3.2)，根据式(2.13)，总热阻 R_{tot}($m^2 \cdot K/W$)为：

$$R_{tot}=R_{se}+R_1+R_2+R_{si}=R_{se}+\frac{d_1}{\lambda_1}+\frac{d_2}{\lambda_2}+R_{si}$$

该表达式可以扩展到墙体有任意多层的情况：

$$R_{tot}=R_{se}+\sum_i \frac{d_i}{\lambda_i}+R_{si} \tag{3.2}$$

在土木工程中，更常使用的是总热阻的倒数，也就是传热系数 U[$W/(m^2 \cdot K)$]：

$$U=\frac{1}{R_{tot}}=\frac{1}{R_{se}+\sum_i \frac{d}{\lambda_i}+R_{si}} \tag{3.3}$$

那么通过建筑构件的热流率可以用传热系数表示如下：

$$\Phi=AU(\theta-\theta_e) \tag{3.4}$$

注意

R 与 k 仅和单层材料有关，而 R_{tot} 和 U 与整个建筑构件有关。

要注意的是式(2.7)的热阻 R 与式(2.8)定义的传热系数 k 仅和单层材料有关，而这里的总热阻 R_{tot} 与传热系数 U 与整个建筑构件有关。

3.1.2 特征温度的确定

建筑构件的传热系数仅取决于各层材料的特性、朝向、厚度和各层的导热系数。最重要的是，它与环境温度无关，因此使用起来非常方便。

注意

墙体内表面温度 θ_{si}、外表面温度 θ_{se} 总是和相邻的环境温度 θ_i 与 θ_e 不同。

然而正如将在第 4.6.1 小节中所显示的那样，我们有必要确定建筑构件的特征温度*（图 3.2）。除室内环境温度 θ_i 和室外环境温度 θ_e 外，我们对墙体内表面温度 θ_{si}、外表面温度 θ_{se} 和界面温度（两层边界处的温度）θ' 都很感兴趣。这些温度取决于内外部环境温度。这里将介绍两种确定温度的方法——理论计算法和图解法。

*** 译者注**

各种边界处的温度。

理论计算法

可以通过环境温度和传热系数利用式(3.4)来计算热流密度：

$$q=\frac{\Phi}{A}=U(\theta_i-\theta_e) \tag{3.5}$$

同时可以利用式(2.6)和式(2.10)计算每层的温度以及与空气接触的壁面温度：

$$q=\frac{\lambda}{d}(\theta_h-\theta_l)=\frac{\theta_h-\theta_l}{R} \tag{3.6}$$

其中 θ_h 是较热一侧的温度，θ_l 是较冷一侧的温度。这样从内外环境温度开始，就可以计算出所有的特征温度。

例 3.1 特征温度的计算

试计算一竖直建筑构件的传热系数和特征温度。该构件构成如下：

层	d/m	λ/[W·(m·K)$^{-1}$]	μ
墙体层 1(外墙板)	0.02	1.5	50
墙体层 2(EPS)	0.05	0.039	60
墙体层 3(混凝土)	0.15	1.039	120
墙体层 4(砂浆)	0.02	0.56	25

其中室内环境温度为 $\theta_i=20℃$，室外环境温度为 $\theta_e=-5℃$。

由于建筑构件是竖直的，根据表 3.1 我们可以得到 $R_{si}=0.13\ m^2\cdot K/W$，$R_{se}=0.04\ m^2\cdot K/W$。代入式(3.3)，我们可以得到传热系数：

$$U=\frac{1}{R_{se}+\frac{d_1}{\lambda_1}+\frac{d_2}{\lambda_2}+\frac{d_3}{\lambda_3}+\frac{d_4}{\lambda_4}+R_{si}}=0.606\ W/(m^2\cdot K)$$

通过计算热流密度来确定各层的特征温度：

$$q = U(\theta_i - \theta_e) = 15.1\ \text{W/m}^2$$

稳态传热下热流密度是常数。如图3.3所示，需要计算出五个特征温度，让我们从墙壁外侧开始：

$$q = \frac{q_{se} - \theta_e}{R_{se}} \Rightarrow \theta_{se} = \theta_e + R_{se} q = -4.39℃$$

对于实心墙的各层：

$$q = \frac{\lambda_1}{d_1}(\theta'_1 - \theta_{se}) \Rightarrow \theta'_1 = \theta_{se} + \frac{d_1}{\lambda_1} q = -4.19℃$$

$$q = \frac{\lambda_2}{d_2}(\theta'_2 - \theta'_1) \Rightarrow \theta'_2 = \theta'_1 + \frac{d_2}{\lambda_2} q = 15.22℃$$

$$q = \frac{\lambda_3}{d_3}(\theta'_3 - \theta'_2) \Rightarrow \theta'_3 = \theta'_2 + \frac{d_3}{\lambda_3} q = 17.49℃$$

$$q = \frac{\lambda_4}{d_4}(\theta_{si} - \theta'_3) \Rightarrow \theta_{si} = \theta'_3 + \frac{d_4}{\lambda_4} q = 18.03℃$$

为了验证该结果，可以用其计算值计算室内环境温度：

$$q = \frac{\theta_i - \theta_{si}}{R_{si}} \Rightarrow \theta_i = \theta_{si} + R_{si} q = 20℃$$

如果先前的计算足够精确，应该得到与问题最初设定的温度相同的温度。

特征温度的计算也可以从内部开始。

式(3.6)也可从层边边界温度开始确定各层内的温度。

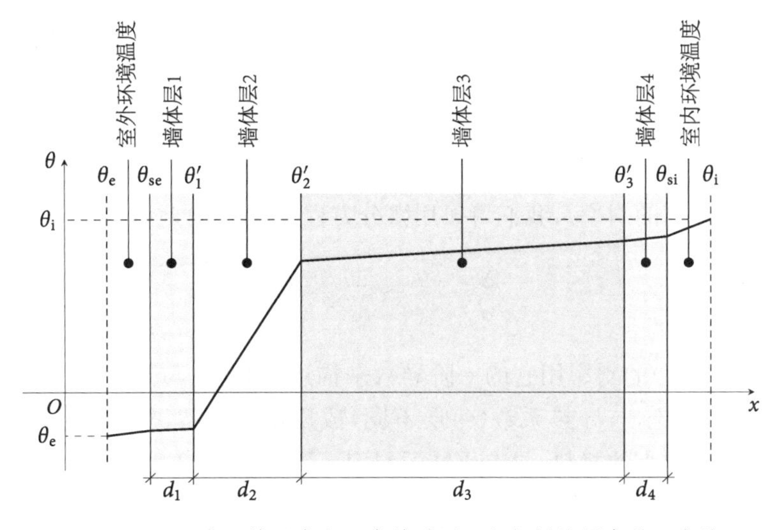

图3.3 实心墙温度与距离关系图。空气层的厚度是示意的

注意例 3.1 中表达式(3.5)和多个表达式(3.6)可以组合在一起，以给出每个特征温度的简易表达式 θ'_n：

$$\theta'_n=\theta_e+\left(R_{se}+\sum_{j=1}^{n}R_j\right)\frac{\theta_i-\theta_e}{R_{tot}} \tag{3.7}$$

采用这个方程，可以避免计算多个方程时的累积误差。

内表面温度系数

正如将在第 4 章中看到的，墙体内表面温度 θ_{si} 是特别重要的。从式(3.7)可以得到：

$$\begin{aligned}\theta_{si}&=\theta_e+\frac{R_{tot}-R_{si}}{R_{tot}}(\theta_i-\theta_e)\\&=\theta_e+f_{Rsi}(\theta_i-\theta_e)\end{aligned}$$

墙体内表面温度是与时间有关的内外环境温度的函数，其中与温度无关的因素称为内表面温度系数 f_{Rsi}：

> **注意**
> 内表面温度系数是一个与温度无关的因素。

$$f_{Rsi}=\frac{\theta_{si}-\theta_e}{\theta_i-\theta_e} \tag{3.8}$$

该系数始终小于 1，且该值仅与建筑构件的特性有关。对于均质建筑构件，该值为：

$$f_{Rsi}=\frac{R_{tot}-R_{si}}{R_{tot}} \tag{3.9}$$

> **注意**
> 通过提高内表面温度系数和总热阻，也就是说增加保温层，可以提高内表面温度。

然而，在更复杂的情况下，例如对于热桥，其内表面温度系数必须用数值计算确定。

值得指出的是，在典型的大陆气候冬季条件下，$\theta_i>\theta_e$，内表面温度系数 f_{Rsi} 和总热阻 R_{tot} 越大，意味着内表面温度越高。

图解法

通过观察图 3.3 中温度与距离关系曲线，可以看出温度函数在不同的层内具有不同的斜率。我们可以用微分方程式(3.6)对此解释：

$$\frac{\Delta\theta}{d}=\frac{q}{\lambda}\Rightarrow\frac{d\theta}{dx}=\frac{q}{\lambda}$$

> **注意**
> $\theta(x)$函数图中，导热系数越小，图像斜率越大。

函数 $\theta(x)$ 的斜率用它的一阶导数来描述，因此它与热流密度(所有层都一样)成正比，与导热系数(每层不同)成反比。显然，较好的保温材料，即导热系数较小的材料，具有更陡的斜率。因此，图 3.3 中的第二层显然是保温层。

然而我们也可以画出温度与热阻关系曲线，如图 3.4 所示。根据式

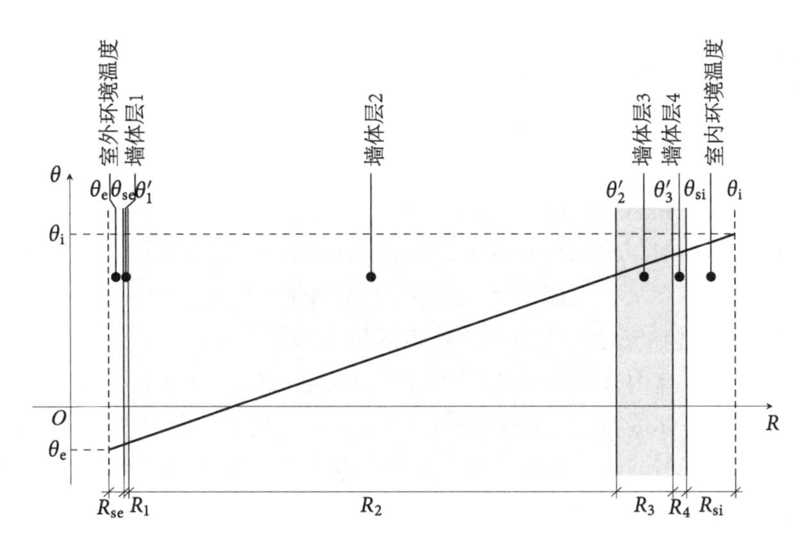

图 3.4 实心墙的温度与热阻图。这个函数是线性的,因此可以用这个曲线图以图形方式确定(读出)特征温度

(3.6)可以得到:

$$\frac{\Delta\theta}{R}=q\Rightarrow\frac{\mathrm{d}\theta}{\mathrm{d}R}=q$$

可以看到$\theta(R)$的一阶导数及其斜率是常数,即函数是线性的。如果将所有层(包括空气层)的热阻绘制在横坐标上,可以简单地将外部环境温度θ_e与另一侧的内部环境温度θ_i连接起来,然后从坐标中读出特征温度。

3.1.3 含有空气层的墙

含有空气层的墙体问题类似于实心墙,不同之处在于,通过空气层的热传递是由对流和辐射一起促使发生的(图 3.5)。

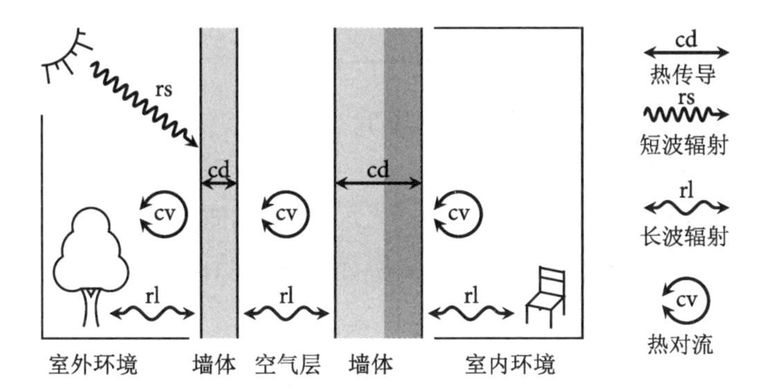

图 3.5 通过含空气层墙体的传热图。室内外环境间通过传导、对流与长波辐射交换热量

需要注意的是，为了简单我们暂时忽略了来自太阳短波辐射的影响，而这一点将会在第 3.1.5 小节讨论。

假设 $\theta_i > \theta_e$，热量将如下传递：

- 通过辐射与对流从室内环境传向墙体的内表面。
- 通过传导从墙的内表面传向空气层的内表面。
- 通过辐射与对流从空气层的内表面传向空气层外表面。
- 通过传导从空气层的外表面传向墙体的外表面。
- 通过辐射与对流从墙体的外表面传向室外环境。

下面来计算内外部环境之间的总热阻（图 3.6）。此案例与第 3.1.1 小节中提到的实体墙案例有许多相似之处，最主要的区别是空气层两个表面之间的传热。与墙体表面的空气层一样，墙内空气层传热中两种参与机制的热阻分别是辐射热阻 R_{ra} 和对流热阻 R_{ca}。根据式（2.29）、式（2.47）和式（2.9）可得：

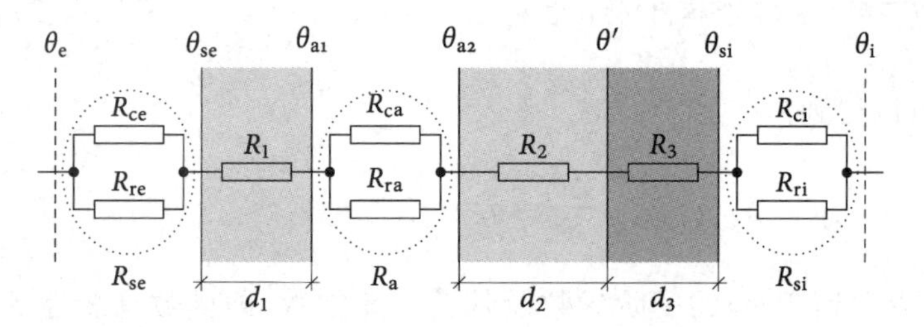

图 3.6 通过含空气层墙体传热的等效热阻图

$$R_{ca} = \frac{1}{h_{ca}},\ R_{ra} = \frac{1}{h_{ra}}$$

辐射与对流是同时进行的，相当于电路中的并联运行，因此：

$$R_a = \frac{1}{h_{ca} + h_{ra}} \tag{3.10}$$

注意

墙壁的热阻和导热有关，空气层的热阻和对流、辐射有关。

其中 R_a（$m^2 \cdot K/W$）是空气层的总热阻。

首先，我们将使用两个灰体表面间的净辐射交换表达式来确定空气层的辐射表面传热系数 h_{ra}。由于空气层通常很薄（图 3.7），因此可以忽略其侧面的影响，可以假设所有的辐射交换都发生在凸面之间 $F_{12} = F_{21} = 1$。考虑到 $A_1 = A_2 = A_s$，得到：

$$\Phi_{net} = \frac{A_s \sigma (T_2^4 - T_1^4)}{\dfrac{1}{\varepsilon_1} + \dfrac{1}{\varepsilon_2} - 1}$$

其中 T_1 和 T_2 是空气层两侧的温度，ε_1 和 ε_2 是空气层两侧材料的发射率。

根据第 2.4.2 小节所得结果，我们得到：

$$\Phi_{net}=A_s\left(\frac{4\sigma\overline{T}^3}{\frac{1}{\varepsilon_1}+\frac{1}{\varepsilon_2}-1}\right)(T_2-T_1)$$

其中第一个括号里的即为辐射表面传热系数：

$$h_{ra}=\frac{4\sigma\overline{T}^3}{\frac{1}{\varepsilon_1}+\frac{1}{\varepsilon_2}-1} \tag{3.11}$$

其中$\overline{T}$是空气层两侧的平均温度。需要指出的是，式(2.46)描述的是表面与环境间的换热，而式(3.11)描述的是两个表面间的换热。

空气层的对流表面传热系数 h_{ca}的理论计算是非常复杂的。标准 ISO 6946 给出了不通风空气层的对流表面传热系数计算方法。

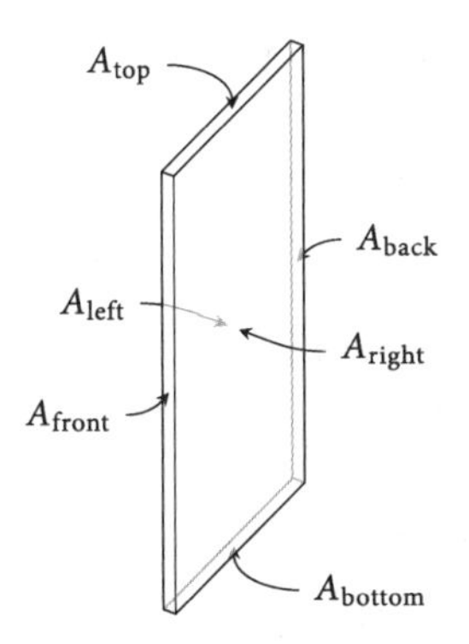

图 3.7 典型空气层的示意图。表面 A_{left}和 A_{right}要比侧面 A_{top}、A_{bottom}、A_{front}和 A_{back}大得多。因此，可以忽略侧面的影响，假设辐射热交换仅发生在表面之间

这样表面热阻、空气层的热阻和各层材料的导热热阻都是串联的，因此根据式(2.13)，总热阻 R_{tot}为：

$$\begin{aligned}R_{tot}&=R_{se}+R_1+R_a+R_2+R_3+R_{si}\\&=R_{se}+\frac{d_1}{\lambda_1}+R_a+\frac{d_2}{\lambda_2}+\frac{d_3}{\lambda_3}+R_{si}\end{aligned}$$

上式可以一般化为：

$$R_{tot}=R_{se}+R_a+\sum_i\frac{d_i}{\lambda_i}+R_{si} \tag{3.12}$$

$$U=\frac{1}{R_{se}+R_a+\sum_i\frac{d_i}{\lambda_i}+R_{si}} \tag{3.13}$$

标准 ISO 6946 规定了三种空气层热阻的计算方法：

1. 不通风的空气层。这种空气层的热阻采用上述表达式计算。
2. 通风良好的空气层。这种情况下忽略空气层以及空气层与外部环境之间所有其他层的热阻,而使用与静止空气相对应的外表面热阻。
3. 微弱通风的空气层。这种情况下的总热阻通过对不通风和良好通风空气层的总热阻线性插值而得到。

3.1.4 双层玻璃窗

双层玻璃窗相当于有空气层的墙,唯一的区别是从太阳发出的短波辐射会直接传输到室内环境(图 3.8)。

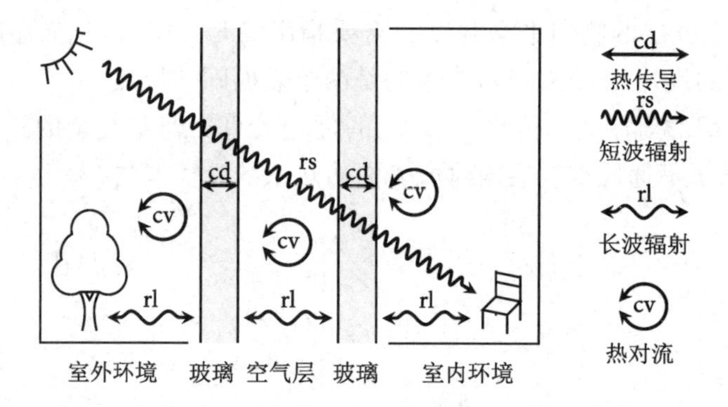

图 3.8 通过双层玻璃窗的传热图。室内外环境间通过传导、对流与长波辐射交换热量。短波辐射在太阳和室内环境之间单向传热

需要注意的是,为了简单我们暂时忽略了来自太阳短波辐射的影响,而这一点我们将会在第 3.1.5 小节讨论。

假设 $\theta_i > \theta_e$,热量将如下传递:

- 通过辐射与对流从室内环境传向窗户的内表面。
- 通过传导从窗户的内表面传向空气层的内表面。
- 通过辐射与对流从空气层的内表面传向空气层外表面。
- 通过传导从空气层的外表面传向窗户的外表面。
- 通过辐射与对流从窗户的外表面传向室外环境。

双层玻璃窗的传热机制类比于含有空气层的墙体,因此其总热阻(图 3.9)R_{tot}为:

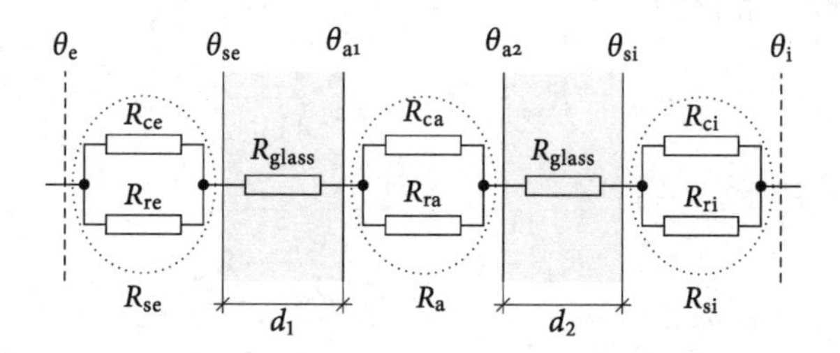

图 3.9 通过双层玻璃窗传热的等效热阻图

$$R_{tot}=R_{se}+\frac{d_1}{\lambda_{glass}}+\frac{1}{h_{ca}+h_{ra}}+\frac{d_2}{\lambda_{glass}}+R_{si}$$

和带有空气层的墙体相比，双层玻璃窗最大的不同是玻璃板的热阻很小。通常情况下，玻璃的厚度在 4 mm 到 6 mm 之间，而其导热系数是常见建筑材料中最大的(见表 A.3)。对于厚度为 4 mm 的玻璃，其热阻只有 0.006 $m^2 \cdot K/W$，该值比表面热阻小得多(见表 3.1)。因此，玻璃的功能主要是分隔出空气层，这一点在习题 3.1 和习题 3.2 中可以明显看到。另一方面，我们可以看到空气层的热阻对双层玻璃窗的总热阻有决定性的影响。

注意

玻璃板的热阻可以忽略不计，它们的主要功能是分隔出空气层。

玻璃窗的总热阻和传热系数的计算不像前述案例那样简单直接。除了计算之外，ISO 52022-2 还提供了最常见类型的空气层和玻璃的现成热阻和传热系数数据。

通过对辐射和对流的粗略调整，空气层的热阻以及双层玻璃窗的总热阻可以显著增加。

提高热阻的第一种方法是对外层玻璃的内表面镀膜以获得低发射率(low-E)玻璃。镀膜涂层通常非常薄(约为 10 nm)，因此短波(可见)光的透射比不会显著降低。另一方面，对长波光谱的反射比显著增加，而发射率和吸收比显著降低。由于高反射比，镀膜玻璃可以完全反射短波辐射(图 3.10)。普通玻璃吸收部分热量，然后再向外部环境辐射部分热量，与此情况相比，由于发射率低，镀膜玻璃板也不会向内部发射任何短波辐射*。

*** 译者注**

作者关于这一段的陈述应该有误，镀膜玻璃主要反射的应该是长波辐射，而且由于降低了发射率，镀膜玻璃向内辐射的长波辐射变少而不是短波辐射，因为玻璃温度较低，原本就几乎不辐射短波电磁波。

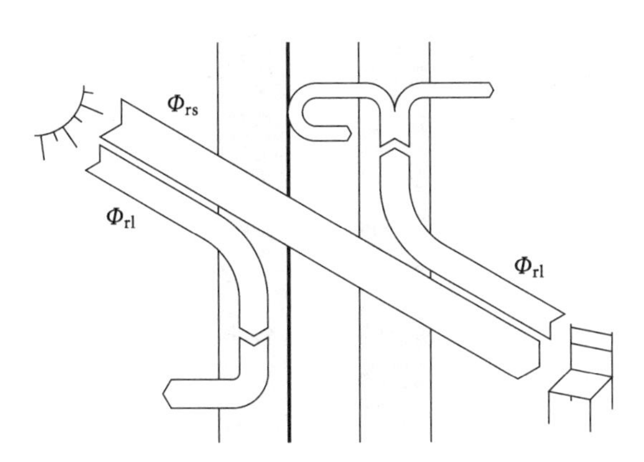

图 3.10 玻璃涂层的作用。由于高反射比，镀膜玻璃可以完全反射短波辐射。由于低发射率，镀膜玻璃也不会向内部发射任何短波辐射

我们可以用式(3.11)定量地证明上述结果。对于普通玻璃，发射率等于 $\varepsilon_1=\varepsilon_2=0.89$。取典型的大陆冬季平均温度 $\overline{\theta}=10℃$，$\overline{T}=283$ K，可以得到辐射表面传热系数的 $h_{ra}=4.12$ $W/(m^2 \cdot K)$。如果对玻璃进行了镀膜，发射率通常可以降低到 $\varepsilon_1=0.04$，辐射表面传热系数可降低到 $h_{ra}=0.20$ $W/(m^2 \cdot K)$，从而使两块玻璃板之间的辐射损失减少约 20 倍。

注意

玻璃窗的热阻可以通过镀膜和填充惰性气体来提高。

增加热阻的第二种方法是在玻璃板之间填充各种惰性气体（氩、氪、氙、六氟化硫），这可以显著降低对流表面传热系数 h_{ca}（图 3.11）。值得注意的是，对某种特定气体，存在一个特定的空气层厚度使得对流表面传热系数最小。

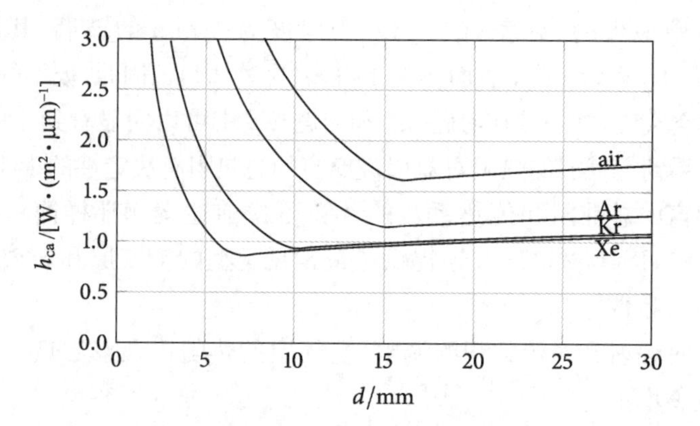

图 3.11　根据 EN672（$\overline{T}$=283 K，$\Delta\theta$=15℃）计算得到的玻璃对流表面传热系数与空气层厚度函数图。对于较小的厚度，主要是传导起作用，而对于较大的厚度，对流起主要作用。对某种特定气体，存在一个特定的空气层厚度使得对流表面传热系数最小

可以使用 ISO 52022-2 展示上述两种方法的组合效果。由 4 mm 厚玻璃和 12 mm 厚的空气层构成的玻璃窗具有以下传热系数：

- 普通玻璃和空气填充：U=2.8 W/(m²·K)
- 普通玻璃和氩气填充：U=2.7 W/(m²·K)
- 镀膜玻璃和空气填充：U=1.7 W/(m²·K)
- 镀膜玻璃和氩气填充：U=1.3 W/(m²·K)

也可以通过继续添加一块玻璃来显著增加总热阻，从而创建一个三层玻璃窗。在这种情况下，总热阻等于 $R_{tot}=R_{se}+2R_a+3R_{glass}+R_{se}$。

真空双层镀膜玻璃窗又是另外一种很有意思的建筑构件。真空双层镀膜玻璃窗的内外玻璃之间的区域被抽真空以完全防止对流，从而使辐射成为传热的唯一机制。

3.1.5　太阳辐射得热

到目前为止，我们都忽略了太阳辐射的影响，太阳辐射在地球表面处垂直照射时的热流密度约为 1 000 W/m²。实际热流密度 q_{sol}（包括短波和长波辐射）随地理纬度、年周期和日周期而变化。

在第 2.4.1 小节我们已经展示了透明建筑元件以 $\tau_e q_{sol}$ 的热流密度将太阳辐射传输到室内环境（图 3.12，顶部）。另一方面，透明和非透明建筑元件所吸收的热流密度为 $\alpha_e q_{sol}$，增加了建筑元件的温度。对于非透明或

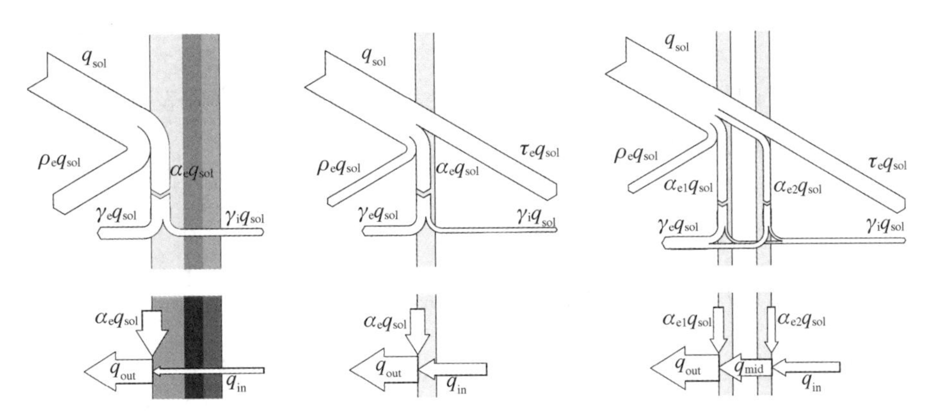

图 3.12 非透明建筑构件(左)、透明或单层玻璃建筑构件(中)和双层玻璃建筑构件(右)的太阳辐射得热。如上部所示,一部分吸收的太阳辐射($\alpha_e q_{sol}$)和所有透射的太阳辐射($\tau_e q_{sol}$)向室内环境提供了额外的热流密度。如下部所示,吸收的辐射改变了从室内到室外环境的热流密度

单层玻璃建筑元件,太阳直接透射比 τ_e 和太阳直接吸收比 α_e 考虑了材料对太阳辐射光谱中最重要范围(0.3～2.5 μm)内电磁波的透射比和吸收比。但对于具有多层玻璃的建筑元件,问题会变得复杂。比如对于双层玻璃,太阳辐射的直接透射比不仅考虑直接从两层玻璃各透过了多少辐射,还要考虑透过外层的辐射在两层玻璃之间多次反射后透过去多少。对于吸收比也是如此。所有的太阳直接透射比和吸收比都是由太阳光谱热流密度加权计算获得。

在冬季,建筑元件的温度较高时(图 3.12,下),太阳辐射得热会导致:

- 增加建筑元件与室外环境的温度差,从而增加从建筑元件到室外环境的热流密度。
- 降低建筑元件与室内环境的温度差,从而降低从室内环境到建筑元件的热流密度。

这两个效果可被视为向室外环境的附加热流密度 $\gamma_e q_{sol}$ 和向室内环境的附加热流密度 $\gamma_i q_{sol}$,两者都是由建筑元件吸收的热量引起的(图 3.12,上)。因此,由太阳辐射引起的热传递有两个部分,在研究太阳辐射得热时应同时考虑这两个部分。

非透明建筑元件

在非透明建筑元件情况下,太阳辐射得热的热流密度只有一个成分 $\gamma_i q_{sol}$(图 3.12,左),假设整个吸收过程只发生在外表面,这意味着从室内环境到建筑元件的热流密度是和通过建筑元件的热流密度相等的。因此可以得到:

$$q_{in} = \frac{\theta_i - \theta_{se}}{\sum_i R_i + R_{si}} \tag{3.14}$$

$$q_{out}=\frac{\theta_{se}-\theta_e}{R_{se}} \tag{3.15}$$

其中 q_{in}代表的是室内实际热损失。用外表面处的热流密度来表示上式，根据式(3.15)可以得到：

$$q_{in}=q_{out}-\alpha_e q_{sol}=\frac{\theta_{se}-\theta_e-R_{se}\alpha_e q_{sol}}{R_{se}} \tag{3.16}$$

将式(3.14)和式(3.16)结合在一起得到：

$$q_{in}=\frac{\theta_i-\theta_e-R_{se}\alpha_e q_{sol}}{R_{se}+\sum_i R_i+R_{si}}=U(\theta_i-\theta_e-R_{se}\alpha_e q_{sol})$$

将上式写成类似式(3.5)的形式：

$$q=U(\theta_i-\theta_{sol\text{-}air}) \tag{3.17}$$

其中用室外综合温度替换了室外环境温度：

$$\theta_{sol\text{-}air}=\theta_e+\alpha_e R_{se}q_{sol} \tag{3.18}$$

其中室外综合温度还可能包括了由于和天空温度之间的温度差所导致的长波辐射影响：

$$\Delta q_{sky}=F_{sky}h_{re}(\theta_e-\theta_{sky})$$

F_{sky}是建筑构件与天空之间的角系数，例如对于水平面该值是 1.0，对于竖直面该值是 0.5。

如果像 $\alpha_e R_{se}q_{sol}$一样将 Δq_{sky}加入式(3.18)，于是：

$$\theta_{sol\text{-}air}=\theta_e+\alpha_e R_{se}q_{sol}-R_{se}\Delta q_{sky}$$

透明或单层玻璃建筑元件

> **注意**
> 透明建筑元件对太阳能的获取有两个方面，一个是太阳能可以直接进入室内，另一个是减少传到室外。

在透明或单层玻璃建筑元件中，由于太阳辐射而产生的热流密度有两个分量，即 $\tau_e q_{sol}$和 $\gamma_i q_{sol}$(图 3.12，中)。假设整个辐射吸收过程只发生在外表面，这意味着从室内环境到建筑元件的热流密度等于通过建筑元件的热流密度。因此可以得到：

$$q_{in}=\frac{\theta_i-\theta_{se}}{R+R_{si}} \tag{3.19}$$

$$q_{out}=\frac{\theta_{se}-\theta_e}{R_{se}} \tag{3.20}$$

其中 q_{in}代表的是室内实际热损失。用外表面处的热流密度来表示上式，根据式(3.20)可以得到：

$$q_{in}=q_{out}-\alpha_e q_{sol}=\frac{\theta_{se}-\theta_e-R_{se}\alpha_e q_{sol}}{R_{se}} \tag{3.21}$$

结合式(3.19)和式(3.21)，于是得到：

$$q_{in}=\frac{\theta_i-\theta_e-R_{se}\alpha_e q_{sol}}{R_{se}+R+R_{si}}$$

它可以写为不存在太阳得热的情况下从室内到室外环境的热流密度 q 和由于太阳得热而传入室内的热流密度 $\gamma_i q_{sol}$之和：

$$\begin{aligned}q_{in}&=q-\gamma_i q_{sol}\\ q&=\frac{\theta_i-\theta_e}{R_{se}+R+R_{si}}=U(\theta_i-\theta_e)\\ \gamma_i&=\frac{R_{se}\alpha_e}{R_{se}+R+R_{si}}=UR_{se}\alpha_e\end{aligned} \tag{3.22}$$

我们定义室内得热量的太阳辐射部分 q_{add}与投射到建筑构件上的太阳辐射的比值为太阳总透射比 g：

$$\begin{aligned}g&=\frac{q_{add}}{q_{sol}}=\frac{\tau_e q_{sol}+\gamma_i q_{sol}}{q_{sol}}=\tau_e+\gamma_i\\ &\Rightarrow g=\tau_e+U\alpha_e R_{se}\end{aligned} \tag{3.23}$$

请注意，太阳总透射比的第一部分对应于透过建筑构件传递到室内的太阳辐射，第二部分对应于被建筑构件吸收然后释放到室内环境的太阳辐射。太阳辐射对室内环境热流密度的附加贡献是：

$$q_{add}=gq_{sol} \tag{3.24}$$

在美国，一般采用太阳得热系数(SHGC)来代替太阳总透射比。在被动房中，太阳得热是一个重要的主题，我们将在第 3.4 节对此详细讨论。

标准 EN410 和 ISO 9050 规定了玻璃窗的太阳得热计算方法。该标准规定了 τ_e和 α_e的特殊计算方式，以及 $h_e=1/R_{se}$和 $h_i=1/R_{si}$(5.5～50 μm)的计算方式，并且忽略了玻璃的热阻 $R=0\ m^2\cdot K/W$。因此最终表达为：

$$\gamma_i=\frac{h_i\alpha_e}{h_e+h_i}$$

双层玻璃建筑元件

双层玻璃建筑元件的情况稍微复杂一些，因为两块玻璃都吸收了部分太阳辐射(图 3.12，右)。假设整个吸收过程只发生在外层玻璃的外表面和内层玻璃的内表面上。习题 3.2 可以证明，每层玻璃的温度实际上是均匀的，因此这种假设对结果的影响可以忽略不计。由于能量在两个平面上被吸收，因此必须考虑三种热传递：从建筑元件到室外环境的热流密度 q_{out}、通过建筑元件的热流密度 q_{mid}和从室内环境到建筑元件的热流密度。它们可以表示为：

$$q_{in}=\frac{\theta_i-\theta_{si}}{R_{si}} \tag{3.25}$$

$$q_{mid}=\frac{\theta_{si}-\theta_{se}}{R+R_g+R} \tag{3.26}$$

$$q_{out}=\frac{\theta_{se}-\theta_e}{R_{se}} \tag{3.27}$$

其中 q_{in}代表的是室内实际热损失。用内表面处的热流密度来表示上式，根据式(3.26)可以得到：

$$q_{in}=q_{mid}-\alpha_{e2}q_{sol}=\frac{\theta_{si}-\theta_{se}-(R+R_g+R)\alpha_e 2q_{sol}}{R+R_g+R} \tag{3.28}$$

如果用外表面处的热流密度来表示，根据式(3.27)可以得到：

$$q_{in}=q_{out}-(\alpha_{e1}+\alpha_{e2})q_{sol}=\frac{\theta_{se}-\theta_e-R_{se}(\alpha_{e1}+\alpha_{e2})q_{sol}}{R_{se}} \tag{3.29}$$

将式(3.25)、式(3.28)和式(3.29)结合在一起于是得到：

$$q_{in}=\frac{\theta_i-\theta_e-R_{se}(\alpha_{e1}+\alpha_{e2})q_{sol}-(R+R_g+R)\alpha_{e2}q_{sol}}{R_{se}+R+R_g+R+R_{si}} \tag{3.30}$$

它可以写为不存在太阳得热的情况下从室内到室外环境的热流密度 q 和由于太阳得热而传入室内的热流密度 $\gamma_i q_{sol}$ 之和：

$$q_{in}=q-\gamma_i q_{sol}$$

$$q=\frac{\theta_i-\theta_e}{R_{se}+R+R_g+R+R_{si}}=U(\theta_i-\theta_e)$$

$$\gamma_i=\frac{R_{se}(\alpha_{e1}+\alpha_{e2})+(R+R_g+R)\alpha_{e2}}{R_{se}+R+R_g+R+R_{si}} \tag{3.31}$$

因此双层玻璃建筑元件的太阳总透射比为：

$$g=\tau_e+U[(\alpha_{e1}+\alpha_{e2})R_{se}+\alpha_{e2}(R+R_g+R)] \tag{3.32}$$

标准 EN410 和 ISO 9050 规定了玻璃窗的太阳得热计算方法。该标准规定了 τ_e和 α_{e1}、α_{e2}的特殊计算方式，以及 $h_e=\frac{1}{R_{se}}$和 $h_i=\frac{1}{R_{si}}$(5.5～50 μm)的计算方式。内外表面之间的传导热阻 $\Lambda=\frac{1}{(R+R_g+R)}$可以根据标准 EN673 (5.5～50μm)计算。因此最终表达为：

$$\gamma_i=\frac{\frac{\alpha_{e1}+\alpha_{e2}}{h_e}+\frac{\alpha_{e2}}{\Lambda}}{\frac{1}{h_e}+\frac{1}{\Lambda}+\frac{1}{h_i}}$$

3.2 非均质建筑构件和热桥

如果建筑构件是不平整的，或者沿着建筑构件其属性发生变化，又或者是两种情况的组合，那么我们就说该建筑构件是非均质的。换言之，这种情况不再是一维传热，不同方向的热流密度不同且等温线不是平面的。由于这种情况的复杂性，准确的热流率很难再通过理论分析得到解析解。

非均质建筑构件的一个简单例子就是建筑边缘。温度的数值计算表明，热量在各个方向流动，等温面也不是平面(图 3.13)。这可以通过内部的热成像分析得到证实，比如热桥附近的温度降低了(图 3.14)。

注意

热桥影响建筑内外表面的温度和传热。

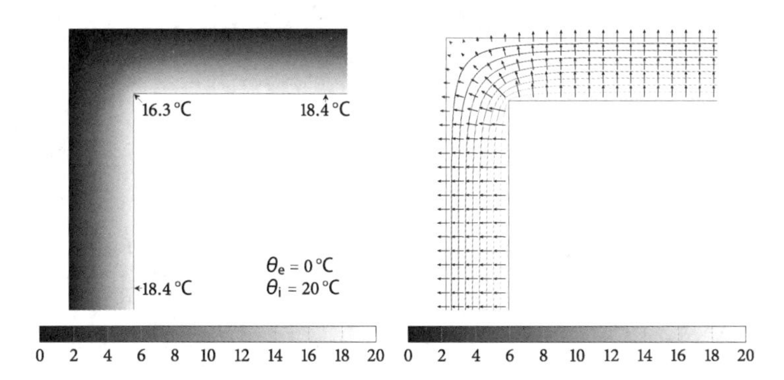

图 3.13 线性热桥的温度(左)、等温面和热流密度矢量(右)。等温面不是平面的，热流方向在热桥附近发生变化。在离热桥较远的地方，情况变得均匀。该结果是用 FreeFEM++获得的(见彩插)

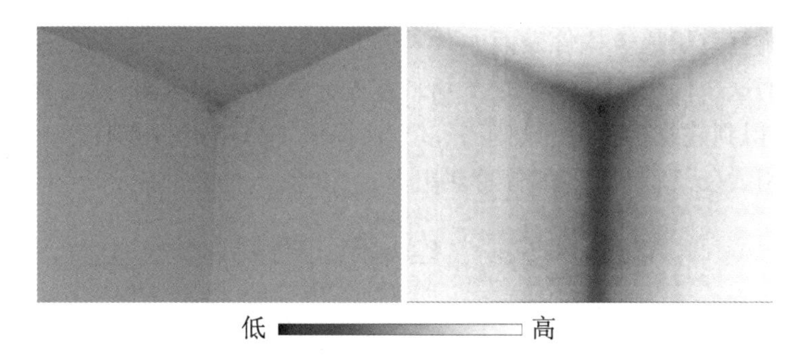

图 3.14 从内部观察的线性和点状热桥的热像分析：热桥附近的温度降低了(见彩插)

3.2.1 简化计算

当建筑构件为平面构件，且每一层材料的导热系数不同时，这种情况可以进行简化计算。而且在结构变化遵循某种模式的情况下尤其方便，例如，预制木墙板(图 3.15，上)。这种简化的总体思路是将建筑构件拆分为与表面平行的几层(a，b，c，…)或分成几个垂直于表面的几列(a，b，c，…)，然后通过如下假设计算总热阻：

1. 热流垂直于建筑构件表面。

2. 所有的等温面都是平面的，并且与建筑构件表面平行。

总热阻是以上两种假设下得到的总热阻的平均值。该方法由标准 ISO 6946 规定，我们将在下面的一个简单示例中对此演示。

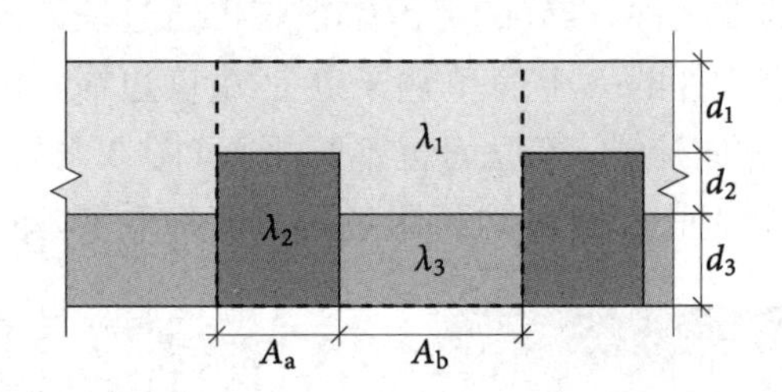

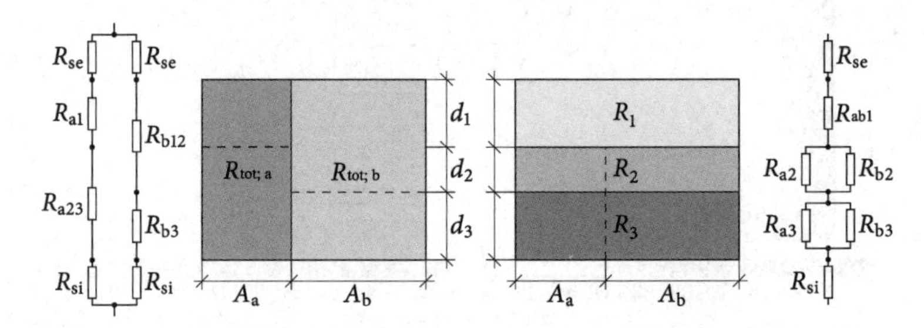

图 3.15 具有重复模式(顶部)非均质建筑构件和两种计算总热阻(底部)的简化方法示例。在左下角，我们假设热流垂直于建筑构件表面，而在右下角，我们假设等温面是平面的，并且平行于建筑构件表面

热流垂直于建筑构件表面

根据这个假设(图 3.15，左下角)，首先计算各列的热阻，然后将它们组合起来，得到建筑构件的总热阻。该方法提供了总热阻的上限。

使用式(3.2) 计算各部分总热阻 $R_{tot;a}$ 和 $R_{tot;b}$ 的总热阻：

$$R_{tot;a}=R_{se}+\frac{d_1}{\lambda_1}+\frac{d_2+d_3}{\lambda_2}+R_{si}$$

$$R_{tot;b}=R_{se}+\frac{d_1+d_2}{\lambda_1}+\frac{d_3}{\lambda_3}+R_{si}$$

根据式(2.11)，总热阻的上限是：

$$\frac{A_a+A_b}{R_{tot;upper}}=\frac{A_a}{R_{tot;a}}+\frac{A_b}{R_{tot;b}}$$

定义各部分的面积分数：

$$f_a=\frac{A_a}{A_a+A_b},\ f_b=\frac{A_b}{A_a+A_b} \tag{3.33}$$

于是可以得到总热阻的上限为：

$$\frac{1}{R_{tot;upper}}=\frac{f_a}{R_{tot;a}}+\frac{f_b}{R_{tot;b}}$$

所有的等温面都是平面的，并且与建筑构件表面平行

根据这个假设(图 3.15，右下角)，首先计算各层的热阻，然后将它们组合起来，得到建筑构件的总热阻。该方法提供了总热阻的下限。

用式(2.11)和式(3.33)计算各层的热阻 R_1、R_2 和 R_3：

$$R_1=R_{ab1}$$

$$\frac{A_a+A_b}{R_2}=\frac{A_a}{R_{a2}}+\frac{A_b}{R_{b2}}\Rightarrow\frac{1}{R_2}=\frac{f_a}{R_{a2}}+\frac{f_b}{R_{b2}}$$

$$\frac{A_a+A_b}{R_3}=\frac{A_a}{R_{a3}}+\frac{A_b}{R_{b3}}\Rightarrow\frac{1}{R_3}=\frac{f_a}{R_{a3}}+\frac{f_b}{R_{b3}}$$

其中 R_{ab1} 是第一层的热阻，R_{a2} 和 R_{b2} 是第二层的每部分的热阻，R_{a3} 和 R_{b3} 是第三层的每部分热阻。

因为 R_1、R_{ab1} 的厚度是 d_1，R_2、R_{a2}、R_{b2} 的厚度是 d_2，而 R_3、R_{a3}、R_{b3} 的厚度是 d_3，所以可以根据式(2.7)将表达式简化为：

$$\lambda_{eq;1}=\lambda_1$$

$$\lambda_{eq;2}=f_a\lambda_2+f_b\lambda_1$$

$$\lambda_{eq;3}=f_a\lambda_2+f_b\lambda_3$$

总热阻的下限是：

$$R_{tot;lower}=R_{se}+\frac{d_1}{\lambda_{eq;1}}+\frac{d_2}{\lambda_{eq;2}}+\frac{d_3}{\lambda_{eq;3}}+R_{si}$$

平均总热阻

最后对总热阻的上下限取平均值：

$$R_{tot}=\frac{R_{tot;upper}+R_{tot;lower}}{2}$$

误差上限可估计如下：

$$e=\frac{R_{tot;upper}-R_{tot;lower}}{2R_{tot}}$$

3.2.2 热桥

热桥是围护结构的一部分(在一个建筑元件内或在两个不同建筑元件的边界上)，在这里传热系数 U 和热流密度 q 的方向发生显著变化。这两种影响都可以在图 3.13 所示的建筑边缘的数值分析中观察到。

热桥通常是由于高导热系数材料穿过保温层(低导热系数层),从而增加了传热系数和热损失。值得注意的是,在具有较厚保温层的建筑中,通过热桥的热损失所占的比重更大,因为添加保温层对均质建筑构件的影响比非均质建筑构件的影响更大。因此,应特别注意避免热桥或至少减少热桥对热流量的贡献。

热桥(图 3.16)可分为两大类:

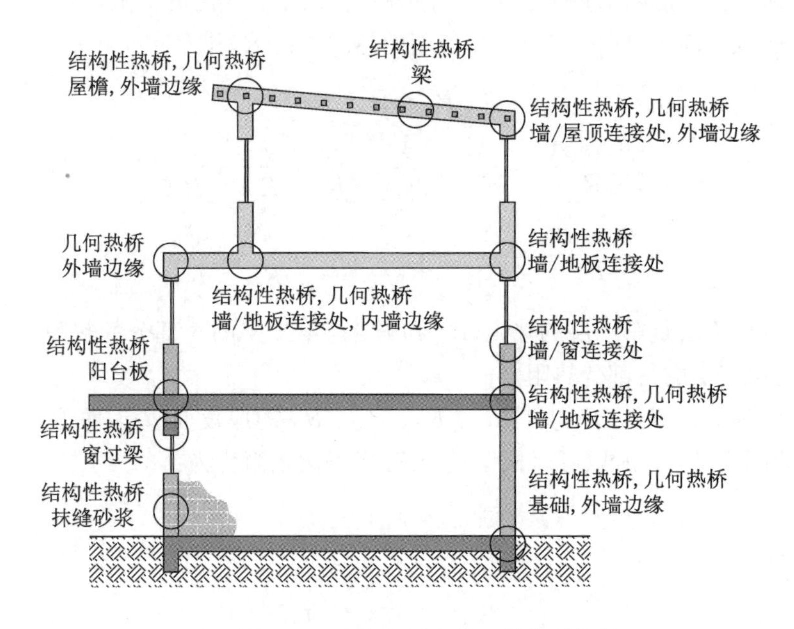

图 3.16 建筑截面上的一些典型热桥

1. 结构性热桥指的是均匀结构中由于具有不同导热系数的材料或结构构件穿入保温层而造成保温层减薄或不连续所形成的热桥。通常保温层会被另一种材料穿透是出于稳定的原因,如基础、阳台、窗上的过梁等,或者是当两种不同结构相接时,例如墙/窗交接处或墙/屋顶交接处。
2. 几何热桥指的是由于建筑物的几何形状,在某些位置结构的内外表面面积出现差异从而导致的热桥。这些热桥通常位于两个平面(边缘)或三个平面(角)的交界处,平面可以是墙、地板或天花板。

结构性热桥通常进一步分为重复热桥和非重复热桥。重复热桥是按照一定的模式出现的,例如砖或建筑梁之间的砂浆连接缝。重复热桥有时可以考虑使用第 3.2.1 小节所述的简化方法进行计算。

考虑了尺寸和对热流量的贡献时,热桥的其他分类如下:

1. 线性热桥是那些可以通过直线简化分布的热桥,例如建筑边缘或墙/地板连接处。该热桥附近的热量在二维流动。
2. 点状热桥是指其分布可以通过一个点来简化的,例如拐角或机械紧固件。该热桥附近的热量是三维流动的。

请注意，结构性热桥和几何热桥都可以是线性热桥，也可以是点状热桥。

热桥可以通过红外热成像法进行分析（见第 2.4.4 小节），也就是说，通过研究建筑表面的温度（图 3.17）来分析热桥。因为冬季的热流量可以用下式描述：

$$q=\frac{\theta_{i}-\theta_{si}}{R_{si}}=\frac{\theta_{se}-\theta_{e}}{R_{se}}$$

较高的外表面温度和较低的内表面温度表明此处热流量较大。

注意

热桥可以通过较高的外表面温度和较低的内表面温度来检测到。（大陆性气候的冬季）

图 3.17 热桥的热成像分析：墙/地板连接处、窗上过梁、墙/窗连接处以及内外表面边缘（见彩插）

结构性热桥（阳台板）的示例如图 3.18 的左侧和图 3.19 所示。保温层被阳台板穿透，通过阳台板，热流率显著增加。对于这种热桥有两种可能的缓解方法，包括对阳台板外表面悬挂保温层（图 3.18，中），或由特殊的高强度钢筋和绝缘层组成的承重隔热元件对热桥进行隔热，（图 3.18，右和图 3.20）。

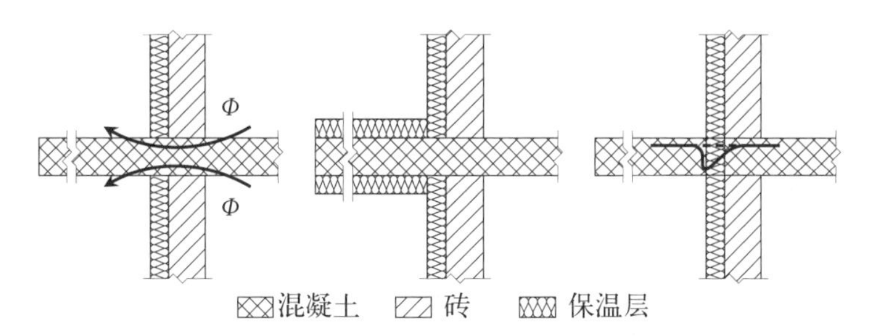

图 3.18 阳台板的草图。由于板坯穿透保温层，热流量增加（左）。有两种可能的缓解措施：对阳台板的外部进行保温（中），或使用由隔热板和高强度钢筋所组成的特殊构件将阳台板悬挂起来（右）

我们必须考虑到热桥对热流率的显著贡献。如前所述，热流密度改变方向，且等温面不是平面的，因此无法通过解析的方法计算精确的热流量。为了简化计算，可以“局部化”（只考虑附近的环境）一个特定的热桥，然后

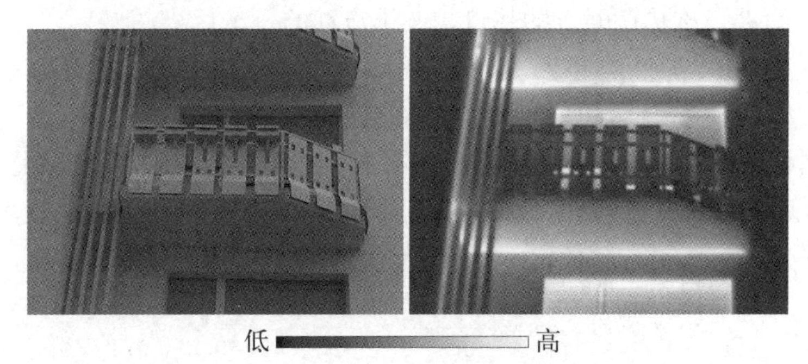

图 3.19 阳台板的热成像分析。由于阳台板破坏了保温层，热流增加了（见彩插）

图 3.20 承重保温元件

计算有无特定热桥情况下的热流率的差异。然后，利用这一结果来定义线传热系数 Ψ 和点传热系数 χ。最后，新的传热系数可以用来计算该类型热桥的热流率。下面将详细说明一些计算细节，而完整的方法在 ISO 10211 中有详细说明。

关于热桥的另一个重要问题是其降低内部表面温度 θ_{si}。如图 3.13 所示，边缘的温度比内表面其余部分的温度低得多。正如将在第 4.5.3 小节中讨论的，该温度对于确定是否存在冷凝和霉菌生长的风险至关重要。在实际情况下，只能根据内表面温度系数 f_{Rsi}［式(3.8)］计算该温度，计算式中内表面温度对应于热桥区域内最小的内表面温度。内表面温度系数由热桥的数值计算以及线性或点传热系数确定。

3.2.3 尺寸体系

计算热桥对热流率的贡献取决于尺寸体系。ISO 13789 中定义并在图 3.21 中描绘的三个尺寸系统是：

1. 外部尺寸，在建筑物外部构件的完工外表面之间测量；
2. 内部尺寸，在建筑物每个房间的完工内表面之间测量；
3. 整体内部尺寸，在建筑物外部构件的完工内表面之间测量。

在这本书中，我们将只讨论内部和外部尺寸。

让我们以一个均质的建筑边缘为例（图 3.13、表 3.2）考虑不同尺寸体

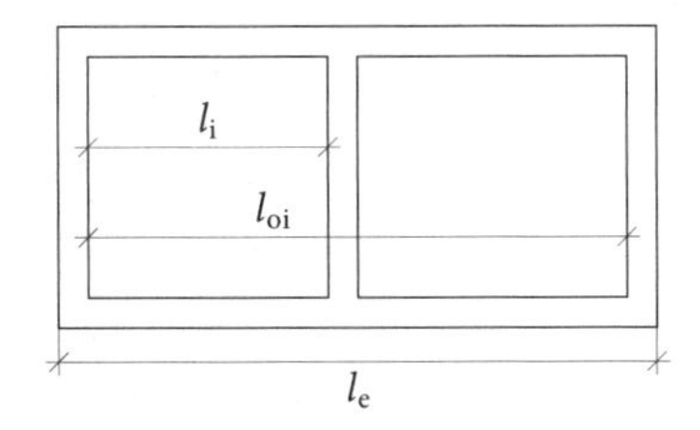

图 3.21 带有两个房间的建筑的楼层平面图中显示的尺寸体系。长度l_e代表外部尺寸，l_{oi}代表整体内部尺寸，l_i代表内部尺寸

系对一个简单热桥的影响。作为一种近似，我们可以假设全部热流率是通过热桥连接的两个平面的热流率。然而，如表 3.2 所示，对于外部边缘的外部尺寸和内部边缘的内部尺寸，通过突出部分的热流计算了两次。因此，我们预计近似热流率 Φ_{ap}大于精确热流率 Φ_{ex}，这意味着用线传热系数描述的热流率修正值为负值。另一方面，对于内部边缘的外部尺寸和外部边缘的内部尺寸，通过突出部分的热流根本不计算。因此，我们预计近似热流率小于精确热流率，这意味着用线传热系数描述的热流率修正值为正值。因此，线传热系数 Ψ 可以是正的，也可以是负的，这取决于尺寸体系和热桥的类型。

表 3.2 不同尺寸体系对均质建筑边缘的影响

	外部尺寸	内部尺寸
外部边缘	θ_e, l_{e2}, U_2, l_{e1}, U_1, 计算两次, θ_i $\Phi_{ap} = l l_{e1} U_1 \Delta\theta + l l_{e2} U_2 \Delta\theta$ $\Phi_{ex} < \Phi_{ap} \Rightarrow \Psi < 0$	θ_e, 不计算, U_2, l_{i2}, U_1, l_{i1}, θ_i $\Phi_{ap} = l l_{i1} U_1 \Delta\theta + l l_{i2} U_2 \Delta\theta$ $\Phi_{ex} > \Phi_{ap} \Rightarrow \Psi > 0$
内部边缘	θ_e, l_{e1}, U_1, l_{e2}, U_2, 不计算, θ_i $\Phi_{ap} = l l_{e1} U_1 \Delta\theta + l l_{e2} U_2 \Delta\theta$ $\Phi_{ex} > \Phi_{ap} \Rightarrow \Psi > 0$	θ_e, 计算两次, U_1, l_{i1}, U_2, l_{i2}, θ_i $\Phi_{ap} = l l_{i1} U_1 \Delta\theta + l l_{i2} U_2 \Delta\theta$ $\Phi_{ex} < \Phi_{ap} \Rightarrow \Psi < 0$

表 3.2 展示了不同尺寸体系对长度/高度均质的建筑边缘的影响。Φ_{ap}为近似热流率，Φ_{ex}为精确热流率。线传热系数可以是正的也可以是负的。

3.2.4 线性热桥

我们将首先展示 ISO 10211 指定的线性热桥热流贡献的计算方法。出于演示目的,我们使用均质建筑边缘(图 3.13),但相同的方法可用于任何线性热桥。该问题是二维的,因为热量不会沿着热桥流动。可以合理地假设,通过边缘及其周围的热流率 Φ_{ex} 与温差 $\Delta\theta$ 和边缘长度 l 成正比(图 3.22,左)。

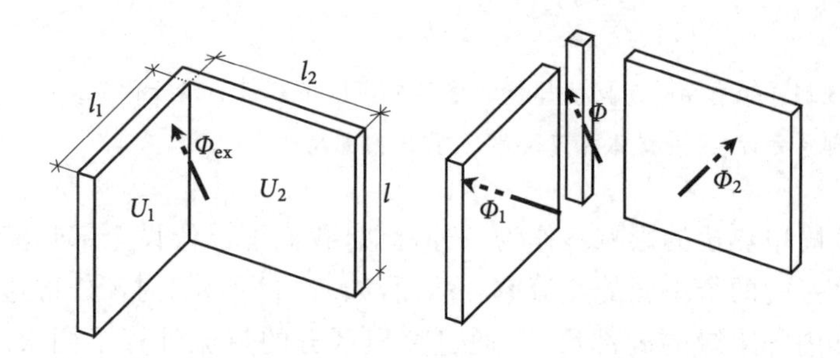

图 3.22 线性热桥。总热流率 Φ_{ex}(左)可以看作是通过平面的热流率 Φ_1、Φ_2 和附加热流率 Φ(右)之和

$$\Phi_{ex} = lL_{2D}\Delta\theta$$

其中 L_{2D}[W/(m·K)]被称为二维数值计算热耦合系数。另一方面,虽然通过这些平面及其接触部分的热流是相互交织的(图 3.13),但总热流率可以看作是通过平面的热流率和附加热流率之和(图 3.22,右):

$$\Phi_{ex} = \Phi_1 + \Phi_2 + \Phi$$

假设附加热流率也与温度差 $\Delta\theta$ 和边缘长度 l 成正比例,可以得到:

$$\Phi_{ex} = ll_1U_1\Delta\theta + ll_2U_2\Delta\theta + l\Psi\Delta\theta$$

于是得到:

$$\Psi = L_{2D} - l_1U_1 - l_2U_2$$

其中 Ψ[W/(m·K)]被称为线传热系数,将其乘以热桥的长度和温差,于是可以得到热桥的热流率:

$$\Phi = l\Psi\Delta\theta \tag{3.34}$$

标准 ISO 10211 提供了关于创建线性热桥计算模型的更多细节,但这超出了本书的范围。

3.2.5 点状热桥

我们将展示 ISO 10211 指定的点状热桥热流贡献的计算方法。出于演示目的,我们使用均质建筑拐角,但相同的方法可用于任何点状热桥。该问题是三维的,因为热量会在三个方向流动。可以合理地假设,通过拐角

及其周围的热流率 Φ_{ex} 与温差 $\Delta\theta$ 成正比(图 3.23,左)。

$$\Phi_{ex}=L_{3D}\Delta\theta$$

其中 L_{3D}[W/(m·K)]被称为三维数值计算热耦合系数。另一方面,虽然通过这些平面及其接触部分的热流是相互交织的,但总热流率可以看作是通过平面的热流率 Φ_1、Φ_2、Φ_3 和通过两个面交接部分线性热桥热流率 Φ_{12}、Φ_{23}、Φ_{31},以及附加热流率 Φ 之和(图 3.23,右):

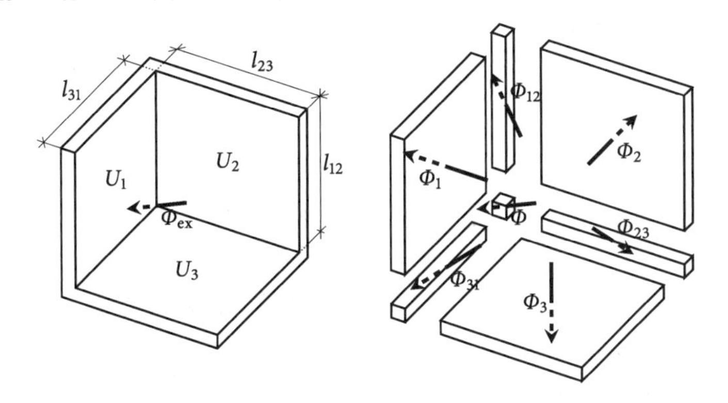

图 3.23 点状热桥。总热流率 Φ_{ex}(左)可以看作是通过平面的热流率 Φ_1、Φ_2、Φ_3 和通过两个面交接部分线性热桥热流率 Φ_{12}、Φ_{23}、Φ_{31} 以及附加热流率 Φ 之和(右)

$$\Phi_{ex}=\Phi_1+\Phi_2+\Phi_3+\Phi_{12}+\Phi_{23}+\Phi_{31}+\Phi$$

假设附加热流率也与温度差 $\Delta\theta$ 成正比例,可以得到:

$$\Phi_{ex}=l_{12}l_{31}U_1\Delta\theta+l_{12}l_{23}U_2\Delta\theta+l_{23}l_{31}U_3\Delta\theta+l_{12}\Psi_{12}\Delta\theta+l_{23}\Psi_{23}\Delta\theta+l_{31}\Psi_{31}\Delta\theta+\chi\Delta\theta$$

于是得到:

$$\chi=L_{3D}-l_{12}l_{31}U_1-l_{12}l_{23}U_2-l_{23}l_{31}U_3-l_{12}\Psi_{12}-l_{23}\Psi_{23}-l_{31}\Psi_{31}$$

其中 χ(W/K)被称为点传热系数,将其乘以温差,于是可以得到热桥的热流率:

$$\boxed{\Phi=\chi\Delta\theta} \tag{3.35}$$

根据 ISO 14683 的规定,如果点状热桥是由线性热桥相交而产生的,其影响一般可以忽略不计。

标准 ISO 10211 提供了关于创建点状热桥计算模型的更多细节,但这超出了本书的范围。

3.2.6 窗户的传热系数

我们已经在第 3.1.4 小节讨论了玻璃的传热系数。但是,玻璃必须被框架包围，以提供支撑并使窗户能够打开。因此，通过一个简单窗户的完整热流量是通过玻璃的热流量 Φ_g、通过框架的热流量 Φ_f 以及通过框架和玻璃之间连接处的热流量 Φ_Ψ 的总和：

$$\Phi = \Phi_g + \Phi_f + \Phi_\Psi = A_g U_g \Delta\theta + A_f U_f \Delta\theta + l_g \Psi_g \Delta\theta$$

其中 A_g 和 U_g 是玻璃的面积和传热系数，A_f 和 U_f 是框架的面积和传热系数，l_g 和 Ψ_g 是玻璃与框架连接处的长度和线传热系数。如果我们定义窗户的传热系数 U_W 为：

$$\Phi \equiv A_W U_W \Delta\theta = (A_f + A_g) U_W \Delta\theta$$

于是有：

$$U_W = \frac{A_g U_g + A_f U_f + l_g \Psi_g}{A_f + A_g} \tag{3.36}$$

为了使窗户的传热系数保持在较低的水平，框架的传热系数必须认真对待。框架材料的选择决定了框架的结构。木材的隔热性能比较好，因此木框架可以做成实心的。然而，塑料和金属具有较好的导热性能，为了降低传热系数，框架必须包含空腔(图 3.24)。

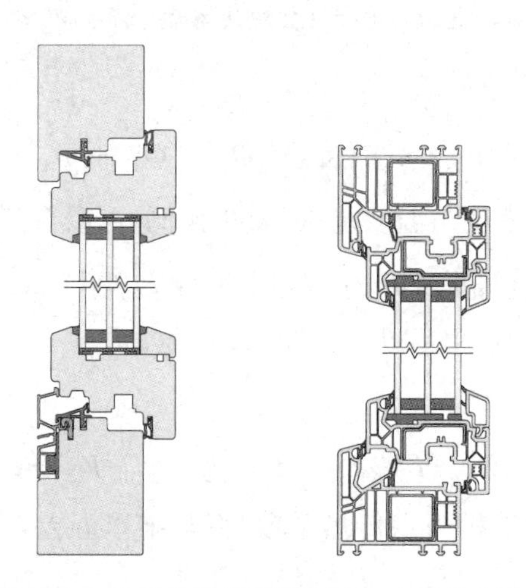

图 3.24 木窗框(左)和乙烯基塑料窗框(右)。由于较高的导热系数，乙烯基塑料型材包含空腔，以增加框架的热阻

在 ISO 10077-1 中可以找到更精确的窗户传热系数计算的说明。

3.3 建筑总的热损失

建筑物理的基本任务之一是研究如何在建筑内部保持一个舒适的温度。由于内部温度和外部温度一般不同，内部和外部之间的热流量是不可避免的。为了保持内部温度，这些热损失(或增益)必须被补偿，所以我们必须知道总热流量的值。

我们从定义基本概念开始。空调空间是建筑物中为了保持特定的温度而需要进行加热或冷却的空间。非空调空间是建筑物中通常没有热源或热汇的空间，但由于与空调空间的热接触，其温度与外部温度也不同。建筑作为一个整体，是与室外环境和地面热接触的。但应区别对待室外与地面这两个实体，因为正如我们在第 2.2.6 小节中所解释的，地面温度与室外环境温度不同。

最后，建筑的热围护结构通常被定义为空调空间的界限，即其一侧是空调空间，另一侧是非空调空间、地面和外部环境。在图 3.25 中，热围护结构用虚线表示。

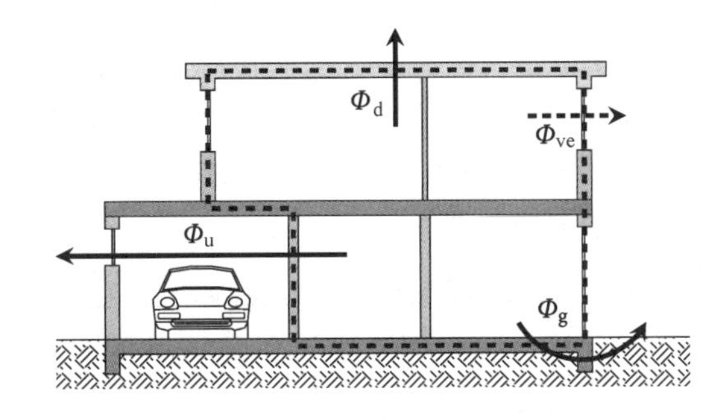

图 3.25 建筑的热损失包括直接热损失 Φ_d，通过地面的热损失 Φ_g，通过非空调空间的热损失 Φ_u，和通过通风的热损失 Φ_{ve}。图中虚线标出了热围护结构

在本节中，我们将应用本章前几节的知识，并考虑其他因素对热损失的贡献。对热损失的四个主要贡献是：

1. 直接热损失，即空调空间与外部环境间的热传递；
2. 通过地面的热损失，即通过地面的热传递；
3. 通过非空调空间的热损失；
4. 通过通风的热损失，即空气通风引起的热传递。

标准 ISO 13789 还考虑到了相邻建筑物间的热损失，这在本书中没有详细说明。

3.3.1 直接热损失

为了计算空调空间与外部环境之间的热流率，必须求出通过所有中间建筑构件的热流率[式(3.4)]、通过所有线性热桥的热流率[式(3.34)]和通过所有点状热桥的热流率[式(3.35)]：

$$\Phi_d = \sum_j A_j U_j (\theta_i - \theta_e) + \sum_k l_k \Psi_k (\theta_i - \theta_e) + \sum_l \chi_l (\theta_i - \theta_e)$$

我们通常将直接换热系数 H_d(W/K)* 定义为空调空间与外部环境之

* **译者注**

关于 H_d，作者此处用的是 heat transfer coefficient，但在传热学里该词汇对应的概念是传热系数，单位为 W/(m² · K)，而 H_d 的单位是 W/K，然而单位同样是 W/K 的点传热系数作者用的又是 thermal transmittance，我在这里将 H_d 翻译为换热系数仅是为了做简单地区分，特此说明。

间的全部热流率Φ_d与室内外内外温度差之间的商：

$$\Phi_d = H_d(\theta_i - \theta_e)$$

综合上述两个方程，我们可以看到，直接换热系数只与建筑性能有关，与内外环境温度无关：

$$H_d = \sum_j A_j U_j + \sum_k l_k \Psi_k + \sum_l \chi_l \tag{3.37}$$

为了得到可靠的结果，我们需要线性和点传热系数。可以有四种方法确定这些值：

1. 数值计算。根据 ISO 10211 计算线性传热系数。该计算程序在第 3.2.4 和 3.2.5 小节进行了概述。其精度一般为±5%。
2. 热桥目录查询。特定热桥的传热系数值可以从目录中选择并由第三方(例如建筑材料生产商)提供。其精度一般为±20%。
3. 手动计算。其精度一般为±20%。
4. 默认值。ISO 14683 为大多数典型热桥提供默认值，这些值通常是在最坏情况的参数下计算出来的。这些值可在缺少有关热桥具体数据的情况下使用。其精度一般为 0%到 50%。

ISO 6946 标准还规定了坡屋顶热损失的计算：

1. 屋顶结构包括一个平的隔热天花板和一个倾斜的屋顶。屋顶空间可以看作是一个热均匀层，其热阻取决于屋顶的属性。
2. 隔热坡屋顶下的加热空间。
   - 水平热流下得到的传热系数值适用于与水平面±30°方向的热流下的计算。
   - 对流表面传热系数的值可通过水平和垂直值之间的线性插值获得。注意，辐射表面换热系数与斜率无关。

3.3.2 通过地面的热损失

热围护结构与地面接触部分的热流率采用 ISO 13370 标准单独计算。该标准考虑了以下三种类型的建筑部件：

1. 地面上的地板对应于整个建筑直接建在地面上的楼层结构。
2. 悬吊式地板指的是最低的地板与地面之间是悬空的楼层结构，这导致地板和地面之间出现空隙。
3. 地下室是指建筑物的可使用空间部分或全部位于地平面以下的楼层结构。空调地下室和非空调地下室在热损失的计算中结果不同。

分开计算直接热损失和穿过地面的热损失的平面是：

- 地上板、悬空楼板和非空调地下室的内地板水平表面；

- 空调地下室的外地面水平表面。

由于以下几个原因，导致计算地面热损失特别复杂：

- 地面温度与外部环境的空气温度不同。地面温度随时间变化情况（在没有建筑物的情况下）可以在第 2.2.6 小节找到。
- 地面内的热流率不是均匀的，而是三维的。图 3.26 显示了年平均温度下的温度、等温面和热流密度矢量的地下截面图。我们可以看到，为了确定温度和通过地面离开房屋的总热流量，数值计算是必要的。
- 建筑物热影响下的地面区域大约是建筑物本身尺寸的三倍(图3.26)。

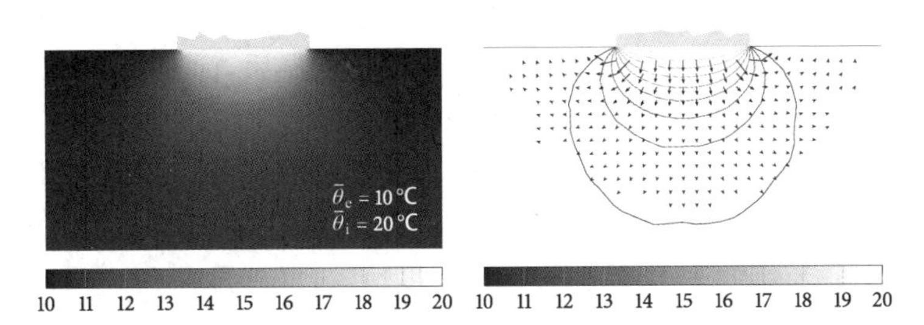

图 3.26 地面传热的温度(左)、等温面和热流密度矢量(右)图。该结果是年平均气温下的稳态情况，结果是用 FreeFEM++获得的(见彩插)

尽管有这些复杂的事实，通过建筑物与地面接触的年平均热流率$\overline{\Phi}_g$只能作为年平均内部温度$\overline{\theta}_i$和年平均外部温度$\overline{\theta}_e$的函数来计算。因此，我们可以将地面换热系数 H_g(W/K)定义为：

$$\overline{\Phi}_g = H_g(\overline{\theta}_i - \overline{\theta}_e)$$

对于地上板和悬空楼板的地面换热系数可以用式(3.38)计算：

$$H_g = AU + P\Psi_g \tag{3.38}$$

其中，A 为地板面积，U 为其传热系数，P 为地板外围周长，Ψ_g为墙/地板连接处的线性传热系数。地板的外围周长是指将加热建筑空间与外部环境或保温构造外部未加热空间分隔开的外墙的总长度。Ψ_g可通过第 3.3.1 小节所述的几种方法获得。

另一方面，对于空调地下室的地面换热系数可如下计算：

$$H_g = A_{bf}U_{bf} + A_{bw}U_{bw} + P\Psi_g \tag{3.39}$$

其中 A_{bf}是地下室底板的面积，U_{bf}为其传热系数，A_{bw}是指地下室外墙或地下室墙朝向未供暖房间的面积，U_{bw}是其传热系数(图 3.27)。

需要指出的是，由于前文所述的复杂性，U、U_{bf}、U_{bw}不能用式(3.3)和式(3.13)直接获得。这些数值的计算更为复杂，ISO 13370 提供了一些计算方法。

如图 3.26 右侧所示，地板边缘的热流密度最大，这意味着在这一区域

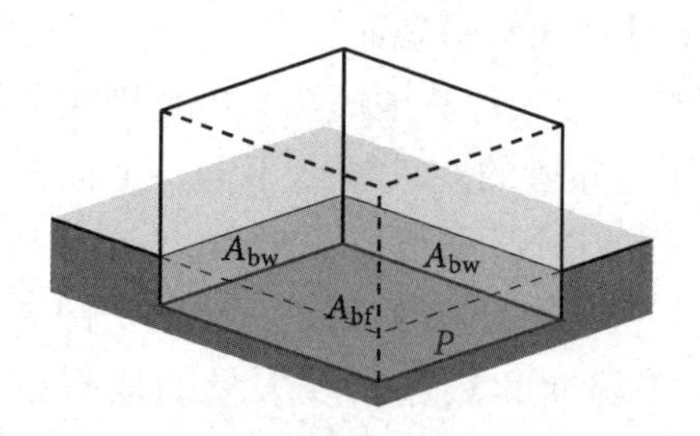

图 3.27 空调地下室，用以计算通过地面热损失的地下室地板面积、地下室(外)墙面积和地板外围周长

增加保温层可以显著降低通过地面的热流量。图 3.28 显示了三种可能的边缘保温策略。对于这些情况，在考虑到附加保温后，标准 ISO 13370 规定了另一个(负)线性传热系数 $\Psi_{g,e}$用于计算。

计算月变化的地面热流率是一项非常复杂的任务。我们必须考虑到地面的温度与外部空气温度的不同，以及温度变化的周期是 12 个月。这种情况下，热流率的表达式(假设室内温度恒定)可写为：

$$\Phi_g = H_g(\bar{\theta}_i - \bar{\theta}_e) + H_{pe}\Delta\theta_e \cos\left(\frac{2\pi}{12}(t - t_0 - \alpha)\right)$$

其中，H_{pe}是外部周期性换热系数，t_0是出现最低室外温度的月份数，α 是热循环与室外温度变化的时间延迟，单位为月。H_{pe}和 α 可以通过数值模拟或 ISO 13370 中给出的近似计算方法获得。

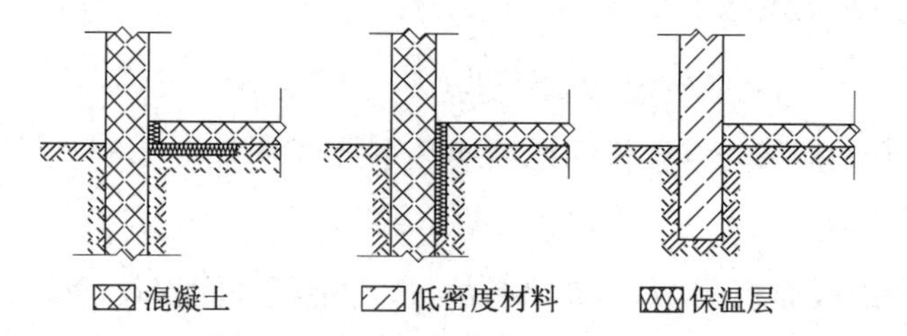

图 3.28 水平边缘保温(左)，垂直边缘保温(中)与低密度基础(右)

3.3.3 通过非空调空间的热损失

ISO 13789 提供了通过非空调空间的热损失计算方法。为了计算通过非空调空间从空调空间传递到室外环境的热流率，我们必须计算以下两点：

- 空调空间与非空调空间之间的直接换热系数 H_{iu}；
- 非空调空间与室外环境之间的直接换热系数 H_{ue}。

H_{iu}和 H_{ue}都包括由式(3.48)计算的热传递，以及由式(3.44)计算的通风换热：

$$H_{iu} = H_{tr,\ iu} + H_{ve,\ iu}$$
$$H_{ue} = H_{tr,\ ue} + H_{ve,\ ue}$$

于是我们可以将空调空间与非空调空间之间的热流率 Φ_{iu} 以及非空调空间与室外环境之间的热流率 Φ_{ue} 写成：

$$\Phi_{iu} = H_{iu}(\theta_i - \theta_u)$$
$$\Phi_{ue} = H_{ue}(\theta_u - \theta_e)$$

其中 θ_u 是非空调空间的温度。由于我们考虑的是温度不变情况下的稳态传热，所以进入非空调空间的热量将全部从其中流出，因此：

$$\Phi_{iu} = \Phi_{ue} = \Phi_u$$

解上述三个方程，于是有：

$$\theta_u = \frac{\theta_i H_{iu} + \theta_e H_{ue}}{H_{iu} + H_{ue}}$$

$$\Phi_u = \frac{H_{iu} H_{ue}}{H_{iu} + H_{ue}}(\theta_i - \theta_e)$$

我们将通过非空调空间的热流率与室内外环境温度之差的商定义为非空调空间换热系数 H_u(W/K)：

$$\Phi_u = H_u(\theta_i - \theta_e)$$

结合前面的式子我们发现，非空调空间换热系数仅与建筑本身性质和通风情况有关，与室内外温度无关：

$$H_u = \frac{H_{iu} H_{ue}}{H_{iu} + H_{ue}} \tag{3.40}$$

ISO 13789 中提供了非空调空间空气流量的计算方法。

3.3.4 通过通风的热损失

ISO 13789 提供了计算通过通风导致的热损失的计算方法。由于通风，室内温度为 θ_i、体积为 V_a 的气体会被室外相同体积温度为 θ_e 的空气替代，室外进入室内的空气将被加热到 θ_i，因此需要的热量为：

$$Q = mc_p(\theta_i - \theta_e) = V_a \rho c_p(\theta_i - \theta_e)$$

其中 m 为质量，$c_p = 1.0 \times 10^3$ J/(kg·K) 是常压下空气的比热容，空气的密度 $\rho = 1.2$ kg/m^3。将热量除以通风的时间我们便得到因通风导致的热流率 Φ_{ve}：

$$\Phi_{ve} = \frac{Q}{t} = \frac{V_a}{t}\rho c_p(\theta_i - \theta_e)$$

$$\Phi_{ve} = q_V \rho c_p(\theta_i - \theta_e) \tag{3.41}$$

其中 q_V(m^3/s 或 m^3/h)：

$$q_V = \frac{V_a}{t} \tag{3.42}$$

是风量。需要注意的是在标准中还定义了换气次数 n(1/s 或 1/h)，换气次数是风量与建筑容积 V 的商：

$$n = \frac{q_V}{V} \tag{3.43}$$

这个概念指的是在给定的时间内，建筑物内的空气完全交换了多少次。

我们将因通风而产生的热流率与室内外环境温度之差的商定义为通风换热系数 H_{ve}(W/K)：

$$\Phi_{ve} = H_{ve}(\theta_i - \theta_e)$$

结合前面的式子我们发现，通风换热系数仅与空气性质和通风情况有关，与室内外温度无关：

$$H_{ve} = \rho c_p q_V \tag{3.44}$$

气密性

除了明显的原因，如机械排气(吸油烟机)、管道(烟囱)、通风口通风(通过窗户进行的自然换气)，总有一些热损失是由于建筑围护结构的泄漏造成的。这种对热损失的影响通常由建筑物的气密性来描述，也就是建筑对从建筑围护结构中无意产生的泄漏点漏出的空气的阻力，或者用相反的建筑透气性来描述。通常情况下，在墙壁、地板、屋顶、窗框和门框之间的连接处以及通过电气和其他装置中会发生泄漏。建筑围护结构的泄漏对总热损失有很大的影响，必须严格控制，尤其在被动房中会给予特别考虑。

我们提出了定量计算和测量建筑气密性的方法。EN 16798—7 和 ISO 52019—2 给出了计算风量 q_V的方法。

另一方面，建筑物的气密性可以用 ISO 9972 规定的风机加压法测量。这种方法通常由气密性检测系统来执行，它是安装在门上的一个组件，包含一个风扇或鼓风机，它可以在建筑物内外产生可控的风量，如图 3.29 所示。通过风机的吹风，建筑物内的空气压力高于或低于外部空气压力。在恒定压差下，通过风机门的空气流量等于通过建筑围护结构的空气流量，即在参考压差 q_{pr}(m^3/s 或 m^3/h)下的漏风量。与风量类似，漏风量是通过建筑围护结构的空气传输量 V_a与传输时间 t 之间的商：

$$q_{pr} = \frac{V_a}{t} \tag{3.45}$$

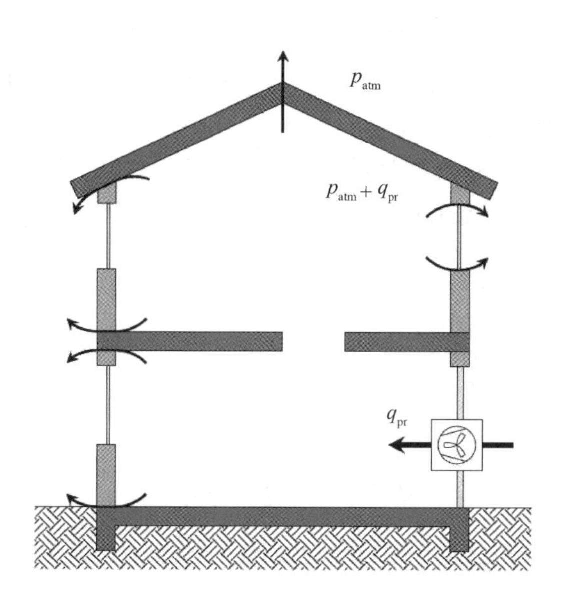

图 3.29 气密性检测装置。风机使室内外产生压差，在恒定压差下，通过风机门的空气流量等于通过建筑围护结构的空气流量

通常使用的压差为 50 Pa，相应的漏风量记为 q_{50}。

标准同时还定义了参考压差下的换气次数 n_{pr}(1/s 或 1/h)，其定义为参考压差下漏风量与建筑容积 V 的商：

$$n_{pr}=\frac{q_{pr}}{V} \tag{3.46}$$

典型参考压差 50 Pa 下，相应的换气次数记为 n_{50}。每小时换气次数(ACH)通常用来描述该量。一个不常用的量是标称渗漏量，它是风量与围护结构面积或总地板面积之间的商。

需要指出的是，国际单位制中时间的基本单位是 s，但是风量、漏风量以及换气次数的单位中时间我们通常用 h。因此式(3.41)中的比热容 c_p 的单位应该用 W・h/(kg・K)。50 Pa 下的换气次数的上限在标准 EN 673 或国家规范中有规定。

测量建筑物的气密性也可用于更可靠地计算风量 q_V。在最简单的形式下，50 Pa 下的换气次数 n_{50} 和换气次数(在没有压差的情况下)n 可以通过一个经验方程来关联：

$$n=\frac{q_{50}}{N} \tag{3.47}$$

其中，N 为渗漏渗透比。同样，风量 q_V 可由 50 Pa 下的风量 q_{50} 确定：

$$q_V=\frac{q_{50}}{N}$$

北美地区的综合模型提供了不同气候条件下的渗漏渗透比，并考虑了建筑物的高度、屏蔽和渗漏。渗漏渗透比和所有修正的总和在 6～44 之间。另一方面，ISO 13789 规定了 $N=20$。

目前，在北美，建筑物的气密性是根据标准 ASTM E779 测量的，传统的参考压强为 4 Pa。ASHRAE 62.2 规定了更精确的风量测定方法，该方法考虑到多种因素，被美国和加拿大的一千多个地区所采用。

3.3.5 传热和全部热损失

热传递热流率是直接热损失，通过地面热损失和通过非空调空间热损失的热流率之和：

$$\Phi_{tr}=\Phi_d+\Phi_g+\Phi_u$$

我们定义热传递换热系数 H_{tr}(W/K)为热传递热流率 Φ_{tr}与室内外温差之商：

$$\Phi_{tr}=H_{tr}(\theta_i-\theta_e)$$

因此热传递换热系数是前文所述三种换热系数之和：

$$\boxed{H_{tr}=H_d+H_g+H_u} \tag{3.48}$$

全部热损失还包括通过通风导致的热损失，因此总的热损失热流率为：

$$\Phi=\Phi_{tr}+\Phi_{ve}=(H_{tr}+H_{ve})(\theta_i-\theta_e) \tag{3.49}$$

3.4 被动房

被动房是一种要求严苛的节能建筑。

被动式房是一种其热舒适性(ISO 7730)可仅通过新风的后加热或后冷却来实现的建筑，其新风可保证足够的室内空气质量，而不需要额外的空气再循环。

在被动式房中，不允许使用传统的加热和冷却方式(例如炉子或空调)来加热或冷却室内空气。但为了保持合理的室内空气质量，每人所需的最小新风量 $q_V=30\ m^3/h$ 依然是必要的。该标准允许新鲜空气被加热或冷却，因此建筑内部环境基本上只通过通风调节。

要达到热舒适性，被动房必须满足以下几个条件，其大致可分为四类。

1. 较低的热损失。通过以下几个条件，使直接热损失、通过地面的热

损失和通过非空调空间的热损失充分降低(图 3.30):

- 采用良好的保温层使所有不透明建筑构件的传热系数降低。
- 使用传热系数为 $U_W \leqslant 0.8\ W/(m^2 \cdot K)$ 的三层玻璃窗。
- 应避免出现热桥或将其影响降至最低。

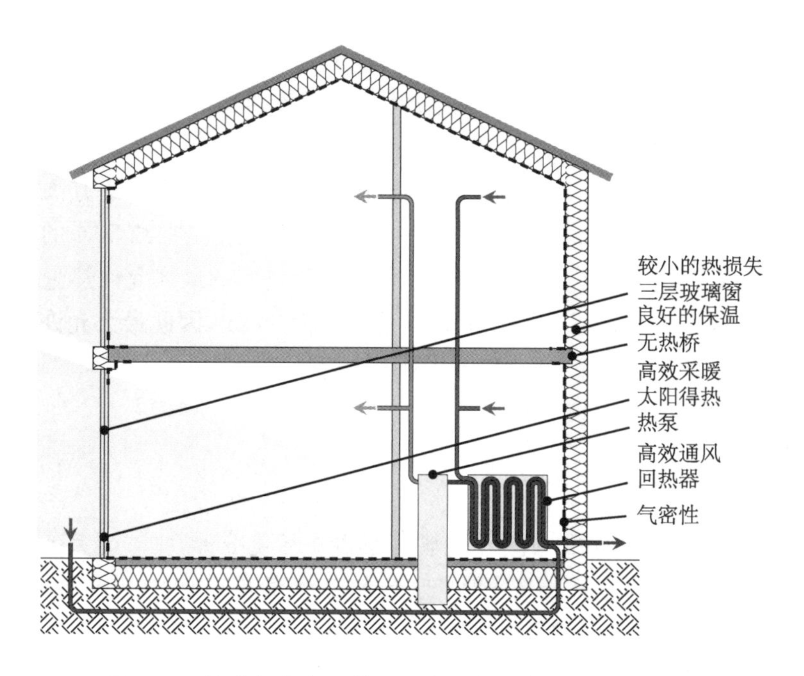

图 3.30 被动式住宅设计。要实现低能耗要求的建筑能量平衡,必须满足几个条件。这些条件大致可分为四类:小热量损失、有效加热、有效通风和遮阳(未显示)

2. 高效通风。为了减少通过通风造成的热损失,需要解决两个问题(图 3.29):
   - 应通过增加建筑物的气密性来降漏风量(第 3.3.4 小节)。被动房屋要求 50 Pa 下的换气次数应小于 0.6/h,这与自然换气次数 0.03/h[式(3.47)]大致相当。
   - 如前所述,为了保持室内空气质量,必须为每人提供最小新风量 $q_V = 30\ m^3/h$,因此相应的热损失是不可避免的。如果住宅的人均居住空间为 30 m²,天花板高度为 2.5 m,则换气次数为 0.4/h,远高于允许的自然换气次数。为了减少通风损失,被动式房使用通过热回收器的强制通风(第 2.3.2 小节)。
3. 高效采暖。完全避免热损失是不可能的,因此需要一定量的外部能量来保持热舒适(图 3.29):
   - 作为相应的加热方式,相关标准允许对新鲜空气进行后加热处理。为了提高后加热效率,必须使用热泵。

- 在许多气候条件下，通过通风进行供暖是不够的，因此部分供暖将由太阳能提供(第 3.1.5 小节)，特别是利用温室效应等获得能量(第 2.4.1 小节)。这就意味着被动房必须有面向赤道太阳总透射比 $g \geqslant 0.5$ 的大型透明建筑构件(玻璃表面)。

4. 遮阳。另一方面，在世界上较温暖的地区和较温暖的季节，大量的太阳得热可能非常不利，因为此时建筑物内部需要的是冷却而不是加热。在这些情况下，必须使用低太阳透射比的遮阳系统。

根据上述假设，可以独立于气候条件计算能源消耗的上限。新鲜空气首先流经地源换热器(地下管道)，然后通过回热器，使其温度几乎升高到室内温度。然后，将空气最高额外加热 $\Delta\theta=30$℃，以避免粉尘在约 50℃的温度下热解。如果将这些数据输入式(3.41)，可以看到每人的最大允许热量消耗为 $\Phi_V=300$ W。一般情况下，住宅人均居住空间为 30 m^2，因此最大允许热耗为 10 W/m^2。对于大陆性气候，年供热量不应超过151 $kW \cdot h/m^2$。

习题

3.1 厚度为 6 mm 的竖直玻璃将室内外环境分开，室内温度为 20℃，室外温度为−1℃，试计算玻璃两个表面的温度。玻璃的导热系数为 0.80 W/(m·K)。(3.7℃，4.6℃)

3.2 有一竖直的双层玻璃窗，玻璃厚度为 4.0 mm，导热系数为 0.80 W/(m·K)，玻璃之间的空气层厚度为 16.0 mm，该玻璃窗将室内环境与室外环境分开，其中室内温度为 20℃。若空气层热阻为 0.19 $m^2 \cdot K/W$，玻璃窗内表面温度为 15℃，试计算室外温度，同时计算其他的特征温度。(5.8℃，7.3℃，7.5℃，14.8℃)

3.3 一竖直墙由厚度为 20.0 cm、导热系数为 1.0 W/(m·K)的混凝土层和厚度为 2.0 cm、导热系数为 2.0 W/(m·K)的石板面组成。试计算未保温和保温的墙体传热系数，保温墙体是通过添加一层厚度为 15.0 cm、导热系数为 0.035 W/(m·K)的发泡聚苯乙烯(EPS)获得的。对于室外温度−5℃和室内温度 20℃时，计算以下三种情况下的特征温度(|石头|混凝土|，|石头|混凝土| EPS |，|石头| EPS |混凝土|)。绘制温度与层厚以及与热阻的函数关系图。(2.63 $W/(m^2 \cdot K)$，0.214 2.63 $W/(m^2 \cdot K)$，−2.4℃，−1.7℃，11.5℃，−4.8℃，−4.7℃，−3.7℃，19.3℃，−4.8℃，−4.7℃，18.2℃，19.3℃)

3.4 房间的热围护结构总面积为 50 m^2：传热系数是 1.1 $W/(m^2 \cdot K)$ 的竖直窗占据了围护结构的 20 m^2，问题 3.3 中的三种墙型构成了剩余的面积。假设室外和室内温度为常数，分别为−5℃和 20℃，并且天然气的热值(每立方米气体燃烧过程中释放的热量)约为 33 MJ/m^3。试计算无保温与有保温墙房间采暖日耗气量。有保温时节省的百分比是多少？这个百分比取决于内部和外部温度吗？（6.6 m^3，1.9 m^3，72%，否）

3.5 厚度为 5.0 mm 的竖直空气层由发射率为 0.9 的表面所围合。若空气层的热阻是 0.11 $m^2 \cdot K/W$，试计算其对流表面传热系数和辐射表面传热系数。取平均温度为 275 K。（3.9 $W/(m^2 \cdot K)$，5.2 $W/(m^2 \cdot K)$）

3.6 对于一个发射率为 0.50 的表面，试计算其外表面热阻。外表面平均温度为 10℃，平均风速为 10 m/s。（0.021 $m^2 \cdot K/W$）

3.7 一竖直墙壁由以下结构构成：

- 厚度为 100 mm、导热系数为 0.76 $W/(m \cdot K)$的面砖层；
- 厚度为 50 mm、一面为铝箔的空气层；
- 厚度为 16 mm、导热系数为 0.35 $W/(m \cdot K)$的纤维水泥板层；
- 厚度为 150 mm、导热系数为 0.04 $W/(m \cdot K)$的矿棉层；
- 厚度为 15 mm、导热系数为 0.21 $W/(m \cdot K)$的石膏板层。

若空气层的对流表面传热系数为 1.25 $W/(m^2 \cdot K)$，两个表面的发射率分别为 0.90 和 0.05，空气层的平均温度为 0℃。试计算该墙体的传热系数、特征温度以及内表面的温度系数。假设室内温度为 21℃，室外温度为 −5℃。（0.206 $W/(m^2 \cdot K)$，−4.8℃，−4.1℃，−0.5℃，−0.2℃，19.9℃，20.3℃，0.97）

3.8 如图所示，竖直木框架结构底部有两排尺寸为 60 mm×60 mm、导热系数为 0.14 $W/(m \cdot K)$的垂直木梁，沿墙间隔 565 mm，垂直于墙间隔 40 mm。下部结构一侧用厚度为 25 mm、导热系数为 0.21 $W/(m \cdot K)$的石膏板封闭，另一侧是 16 mm 厚、导热系数 0.35 $W/(m \cdot K)$的纤维水泥板，并用厚度为 8 mm、导热系数为 0.50 $W/(m \cdot K)$的材料抹面。中间填充导热系数为 0.040 $W/(m \cdot K)$的矿棉。用简化计算法计算墙体总热阻的上限和下限和传热系数。（3.98 $m^2 \cdot K/W$，3.77 $m^2 \cdot K/W$，0.258 $W/(m^2 \cdot K)$）

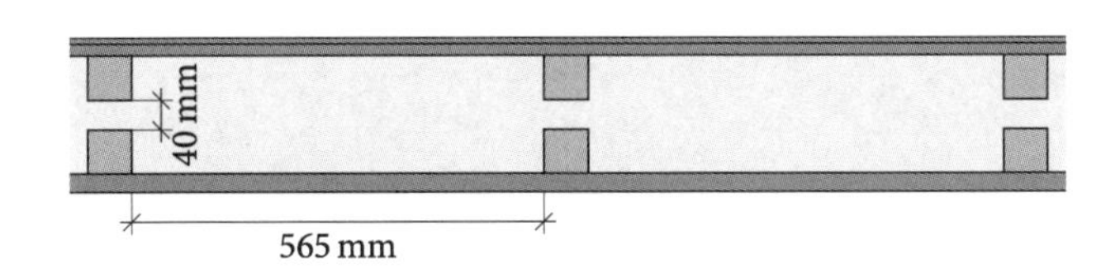

3.9 一扇窗户的尺寸是 150 cm×100 cm，其中窗框宽度为 10 cm，且传热系数为 1.4 $W/(m^2 \cdot K)$，玻璃的传热系数为 1.1 $W/(m^2 \cdot K)$，玻璃与窗框交接处的线性传热系数为 0.07 $W/(m \cdot K)$。试计算该窗户的传热系数。（1.39 $W/(m^2 \cdot K)$）

3.10 如图所示，一个高为 $h=2.5$ m 的房间有两个相互垂直的墙面，其中一面墙宽为 $a=4.0$ m，另一面宽为 $b=7.0$ m。较宽的墙面上有两扇窗户，宽 2.0 m，高 1.5 m。若墙的传热系数为 0.25 W/(m^2·K)，窗户的传热系数为 1.1 W/(m^2·K)，两墙之间的线性传热系数为−0.03 W/(m·K)，窗墙之间的线性传热系数为 0.05 W/(m·K)。试计算当室内外温度分别为 20℃和−10℃时，房间内所需的加热功率。(378 W)

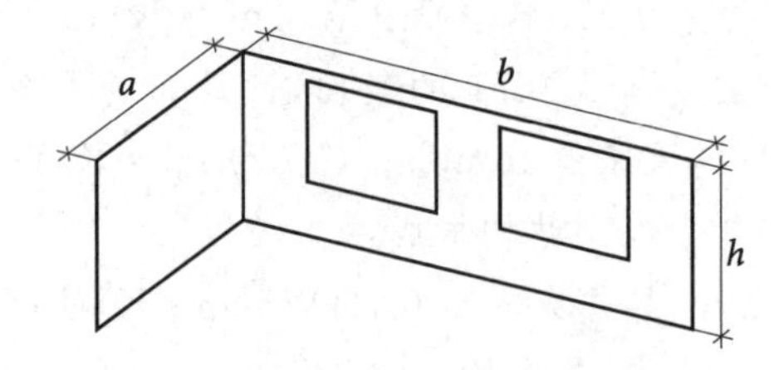

3.11 如图所示，一栋两层的长方体建筑，宽 a=10.0 m，深 b=8.0 m，高 h=6.0 m。该建筑具有一个水平屋顶，且直接建在地面上。建筑窗户的总面积为 30 m^2。若屋顶的传热系数为 0.25 W/(m^2·K)，竖直墙的传热系数为 0.21 W/(m^2·K)，窗户的传热系数为 1.10 W/(m^2·K)，竖直墙之间的线性传热系数为−0.05 W/(m·K)，屋顶与竖直墙之间的线性传热系数为0.20 W/(m·K)，其余热桥忽略不计。试计算直接换热系数。当室内外温度分别为 21℃和 5℃时，试计算直接热损失的热流率。(98.1 W/K，1 570 W)

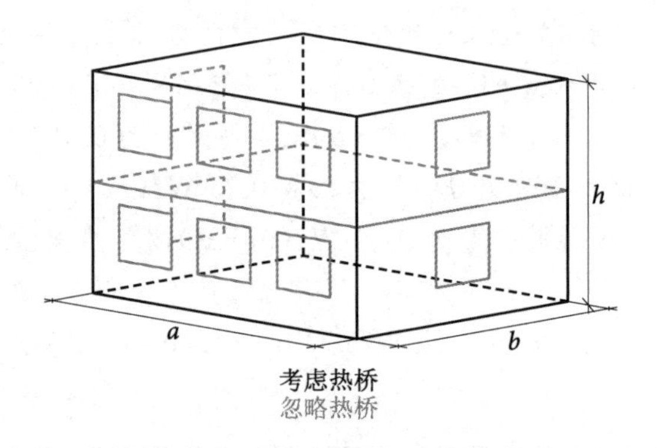

4　建筑构件中的湿传递

本章将首先列出建筑构件中湿度过高的原因，及其对建筑和建筑使用者产生的影响，然后再讨论描述含水量和监测水分迁移机制的方法。这对于研究建筑和周围环境之间传湿问题是必要的。基于既有知识，最后将给出预防建筑构件高湿的措施方案。

4.1　引言

作为生命之源的水一直存在于我们周围的环境中。然而，在某些情况下，它也会引起严重的问题。本章关注建筑构件湿度过高的情况。这种情况会带来以下五个问题：

1. 居住质量恶化。建筑构件湿度的升高及相应空气湿度的升高，会促进包含细菌和霉菌等微生物的生长，这对居住者的健康和建筑表面的美观都有负面影响。
2. 热阻降低。由于水具有较高的导热系数，它在建筑材料尤其是保温材料中的存在，可以显著提高材料整体导热系数。
3. 附加机械应力。材料特别容易受潮膨胀，特别是木材。不预先考虑的构件膨胀会造成额外的机械应力，并可能危及建筑物稳定性。
4. 盐分迁移。液态水可以溶解盐分，并携带盐分流经建筑构件。一些溶解的盐分是建筑材料固有的，而另一些则是由雨水或地下水从外界带来的。盐分在液体流动受到干扰或流动结束的地方发生沉积，其中最显著的影响因素是水分蒸发。表面的盐结晶称为风化，一般没有危害，但会留下污渍（通常为白色）。但是，如果盐在孔隙内或材料之间的边界上结晶，则会产生额外的机械应力，并使材料断裂，继而导致建筑构件开裂或覆盖层（灰泥、油漆）碎裂。
5. 材料腐烂。水分的存在会导致建筑材料的退化。对于钢筋混凝土，水分会导致钢筋氧化（腐蚀）并从混凝土中洗出钙（脱钙）。这些过程通常表现为表面上的锈迹和白斑（图 4.1）。另一方面，对于木材，水分会破坏材料的孔隙结构。以上影响会损害建筑构件的完整性。

为了描述水分积聚，我们将研究与之相关的四种物理机制，即

1. 冷凝现象；
2. 吸湿（吸附）作用；

图 4.1 钢筋混凝土腐蚀(锈迹)和脱钙(白色污渍和钟乳石)现象

3. 毛细作用;
4. 扩散现象。

建筑构件湿度过高是由多种明显和不明显的原因造成的(图 4.2):

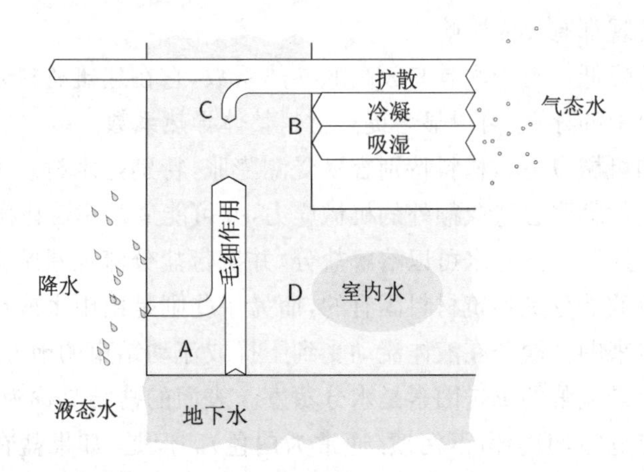

图 4.2 湿度过高的原因

1. 最明显的原因是由于与液态水接触,建筑构件被水分侵入。常见的情况包括:
   - 建筑物与潮湿地面接触;
   - 降水(雨、雪)落在建筑物上;
   - 设备(水、污水)和屋顶泄漏。

通过毛细作用,水分被吸收到材料内部,甚至克服地心引力向上迁移。

2. 另一个重要原因是由于与气态水接触,建筑构件表面发生水分沉积。导致水从空气迁移到建筑构件表面的物理机制包括：冷凝现象和吸湿（吸附）作用。注意，由于毛细作用，沉积在表面的水分可以进一步转移到材料中。

3. 由于与气态水接触，水分直接侵入建筑构件也是一个重要但不太明显的原因。通过扩散现象，水分被直接转移到建筑构件中，并通过冷凝作用沉积在那里。
4. 原始湿度是某些建筑施工工序的结果。混凝土和灰泥浇铸中的化学过程会产生多余的水，这些水分可能会在浇筑后存在数年。新鲜木材也含有大量的水。

本章将更详细地描述这些机制和原因。

在这一章中，我们将分析水分传递问题。在短时间内，水分的转移量实际上总是与时间成正比的，以分钟为单位传递的水分质量将是以秒为单位传递的水分质量的 60 倍。因此，将质量流量 q_m(kg/s)表示为传输的总质量与时间的比率是很方便的，见式(4.1)：

$$q_m = \frac{dm}{dt} \tag{4.1}$$

对于稳态的情况，即水蒸气质量流量与时间无关，可以使用非微分形式表示：

$$\boxed{q_m = \frac{m}{t}} \tag{4.2}$$

一般情况下，水蒸气质量流量与截面积成正比，水蒸气质量流量和流量密度 g[kg/(m² · s)]的关系可以表示为：

$$\boxed{q_m = Ag} \tag{4.3}$$

4.2 空气湿度

如前文所述，建筑构件中的水分与空气中的水蒸气密切相关。因此，本节首要关注的就是空气湿度问题。

首先来看液态水和气态水之间的平衡。正如在第 1.7 节中所指出的，在相图中，两相平衡是由一条将液态或固态水与气态水分离的线来表示的(图 1.11)。这条线对应的纵坐标称作该温度下的饱和蒸气压 p_{sat}。比如从图中可以读出以下两个平衡点数值：一个是 $\theta = 20$℃，$p_{sat} = 2.3$ kPa；另一个是 $\theta = 100$℃，$p_{sat} = 101.3$ kPa。

饱和状态下的水蒸气分压力是通过实验确定的，可以在表格中查找或用准经验公式计算。ISO 13788 规定了一些常用的方程，这些方程将在本书的其余部分使用：

$$p_{sat}=610.5\exp\left(\frac{17.269\theta}{237.3+\theta}\right),\ \theta\geqslant 0℃$$
$$p_{sat}=610.5\exp\left(\frac{21.875\theta}{265.5+\theta}\right),\ \theta< 0℃ \tag{4.4}$$

另一种形式为：

$$\theta=\frac{237.3\ln\left(\frac{p_{sat}}{610.5}\right)}{17.269-\ln\left(\frac{p_{sat}}{610.5}\right)},\ p_{sat}\geqslant 610.5\ \text{Pa}$$
$$\theta=\frac{265.5\ln\left(\frac{p_{sat}}{610.5}\right)}{21.875-\ln\left(\frac{p_{sat}}{610.5}\right)},\ p_{sat}< 610.5\ \text{Pa} \tag{4.5}$$

理解平衡很重要。因为变为水蒸气或从水蒸气变为凝聚态的水，这两种相变过程都发生在平衡点。人们非常熟悉蒸发过程，而要在标准大气压下煮沸锅中的水，必须将其加热到 100℃。另一方面，生活经验表明水在接近室温时也有可能发生冷凝。例如窗户玻璃上的水滴或植物上的露珠。液态水和气态水怎么在室温下处于平衡状态呢?

回答这个问题不仅要考虑水蒸气的分压，还要考虑整个空气的压力。前文已经指出，气体混合物的压力是其组分的分压之和。湿空气的压力可以写作：

$$p_{atm}=p(N_2)+p(O_2)+p(Ar)+\cdots+p(H_2O)=p_d+p \tag{4.6}$$

注意

我们通过将空气分成干空气和水蒸气来研究湿空气。

其中 $p_d=p(N_2)+p(O_2)+p(Ar)+\cdots$ 是干空气的分压力，$p=p(H_2O)$ 是水蒸气的分压力。

汽化有两种类型：

注意

汽化有两种，一种是可以在表面和内部发生的，叫沸腾，一种是只能发生在表面的，叫蒸发。

1. 对于温度为 100℃的水(图 4.3，左)，相变发生在杯中大部分液体水(气泡)中，产生的水蒸气置换了水面以上的所有空气。水蒸气的分压等于大气压 $p=101.3$ kPa，而干燥空气的分压为零 $p_d=0.0$ kPa。这个过程称作沸腾。
2. 对于室温下的水(图 4.3，右)，相变只发生在水面。在水面上方，所有空气成分都存在。水蒸气的分压 $p=2.3$ kPa 小于大气压，而干空气分压$p_d=99.0$ kPa 填补了水蒸气分压力与全大气压的差值。这个过程称作蒸发。

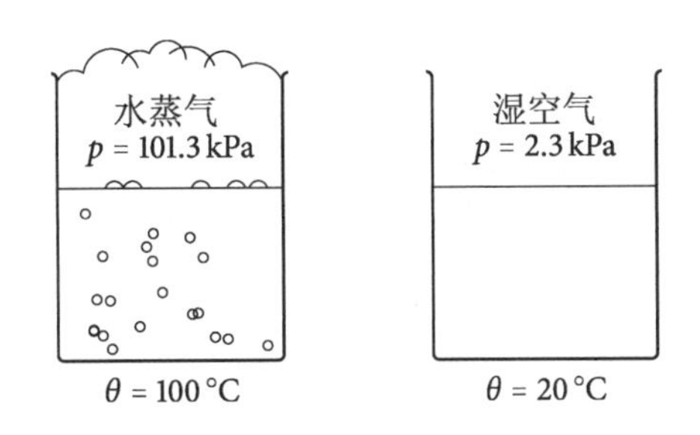

图 4.3 水在沸腾(左)和室温蒸发(右)时相应的水蒸气分压力。在这两种情况下,水蒸气的分压力均等于相应温度下的饱和水蒸气分压力。右图中,干空气的分压力不等于全大气压

图 4.4 水蒸气过剩的状态(左)和缺少水蒸气的状态(右)都倾向于建立平衡状态(中)。减少水蒸气量(冷凝)的过程非常迅速,系统会释放能量(热量)。增加水蒸气量(汽化)的过程是缓慢的,系统需要额外的能量

在这两种情况下,液态水和气态水均处于平衡状态。因为饱和度与水蒸气分压有关,而与湿空气的总压力无关。

自然界倾向于建立平衡状态,因此当水蒸气过剩时(图 4.4,左),就会发生冷凝。这个过程非常快,系统释放能量。所以通常我们不会遇到比饱和时更大的水蒸气分压。另一方面,当缺乏水蒸气时(图 4.4,右),就会发生汽化。这个过程是缓慢的,系统需要额外的能量。

因此,在实际情况下,水蒸气分压力的上限等于饱和状态下的水蒸气分压力。所以,可将二者的比率定义为相对湿度 φ,并用百分数表示。

> **注意**
> 水蒸气的饱和分压力实际上描述了空气容纳水蒸气的本领。

$$\varphi = \frac{p}{p_{sat}} \tag{4.7}$$

当 $\varphi = 100\%$ 时,认为空气是饱和的,水蒸气量达到空气的最大容量。当 $\varphi < 100\%$ 时,空气是不饱和的,可以接受更多的水蒸气。

图 4.5 给出了不同相对湿度下的水蒸气分压力。可通过增加水蒸气量,从而增加水蒸气分压力(虚箭头)来增加相对湿度。在这种情况下,空气的容量不会改变,但相对湿度会因水蒸气量的增加而增加。相对湿度也可以通过降低温度及水蒸气饱和分压力来增加(实箭头)。在这种情况下,水蒸气的量不会改变,而是由于空气容量的降低,导致相对湿度的增加。相反,通过降低水蒸气的量或提高温度,相对湿度会降低。

> **注意**
> 通过降温,实际上是降低了空气容纳水蒸气的能力,从而提高了相对湿度。

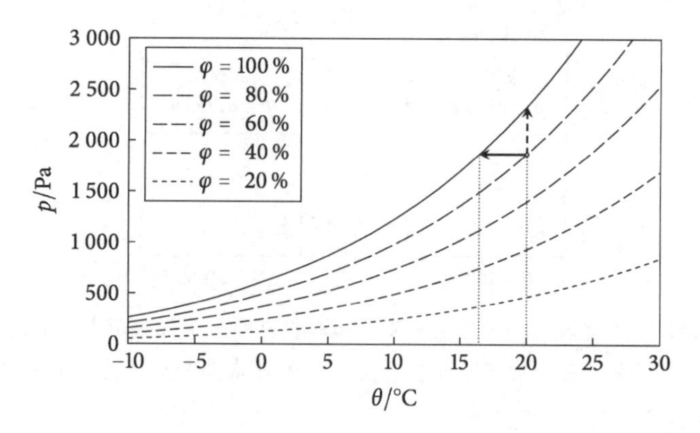

图 4.5 不同相对湿度下的水蒸气分压力。可通过增加水蒸气量从而增加水蒸气分压力(虚箭头)、降低温度及水蒸气饱和分压力(实箭头)或两者的组合来增加相对湿度。相反的过程适用于降低相对湿度

在诸如低温时人的呼气(图 4.6)或烟囱排气等常见情形中,可观察到由于温度和饱和水蒸气分压力降低而产生的冷凝效应。众所周知的飞机轨迹或某些"化学痕迹"也有同样的效果。由于燃料燃烧,飞机发动机排气中含有大量的二氧化碳和水蒸气。废气在高空迅速冷却,导致水凝结,出现冷凝水或蒸汽痕迹。

图 4.6 吸入的空气在肺部被加热和湿润。当这些温暖潮湿的空气被呼出到低温环境时,迅速冷却,饱和水蒸气分压力降低,相对湿度增加。这导致水蒸气趋向饱和并发生水分凝结,呈现为可见的水雾痕迹

空气冷却到饱和状态并发生冷凝的温度称为露点温度。露点温度可根据图 4.5 估算。假设空气温度为 20℃,相对湿度为 80%。如果靠近墙面的空气冷却到 16.5℃,空气就会饱和。如果温度进一步降低,$\varphi > \varphi_{sat}$,就会发生冷凝。为了防止水蒸气在墙壁上凝结,其表面温度应维持在较高水平。

表征水蒸气含量的另一个常见物理量是水蒸气质量 m 与气体体积 V 之比,即水蒸气质量浓度 v(kg/m^3):

$$v = \frac{m}{V} \tag{4.8}$$

这个量通常称为绝对湿度。在本书的其余部分，我们将使用标准规定的表达式。

利用理想气体状态方程，可以将水蒸气分压力 p 重新定义为：

$$v = \frac{p}{R_v T} \tag{4.9}$$

式中，水蒸气气体常数 R_v 是摩尔气体常数与水摩尔质量（$M_v = 0.018$ kg/mol）之比，见式（4.10）：

$$R_v = \frac{R}{M_v} = 461.5\ \text{J/(kg·K)} \tag{4.10}$$

表征水蒸气含量的第三个常见物理量是水蒸气质量 m 与干空气质量 m_d之比，见式（4.11）：

$$x = \frac{m}{m_d} \tag{4.11}$$

这个量通常称为含湿量。本书的其余部分将使用标准规定的缩写表达式，即含湿量 x。它没有单位，但通常以 g/kg 表示。

根据式（1.12）和式（4.6），可以将含湿量表示为水蒸气分压力 p 的函数，见下式：

$$x = \frac{M_v}{M_d}\frac{p}{p_d} = c\,\frac{p}{p_{atm} - p}$$

式中，$M_d = 0.029$ kg/mol 是干空气的摩尔质量，系数 c 等于：

$$c = \frac{M_v}{M_d} = 0.622$$

4.3 焓湿图

焓湿图是一个研究确定湿空气物理和热力学性质的工程方法。本书前文使用温度和水蒸气量来描述湿空气的性质。焓湿图关注的是湿空气的能量。我们用第 1.6 节中定义的焓来描述湿空气的能量。

类似于势能，焓的绝对值并不重要，我们关注的是焓的变化量，因此可以自由选择参考点。在焓湿图中，最方便的参考点对应于质量为 m 的液态水和质量为 m_d的干空气在温度 $\theta = 0$℃时的焓值。计算任意温度 θ 下湿空气的焓，首先需要使所有的水汽化，然后将水蒸气和干空气的温度提高到 θ［见式（1.28）、式（1.32）］，如下式：

$$H = mh_v + (mc + m_d c_d)\theta$$

在这个方程中，$h_v = 2.501 \times 10^6$ J/kg 是水在 0℃时的汽化比焓，$c =$ 1 926 J/(kg·K) 和 $c_d = 1\,005$ J/(kg·K) 分别是水蒸气和干空气的定压比热容。

在焓湿图中，我们更感兴趣的是比焓，即焓与质量的比值，对于干空气的比焓见式(4.12)：

$$h = \frac{H}{m_d} \tag{4.12}$$

对于湿空气，比焓等于：

$$h = xh_v + (xc + c_d)\theta$$

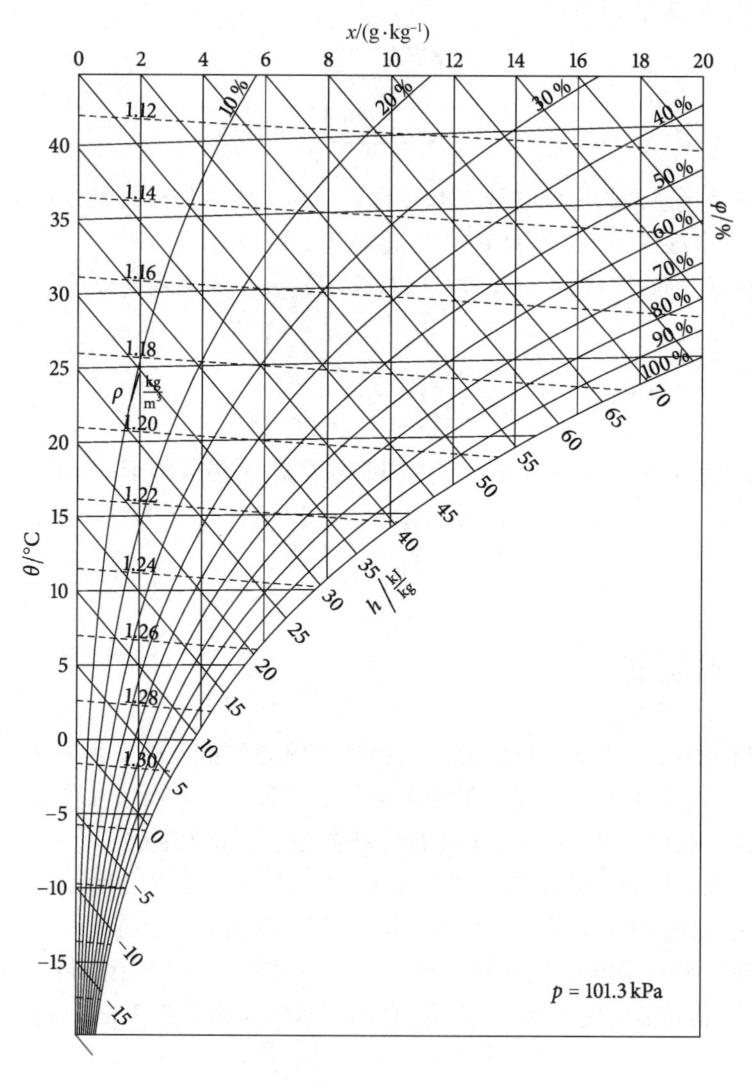

图 4.7 焓湿图(莫里尔图)

对于特定压力的湿空气(通常为标准大气压 1.013×10^5 Pa),所有必要的物理量都可以方便地显示在同一张焓湿图中。最常见的焓湿图是莫里尔图(见图 4.7)和 ASHRAE 的焓湿图。这两种图都包括比焓 h、含湿量 x、相对湿度和温度(干球温度)。为了方便起见,很多焓湿图,如图 4.7 所示,也包括空气密度 ρ。ASHRAE 焓湿图还包括湿球温度。湿球温度是空气在蒸发作用下冷却至饱和时的温度,该过程中所需潜热由空气提供。

焓湿图的用途:

- 当已知湿空气状态,也就是说最少知道焓湿图中两个物理量的值,可以很容易地查到其他物理量的值。
- 利用焓湿图可以方便地查看湿空气状态的变化情况。当湿空气经历各种工程工序时,焓湿图中除了干空气质量 m_d 外所有物理量都会发生改变。
- 对于不进行湿交换的工艺,含湿量 x 是恒定的;对于绝热过程,即湿空气不与环境进行热交换的过程,比焓 h 也是恒定的。
- 根据混合前两种湿空气状态,可以很容易地获得混合后湿空气的性质。

例 4.1 冷却湿空气

假设房间内含有质量 $m_a=50$ kg 的湿空气,其温度为 $\theta=25$℃,相对湿度 $RH=70\%$。

1. 查表得到湿空气的含湿量和比焓。在此基础上,计算干空气的质量、空气焓值和水蒸气质量。

2. 假设借助空调将空气冷却到 $\theta=10$℃。查表得到最终湿空气的相对湿度 RH,并计算该过程中湿空气焓值和水蒸气质量的改变量。

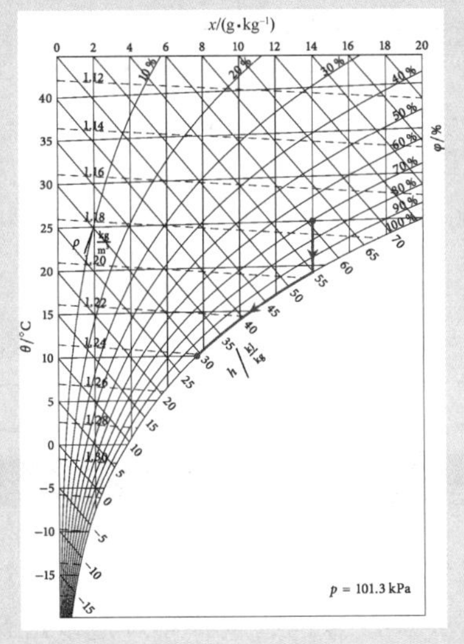

1. 湿空气的初始状态是 $\theta=25$℃ 与 $RH=70\%$ 两条线的交点。从焓湿图中可以读出含湿量 $x_1=14.0$ g/kg,比焓 $h_1=61$ kJ/kg。

湿空气的质量是干空气质量和水蒸气质量之和。结合式(4.11)可得干空气质量为：

$$m_a = m_d + m = m_d + x_1 m_d$$

$$\Rightarrow m_d = \frac{m_a}{1 + x_1} = 49.3\ \text{kg} \tag{4.13}$$

接下来，根据式(4.12)可得到焓值为：

$$H = h_1 m_d = 3.01\ \text{MJ}$$

然后，根据式(4.11)中可得水蒸气质量为：

$$m_1 = x_1 m_d = 0.69\ \text{kg}$$

2. 如前文所述，在湿空气冷却过程中，其中的干空气的质量保持不变。由于能量减少，湿空气整体焓也降低。此外，只要空气不达到饱和状态，其中水蒸气的量就保持不变。因此，根据式(4.11)可知，含湿量也是恒定的，所以首先沿着含湿量 x 线查找。

由于温度和饱和水蒸气分压力降低，相对湿度增加。当相对湿度为100%且空气饱和时，也即是达到露点温度，之后不能继续沿着含湿量 x 线前进了，否则会进入空气过饱和的区域。因此，转向沿着 $\varphi=100\%$(饱和)线前进。

空气的最终状态为 $\varphi_2=100\%$，$x_2=7.6$ g/kg 和 $h_2=29$ kJ/kg。

为了得到能量的变化量 Q，可以对最终焓和初始焓做减法：

$$Q = \Delta H = H_2 - H_1 = m_d h_2 - m_d h_1 = -1.58\ \text{MJ}$$

为了得到水蒸气的变化量，则可以对最终和初始的水蒸气质量做减法：

$$\Delta m = m_2 - m_1 = m_d x_2 - m_d x_1 = -0.32\ \text{kg}$$

例 4.2 蒸发加湿器

假设某房间内湿空气质量 $m_a=100$ kg，温度为 $\theta_1=25$℃，相对湿度为 $\varphi_1=30\%$。借助蒸发式加湿器绝热地将相对湿度增加到 $\varphi_2=60\%$。试计算空气的最终温度和蒸发进入空气中的水的质量。

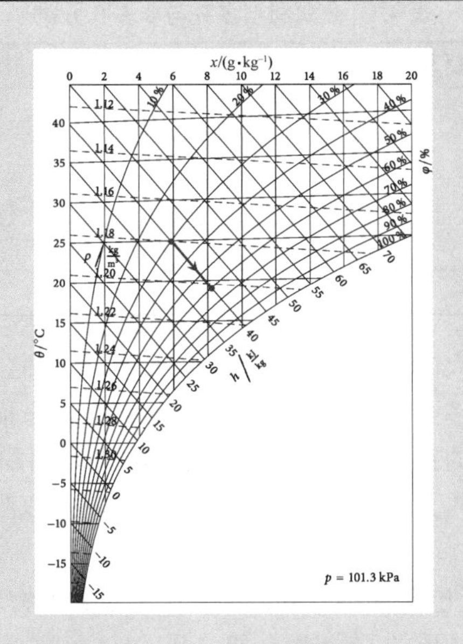

从莫里尔图可以看出,湿空气的初始状态为含湿量 $x_1=5.9$ g/kg,比焓 $h=40$ kJ/kg。蒸发加湿器的原理是通过产生小水滴来增加水蒸发面积,这种方式不给系统添加任何热量即可加速蒸发过程。可以看出该过程遵循比焓 h 线。

湿空气的最终状态位于比焓 $h=40$ kJ/kg 线和相对湿度 $\varphi=60\%$ 线的交叉点。此时,我们可以读出含湿量 $x_2=82$ g/kg 和温度 $\theta_2=18.5$℃。

首先计算干燥空气的质量[式(4.13)],如下所示:

$$m_d=\frac{m_a}{1+x_1}=99.4 \text{ kg}$$

湿空气最终和初始状态内水蒸气质量相减,即可得到蒸发进入空气中的水的质量:

$$\Delta m=m_2-m_1=m_d x_2-m_d x_1=0.23 \text{ kg}$$

蒸发过程中发生了什么呢?

没有能量被添加到系统中,能量只是在系统中重组(液态水和湿空气)。湿空气被冷却,释放出的能量被用来驱动液态水的蒸发过程。

4.4 建筑构件的湿度

大多数建筑材料是多孔的(表 4.1),这意味着材料内部含有空隙。

表 4.1 建筑材料多孔与非多孔分类

多孔材料	非多孔材料
混凝土	玻璃
石膏板	钢
砖	陶瓷
木材	聚氯乙烯(PVC)
保温材料	

尽管这些孔洞大多是肉眼看不见的微观孔洞,但它们的体积和表面积远不能忽略不计。多孔空间的数量通常用比表面积来描述,即样品的总孔隙表面积与总质量的比值。例如,石膏灰泥的比表面积约为 0.2 m^2/g,水泥浆体的比表面积约为 20 m^2/g。因此,建筑材料可以吸收、容纳和转移大量的水。

注意

由于多孔性,建筑材料可以吸收、容纳和转移大量的水。

材料湿分含量(包含水蒸气和液态水)可由多个物理量来描述。最常见的量是湿分与干物质的质量比 μ,如

$$\mu = \frac{m_w}{m_d} \tag{4.14}$$

式中,m_w是湿分的质量,m_d是干物质的质量。注意,它与湿空气的含湿量[见式(4.11)]不同。前者计算水蒸气和液态水的全部质量,而后者只计算水蒸气的质量。湿分与干物质的质量比 μ 通常称为含湿量。本书的其余部分使用缩写形式的标准表达式来表达。

含湿量可以很容易地测定。称重潮湿状态下的样品,得到湿样品总质量 m_{tot}。将样品放入烘箱中干燥,再次称重,得到干样品质量 m_d。含湿量计算如下:

$$\mu = \frac{m_{tot} - m_d}{m_d}$$

常用于表征低密度材料湿分含量的物理量是水的质量浓度 w (kg/m^3),见式(4.15):

$$w = \frac{m_w}{V} \tag{4.15}$$

式中,m_w是水的质量,V 是样品的体积。注意,它与水蒸气的质量浓度[见式(4.8)]的不同之处在于前者以水蒸气和液态水的全部质量计算,而后者只计算水蒸气的质量。

最后,材料湿分含量也用含水量体积比 ψ 表示,见式(4.16):

$$\psi = \frac{V_w}{V} \tag{4.16}$$

式中，V_w是水的体积，V 是样品的体积。请注意，水与干物质的质量比 μ 和含水量体积比 ψ 都是无量纲的。但对于相同含湿量的材料，二者数值不同。

如第 4.1 节所述，建筑材料湿分增加的机制有四种：冷凝、吸湿、毛细作用和扩散。我们已经详细阐述了冷凝，接下来的章节将仔细地研究其他三种机制。

4.4.1 多孔吸湿

冷凝是由于湿空气达到饱和从而有液态水析出的过程。而多孔吸湿过程能从不饱和即相对湿度 $\varphi<100\%$的空气中提取水。

吸湿性是一种物质从周围环境中吸收和保持水分子的能力。与前文描述的冷凝和汽化过程相比，吸湿性所涉及的物理过程有点不同，且更加复杂。吸湿的基础是极性水分子和材料极性分子之间的电磁相互作用。

注意

由于吸湿性，即使空气内水蒸气没有饱和，材料也会变湿。

从吸湿性的角度，材料一般可分为两大类：

吸湿性材料：该类材料在与湿空气接触时会受潮，这类材料的特征是孔隙率较大，即拥有较大的比表面积供水分子附着。常见的吸湿性建筑材料包括混凝土、石膏灰泥和木材。

非吸湿性材料：该类材料与湿空气接触时不会受潮。常见的非吸湿性建筑材料有玻璃、钢、砖*、隔热材料和聚氯乙烯(PVC)。

*** 译者注**

砖应该是吸湿性的。

多孔吸湿是吸着机制的结果。吸着是一种物质与另一种物质相结合的物理和化学过程。有两种特殊类型的吸着：

吸收是一种物质的离子和分子进入另一种物质内部并以不同状态与另一种物质结合(图 4.8，左)。

吸附是一种物质的离子和分子在另一种物质的表面并以不同状态与另一种物质黏附或结合(图 4.8，右)。

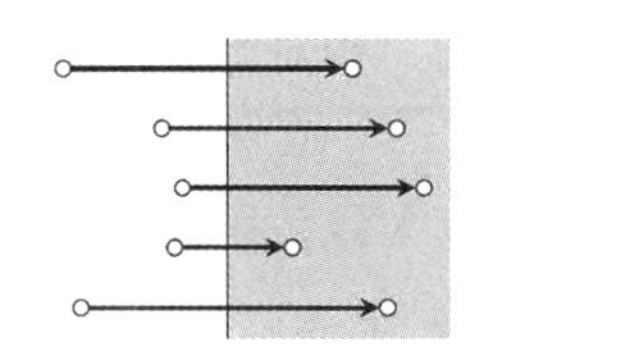
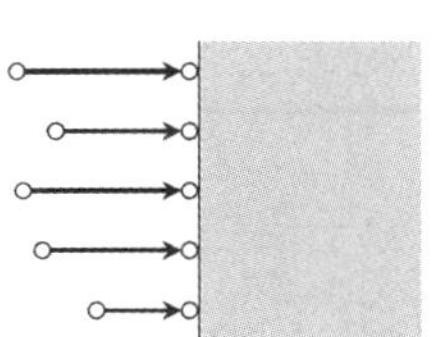

图 4.8 吸着类型。在吸收(左)中，一种物质的离子和分子进入另一种物质内部并以不同状态与另一种物质结合，在吸附(右)中，一种物质的离子和分子在另一种物质的表面并以不同状态与另一种物质黏附或结合

脱附* 是吸着的反向机制，即一种物质从另一种物质的表面或通过表面释放。

> *** 译者注**
> 作者此处用的是desorption，对应于sorption此处应翻译为解吸，但作者在等温吸附线里描述脱附过程时用的是desorption，因此此处将其翻译为脱附。

建筑材料含湿量由吸附和脱附共同调节的。事实证明，被吸附的水分子的量与空气的湿度密切相关。这种关系通常用等温吸附线来描述，也即含湿量或水分质量浓度与定温下相对湿度的关系(图 4.9)。

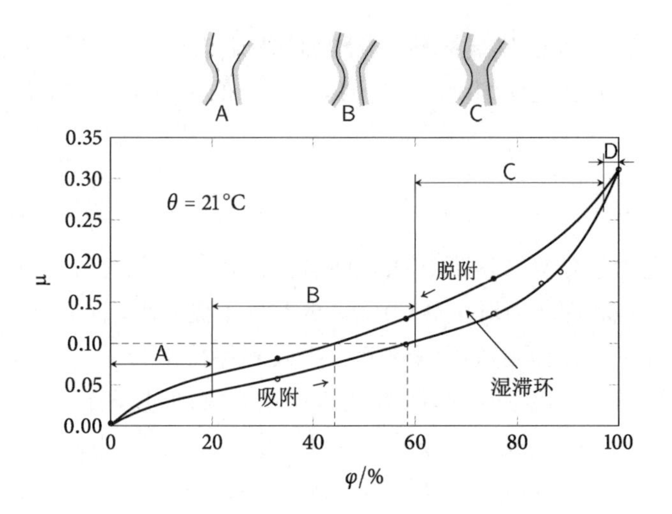

图 4.9 木材(糖枫)的等温吸附线。含湿量不仅取决于相对湿度，还取决于具体吸放湿过程，这种行为被称为湿滞回线。图中描述了四个基本吸湿阶段(从A 到 D)

如图 4.9 所示，在定温状态下，吸附或材料吸湿，与脱附或材料放湿过程是不可逆的。假设我们要达到含湿量 $\mu=0.1$。为了吸湿，将材料长时间置于相对湿度为 $\varphi=58\%$的空气中。另一方面，为了干燥，将材料长时间置于相对湿度为 $\varphi=45\%$的空气中。因此，系统的含湿量不仅取决于当前条件(相对湿度)，还取决于其变化过程，这种依赖关系称为湿滞回线。

如图 4.9 所示，有四种基本吸湿机制：

1. 材料中被吸附水分子形成单层结构。相对湿度大致范围是 $\varphi<20\%$。
2. 材料中被吸附的分子形成多层结构。相对湿度大致范围是 $60\%>\varphi>20\%$。
3. 被吸附的分子层层相连。相对湿度大致范围是 $97\%>\varphi>60\%$。
4. 孔隙中充满了水，毛细作用逐渐介入。相对湿度大致范围是 $\varphi>97\%$。

吸湿性也与建筑材料的盐(NaCl)害有关。盐具有很高的吸湿性，并能将额外的水引入混凝土的孔隙结构中。这一过程使孔隙结构中的膨胀空间变小，当混凝土冻结时，会在混凝土内部产生更大的压力。

最后，吸湿性不一定都是有害的。吸湿性材料可以通过吸附和脱附水分子来调节空气相对湿度。通过在高相对湿度时吸收水分，在低相对湿度时脱附水分，可以减轻相对湿度的波动。

4.4.2 毛细作用吸湿

毛细作用吸湿基于的是表面张力原理。液体倾向于形成最小面积的表面。从能量的角度来看，这种倾向很容易理解。一个分子与另一个相邻分子接触时，其能量状态要比单独存在时低。液体内部的分子具有最大数量的相邻分子和最小的能量，而界面处的分子缺少相邻分子，并具有较高的能量。为了使总能量最小化，液体倾向于减少边界分子的数量，从而使表面面积最小化。为了描述这种趋势，我们引入了与材料相关的物理量——表面张力 γ(N/m)。也就是说，增加表面所需的力取决于液体的性质，并且与表面边界的长度成正比。

表面张力有两个结果：

1. 附加压强 Δp(Pa)。在没有重力的情况下，液体会形成一个完美的球形液滴，它具有最小的表面积。虽然没有重力，但分子之间仍然存在引力。由于对称性的原因，内部分子上的合力为零，而表面分子上的净能量是非零的。这导致了表面上下的压强差。可以看出，对于半径为 r 的球面，该压强差等于(图 4.10，左)：

$$\Delta p = p_{\text{in}} - p_{\text{out}} = \frac{2\gamma}{r} \tag{4.17}$$

其中 p_{in}是液体内部的压强，p_{out}是液体外部的压强。

2. 接触角 θ。由于对空气和各种固体材料的表面张力不同，液体倾向于增加朝向一种物质的表面，而牺牲朝向另一种物质的表面，这就产生了接触角，它被定义为空气-液体表面和固体-液体表面之间的角度(图 4.10，右)。

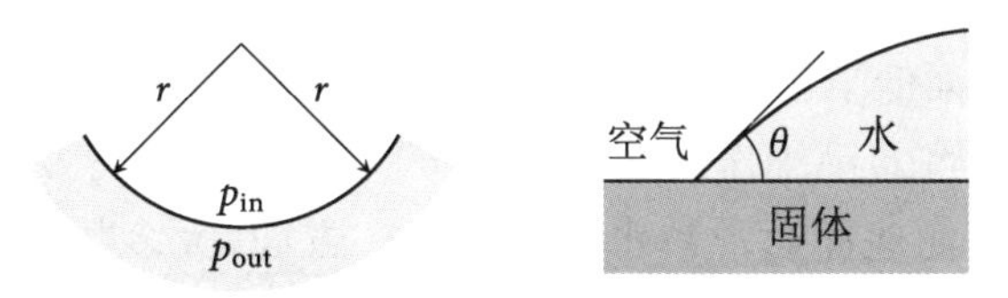

图 4.10 球形液体内外的压力(左)和接触角(右)

根据接触角的不同，我们将材料分为两类：

1. 疏水性材料：排斥水，接触角为 $\theta > 90°$。
2. 亲水性材料：吸引水，其接触角为 $\theta < 90°$。

请注意，玻璃同时是非吸湿性和亲水性的，其接触角约为 27°。

如果将毛细管(小直径管)浸入液体中,会发生什么情况(图 4.11)? 毛细管内液体的表面将形成近乎完美的球形。由于球面以下和上方的压力不同,毛细管中的液体液面将超出或低于槽中液体的液面。根据初等几何,我们很容易得出毛细管半径 r_c 与球面半径 r 的关系:

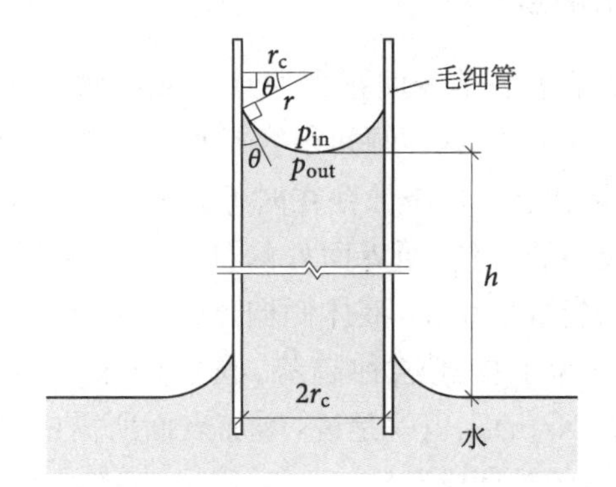

图 4.11　浸入水中的玻璃毛细管的毛细作用($\theta<90°$)。对于较小的毛细管半径,毛细管内的水面几乎形成完美的球形。由于压力差,毛细管内的液面上升到槽中液面之上

$$r_c = r\cos\theta$$

$$\Rightarrow p_{in} - p_{out} = \Delta p = \frac{2\gamma\cos\theta}{r_c}$$

注意到 $p_{in} = p_{atm}$,并使用众所周知的流体静力学表达式 $p_{atm} = p_{out} + \rho g h$,得到

$$h = \frac{2\gamma\cos\theta}{\rho g r_c} \tag{4.18}$$

其中 ρ 是液体的密度。可以发现,管中液面高度的变化与毛细管半径成反比。

对于亲水性材料($\theta<90°$),水面上升到槽中液面以上,而对于疏水性材料($\theta>90°$),水面低于槽中的液面。

在土木工程中,毛细作用通常被视作一种增湿机制。建筑物的底部与地面直接接触,而地面通常被水浸泡。另一方面,大多数建筑材料都是亲水的,孔隙率较高。这些孔隙通过毛细结构相互连接。如果我们让地下水进入毛细结构,由于毛细效应,它将高出地面(图 4.12),然后,水从建筑构件中蒸发,在这个过程中析出溶解的盐。蒸发的水被地表水代替,形成了连续向上的毛细水流。

通过观察立面,可以很容易地确定是否存在毛细效应和上升的湿流(图 4.13)。墙壁受潮至地面以上某个特定的高度,出现永久性污渍(风化),立面灰泥和/或油漆部分或全部脱落,这都表明存在毛细效应和上升的湿

流。由于以下两个原因，靠近湿度边界的区域受损最大。首先，蒸发和盐结晶两个过程在那里最强烈，所以这个区域通常也被称为蒸发区。此外，由于气象条件和蒸发率的变化，水汽边界的高度也会发生变化，因此这一区域经历了一系列的干湿循环，而这两个过程都会对材料施加额外的内应力。

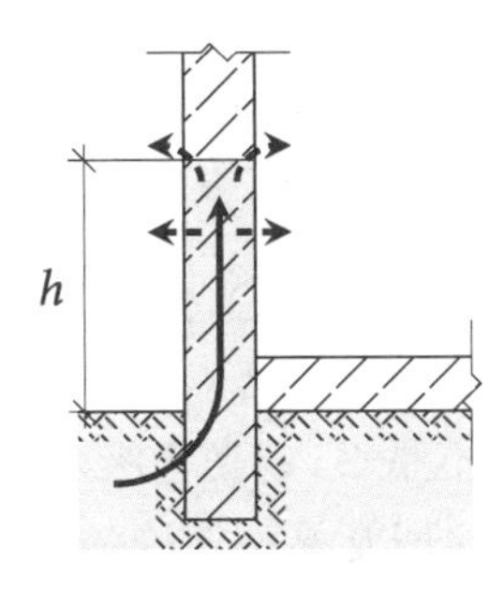

图 4.12 阐释上升湿流的建筑细部图。地面水分进入多孔建筑构件，通过毛细作用向上到达地表以上高度 h（实线箭头）。水分不断地从建筑构件中蒸发（虚线箭头），但同时也被地下水补充，从而形成一个持续向上的毛细水流

图 4.13 由于湿度上升而造成的高出地面以上部分立面损坏。请注意，最大的损坏发生在靠近水汽边界的地方，通常称为蒸发区（见彩插）

我们可以粗略地估计地面以上的水位高度 h。液态水在室温下的表面张力 $\gamma=0.073$ N/m，密度 $\rho=1\ 000$ kg/m^3，对于大多数建材，水的接触角为$\theta\approx0$。因此，估算出 $r_c=1$ mm 时 $h=14.6$ mm，$r_c=0.1$ mm 时 $h=146$ mm，$r_c=0.01$ mm 时 $h=1\ 460$ mm。

由于毛细管直径和毛细管方向的变化，毛细作用的精确计算其实非常复杂。最有用的表达式之一是经验公式 Washburn 方程，它指出被样品吸附的液体体积 V 是时间 t 的方程：

$$V=AS\sqrt{t} \tag{4.19}$$

式中，A 为底部湿润的样品的水平横截面积，S($m/S^{1/2}$)为吸水率。如果将孔隙率 $f=V/V_0$ 设为孔隙体积与样品体积之比，并注意到样品浸湿部分的体积等于 $V_0=Ah$，可以证明吸湿高度等于：

$$h=\frac{S}{f}\sqrt{t} \tag{4.20}$$

一些研究者将 S/f，而不是 S，定义为吸水率。在这个简化模型中，我们假设水完全填满空隙，但这通常是不正确的。

最后，还可以使用式(4.3)和式(4.1)计算样品吸收的水流率：

$$g=\frac{q_m}{A}=\frac{1}{A}\frac{\mathrm{d}m}{\mathrm{d}t}=\frac{\rho}{A}\frac{\mathrm{d}V}{\mathrm{d}t}=\frac{\rho S}{2\sqrt{t}} \tag{4.21}$$

另一个重要问题是毛细管冷凝。由于毛细管中的球形水面增加了水蒸气分压力，因此可能在水蒸气分压力低于饱和水蒸气分压时发生冷凝。这一过程可用开尔文方程描述：

$$\ln\varphi'=\frac{\Delta p}{\rho R_v T} \tag{4.22}$$

式中，φ' 是出现冷凝的相对湿度，Δp 是附加压强，ρ 是液态水的密度，R_v[式(4.10)]是水蒸气的气体常数，T 是温度。考虑到附加压强的表达式[式(4.17)]，对于出现冷凝的相对湿度，可以得到：

$$\varphi'=\exp\left(-\frac{2\gamma}{\rho R_v T r}\right)\approx\exp\left(-\frac{2\gamma}{\rho R_v T r_c}\right) \tag{4.23}$$

对于混凝土，毛细半径可小至 $r_c\approx 1\times 10^{-8}$ m，从而导致 $\varphi'\approx 90\%$时发生冷凝。

请注意，由毛细作用驱动的水传输模型将在第 4.6.2 小节中讨论。

4.5 水蒸气扩散

在前面的章节中，我们已经了解到建筑材料的多孔性使液态水得以转移，其基本过程是毛细作用。而多孔性也有助于水蒸气的转移，正如将在本节中看到的，其基本过程是水蒸气扩散。

一般来说，扩散是任何物质从高浓度区到低浓度区的净运动，如图4.14

所示。因此,水蒸气扩散是水蒸气分子从较高质量浓度的水蒸气区域向较低质量浓度区域的净运动。为了研究这个过程,我们必须知道水蒸气的含量。水蒸气含量可以用水蒸气本身的质量浓度或水蒸气分压力来描述。

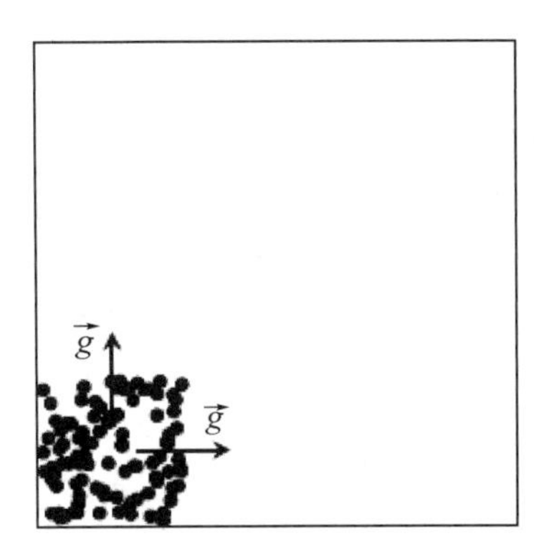

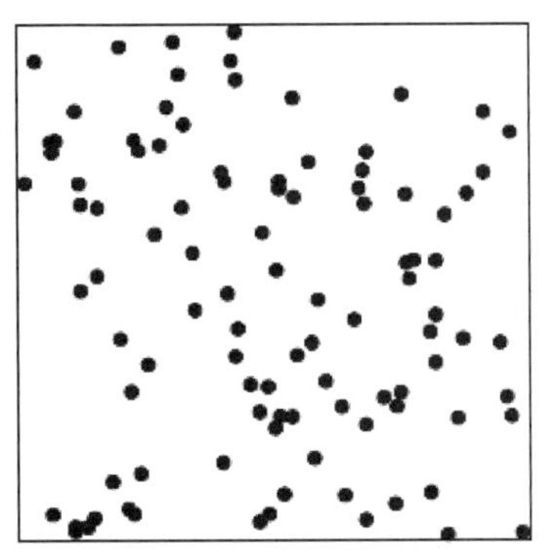

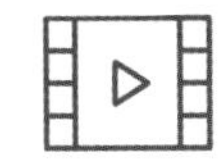

图 4.14 黑色物质颗粒在白色流体(不可见)内的扩散模型。所有黑色物质位于容器的一小部分,其浓度较高,而其他地方的浓度为零(左)。黑色粒子从高浓度区到低浓度区出现净运动。经过较长时间后,黑色物质的浓度在整个容器内达到平衡(右)

4.5.1 菲克第一定律

我们首先来研究稳态扩散。稳态意味着水蒸气含量随空间位置变化,但不随时间变化。

观察通过一块板材的水蒸气传递。板材两侧具有不同的水蒸气质量浓度:较高的 v_h 和较低的 v_l(图 4.15)。板材横截面积为 A,厚度为 d。

> **注意**
> 如果空间中湿度分布不均匀,那么水蒸气会从浓度较高的地方转移到较低的地方。

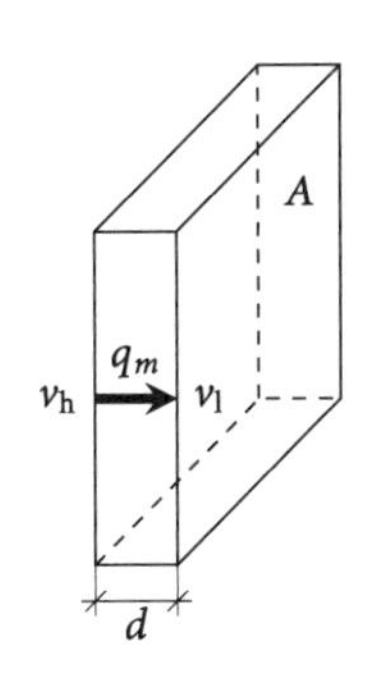

图 4.15 水蒸气通过固体平板的扩散过程。平板内侧和外侧具有不同含湿量的水蒸气,$v_h > v_l$。平板的横截面积为 A,厚度为 d

实验证明,水蒸气质量流率始终:

- 与横截面积 A 成正比;
- 与厚度 d 成反比;
- 与水蒸气质量浓度差 $\Delta v = v_h - v_l$ 成正比。

我们可以将这些陈述合并成一个表达式：

$$q_m = D\frac{A\Delta v}{d} \tag{4.24}$$

这就是菲克第一定律。其中比例系数 D(m^2/s)称为水蒸气扩散系数。注意，传质的逻辑以及刚刚建立的定律与热传递的逻辑和傅立叶定律(Fourier's Law)[见式(2.5)]相似。

质量流量也取决于平板的材料。因此，水蒸气扩散系数取决于平板材料，该系数需通过实验测定。

根据式(4.3)，菲克第一定律转化为：

$$g = D\frac{\Delta v}{d} \tag{4.25}$$

与导热系数 λ 不同，水蒸气扩散系数 D 与温度的关系不容忽视。例如，最重要的一个水蒸气扩散系数，即滞流空气水蒸气扩散系数 D_0，可以用 Schirmer 方程求取近似值：

$$D_0 = 2.31\times 10^{-5}\frac{p_{\mathrm{atm}}}{p}\left(\frac{T}{273.15}\right)^{1.81} \tag{4.26}$$

其中 p 是大气压。

为了消除对温度的依赖性，可以将滞流空气水蒸气扩散系数作为基准当量来描述材料的水蒸气扩散系数。具体做法是通过将与温度无关的水蒸气阻力系数 μ 定义为滞流空气水蒸气扩散系数 D_0 和其他材料水蒸气扩散系数 D 之比来计算：

$$\mu = \frac{D_0}{D} \geqslant 1 \tag{4.27}$$

由于滞流空气水蒸气扩散系数是水蒸气扩散系数中最大的，所以水蒸气阻力系数 μ 总是大于等于 1。利用该定义将菲克第一定律转化为：

$$g = D_0\frac{\Delta v}{\mu d} \tag{4.28}$$

水蒸气阻力系数取决于材料本身，必须通过实验确定。一些典型建筑材料的水蒸气阻力系数数值见表 A.3。

隔汽层是阻挡水蒸气迁移的构件。请注意，良好的隔汽层材料具有较大的水蒸气阻力系数，通常情况下可用聚乙烯板和铝箔来达到这一目的。

注意

良好的隔汽层材料具有较大的水蒸气阻力系数。

通常，建筑构造层用水蒸气扩散等效空气层厚度 s_d(m)来表征，即材料水蒸气阻力系数与构造层厚度的乘积：

$$s_d = \mu d \tag{4.29}$$

顾名思义，厚度为 s_d 的滞流空气层与厚度为 d、水蒸气阻力系数为 μ 的材料具有相同的水蒸气阻力。

水蒸气分压力形式的菲克第一定律

最后，可以用水蒸气分压力形式的菲克第一定律来计算水蒸气流量密度。根据式(4.9)可以得到：

$$g = \delta_0 \frac{\Delta p}{\mu d} \tag{4.30}$$

其中，

$$\delta_0 = \frac{D_0}{R_v T} \approx 2 \times 10^{-10} \text{ kg/(m·s·Pa)} \tag{4.31}$$

δ_0 是与水蒸气分压力相关的水蒸气渗透系数。由于该值不会随温度发生显著变化(滞流空气的水蒸气扩散系数 D_0 和温度 T 同时增加)，ISO 13788 标准规定使用上述近似值。

注意

用水蒸气分压来研究水蒸气的扩散更方便。

4.5.2 对流传质

在第 2.3.1 小节，我们曾讨论过在稳态传热情况下，只有靠近室外建筑构件表面处存在温度梯度。水蒸气浓度变化的情况也是类似的。

由于空气的对流运动，一个环境(如房间)内的水蒸气质量浓度和水蒸气分压力处处相等。然而，环境中的水蒸气质量浓度和水蒸气分压力与建筑构件表面处的不同。在稳定的水蒸气传递情况下，对流只在建筑物构件表面及其邻近环境之间传递水蒸气。可以用一个类似于牛顿冷却定律式(2.29)、式(2.30)的定律来描述这种转移：

$$q_m = A h_m (v_s - v_0)$$
$$g = h_m (v_s - v_0)$$

其中 A 为表面积，v_0 和 v_s 分别为环境和墙体表面的水蒸气质量浓度。常数 h_m(m/s)是表面传质系数，外表面 h_{me} 和内表面 h_{mi} 通常不同。将该方程与式 4.28 和式 4.29 进行比较，可以将表面等效空气层厚度定义为：

$$s_{d,se} = \frac{D_0}{h_{me}}, \quad s_{d,si} = \frac{D_0}{h_{mi}}$$

根据 ISO 13788，对于实际工程情况，外表面和内表面等效空气层厚度与建筑构件倾斜度无关，我们假定：

$$s_{d,se} = s_{d,si} = 0.01 \text{ m} \tag{4.32}$$

标准 EN 15026 规定了土木工程中更精确的表面等效空气层厚度。其值如表 4.2 所示。在外表面，空气层厚度可以使用下面表达式计算：

$$\frac{1}{67+90v}$$

式中，v(m/s)是与表面相邻的风速。

表 4.2 土木工程中的表面等效空气层厚度

s_d/m	水蒸气流动方向		
	向上	水平	向下
内表面，$s_{d,\,si}$	0.004	0.008	0.03
外表面，$s_{d,\,se}$	$\frac{1}{67+90v}$	$\frac{1}{67+90v}$	$\frac{1}{67+90v}$

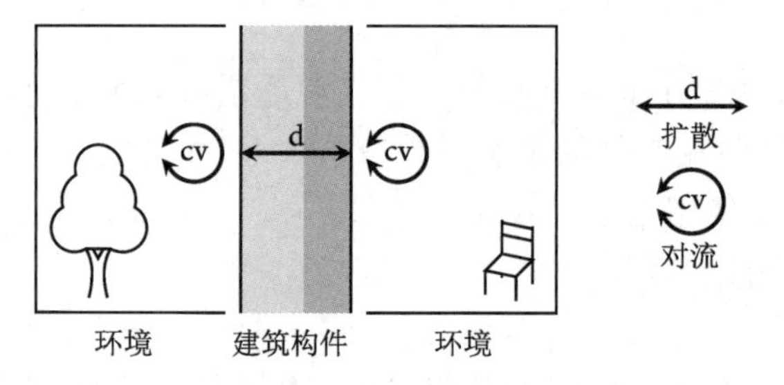

图 4.16 通过建筑构件(实心墙)的水蒸气传输示意图。两种环境通过扩散和对流来交换水蒸气

4.5.3 水蒸气通过建筑构件的扩散

对于多层构造中的稳态传湿(通过所有层的水蒸气流量密度 g 是恒定的)，等效空气层厚度是各层的总和：

$$s_{d,\,eq}=\sum_i s_{d,\,i} \tag{4.33}$$

我们还必须考虑水蒸气从建筑构件表面向环境的转移，如图 4.16 所示。根据与传热(第 3.2 节)的类比，建筑构件的等效空气层厚度或等效空气层总厚度为：

注意

水蒸气在建筑构件中的传递包含扩散和对流两个过程，其中对流可以忽略不计。

$$s_{d,\,T}=s_{d,\,se}+\sum_i \mu_i d_i+s_{d,\,si} \tag{4.34}$$

如例 4.4 所示，在大多数实际工程中，与材料等效空气层厚度相比，表面等效空气层厚度非常小。事实上,它们太小了,甚至在图 4.18 中看不到。因此,墙表面和环境中的水蒸气分压力实际上是相同的 $p_i \approx p_{si}$, $p_e \approx p_{se}$。因此,标准 ISO 13788 中的计算严格假设:

$$s_{d,se} = s_{d,si} = 0$$

$$p_i = p_{si}$$

$$p_e = p_{se}$$

考虑到这一点,式(4.34)简化为:

$$s_{d,T} = \sum_i \mu_i d_i \tag{4.35}$$

内表面温度系数

材料表面附近的水蒸气分压力没有(显著)变化,这与同一区域的显著温度变化形成鲜明对比:$\theta_e \neq \theta_{se}$ 和 $\theta_{si} \neq \theta_{se}$。在冬季月份,$\theta_i \neq \theta_{si}$,这导致表面相对湿度增加(图 4.5,实线箭头)。为了研究这个问题,我们将内表面相对湿度 φ_i 与内表面温度 θ_{si}、室内相对湿度 φ_i 和室内空气温度 θ_i[式(4.7)]联系起来,使用以下公式:

注意

当内表面温度低于室内温度时,内表面处的相对湿度会更大,因为水蒸气分压处处相同。

$$p_i = p_{si}$$

$$p_{sat}(\theta_i)\varphi_i = p_{sat}(\theta_{si})\varphi_{si} \tag{4.36}$$

注意,为了确定内表面温度 θ_{si},第 3.1.2 小节中的计算方法适用于确定均质建筑构件或热桥内表面温度系数 f_{Rsi}(式 3.8)。

这样可以计算内表面相对湿度 φ_{si},首先计算内表面温度 θ_{si},然后使用以下表达式:

$$\varphi_{si} = \frac{p_{sat}(\theta_i)}{p_{sat}(\theta_{si})}\varphi_i$$

通常情况下,程序是相反的:给出了最大允许内表面相对湿度 φ_{si},然后计算最小的内表面温度系数 f_{Rsi}。首先,使用表达式:

$$p_{sat}(\theta_{si}) = \frac{\varphi_i}{\varphi_{si}} p_{sat}(\theta_i)$$

然后通过表达式(4.5)计算最小内表面温度 θ_{si},使用表达式(3.8)计算内表面温度系数。

热桥的两种计算程序如下所示:

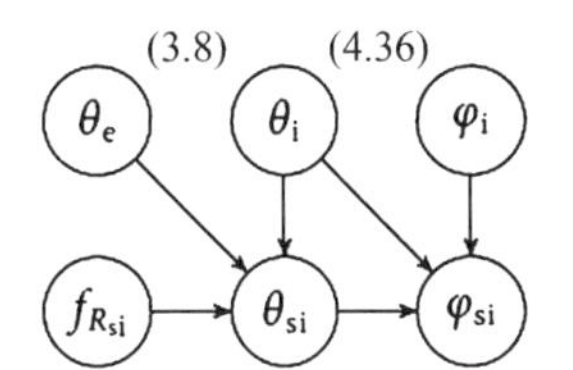

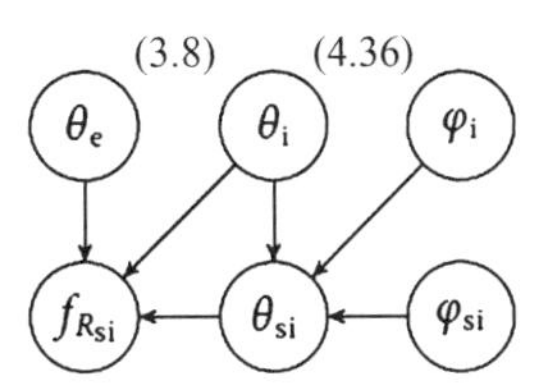

建筑构件的设计必须确保 f_{Rsi} 足够大，以避免表面湿度过大，这对于热桥尤其重要，正如已经在第 3.2.2 小节中指出的那样，热桥的 f_{Rsi} 计算与线性传热系数 ψ 和点传热系数 χ 一样重要。

4.5.4 特征水蒸气分压力的确定

如果建筑构件仅由多孔材料组成，则水蒸气在内外环境之间的传质是可能的。这种传递有积极和消极的两种后果：积极的后果是调节室内水蒸气的质量浓度，而消极后果，如我们稍后将了解到的，是建筑构件内可能发生冷凝。

例 4.3 水蒸气通过墙的扩散

面积 $A=25\ \mathrm{m}^2$ 的外墙由厚度 $d=20\ \mathrm{cm}$、水蒸气阻力系数 $\mu=50$ 的木材组成。室内温度为 $\theta_i=21℃$，室外温度为 $\theta_e=4℃$，室内相对湿度 $\varphi_i=65\%$，室外相对湿度 $\varphi_e=80\%$。试计算水蒸气在室外和室内环境中的质量浓度以及室内外环境之间的质量流量。

首先使用式(4.7)和式(4.4)计算室内和室外水蒸气分压力：

$$p_i=\varphi_i p_{sat}(\theta_i)=65\%\times 2\,486\ \mathrm{Pa}=1\,616\ \mathrm{Pa}$$

$$p_e=\varphi_e p_{sat}(\theta_e)=80\%\times 813\ \mathrm{Pa}=650\ \mathrm{Pa}$$

注意，尽管室内相对湿度小于室外相对湿度，但室内水蒸气分压力大于室外水蒸气分压力。因为室内的气温和饱和水蒸气分压力更大。

接下来，使用式(4.9)计算室内外水蒸气质量浓度：

$$v_i=\frac{p_i}{R_v T_i}=11.89\ \mathrm{g/m^3}$$

$$v_e=\frac{p_e}{R_v T_e}=5.08\ \mathrm{g/m^3}$$

由于水蒸气的室内质量浓度大于室外质量浓度，水蒸气的扩散将由内向外。为了获得质量流率，必须首先计算总等效空气层厚度：

$$s_{d,T}=s_{d,se}+\mu d+s_{d,si}=10.02\ \mathrm{m}$$

最后，对整个建筑构件并使用式(4.3)得到质量流率：

$$q_m=Ag=\delta_0 A\frac{p_i-p_e}{s_{d,T}}$$

$$=1.93\times 10^{-4}\frac{g}{s}=16.4\ \mathrm{g/d}$$

结果显示，输送的水蒸气的量通常很小。

建筑构件的总等效空气层厚度仅取决于构件层的厚度和水蒸气阻力系数。最重要的是，它与环境水汽压力无关，非常方便。

然而，通常有必要找出特征水蒸气分压力。除了室内环境的水蒸气分压力 p_i 和室外环境的 p_e 外，我们对墙内表面水蒸气分压力 p_{si}、墙外表面水蒸气分压力 p_{se} 和界面处水蒸气分压力（两层边界处的水蒸气分压力）p' 感兴趣。这些水蒸气分压力取决于室外和室内的水蒸气分压力。这里我们将介绍两种确定水蒸气分压力的方法：计算法和图解法。

计算法

利用室内外环境水蒸气分压力和墙体总等效空气层厚度，可以计算水蒸气流量密度：

$$g=\delta_0\frac{p_i-p_e}{s_{d,T}} \tag{4.37}$$

另一方面，可以使用式(4.30)得到每层边界上的水蒸气分压力之间的关系，其中 p_h 表示较高的水蒸气分压力，p_l 表示较低的水蒸气分压力：

$$g=\delta_0\frac{p_h-p_l}{\mu d}=\delta_0\frac{p_h-p_l}{s_d} \tag{4.38}$$

这个方程也适用于墙两侧的空气层。从室内或室外的水蒸气分压力出发，可以依次计算出所有的特征水蒸气分压力。

例 4.4 特征水蒸气分压力的计算

计算建筑构件的典型水蒸气分压力，该构件由以下各层组成（与例3.1相同）：

层数	d/m	λ/[W·(m·K)$^{-1}$]	μ
墙体层 1(外墙板)	0.02	1.5	50
墙体层 2(EPS)	0.05	0.039	60
墙体层 3(混凝土)	0.15	1	120
墙体层 4(砂浆)	0.02	0.56	25

室内空气温度为 $\theta_i=20℃$，室外空气温度为 $\theta_e=-5℃$，室内相对湿度为 $\varphi_i=40\%$，室外相对湿度为 $\varphi_e=80\%$。考虑表面等效空气层厚度。

首先使用式 4.7 和式 4.4 计算室内和室外水蒸气分压力：

$$p_e=\varphi_e p_{sat}(\theta_e)=320.9\ \text{Pa}$$
$$p_i=\varphi_i p_{sat}(\theta_i)=934.8\ \text{Pa}$$

接下来，根据式(4.34)计算总等效层厚度为：

$$s_{d,T}=s_{d,se}+\sum_i \mu_i d_i+s_{d,si}=22.52\ \mathrm{m}$$

水蒸气流量密度为：

$$g=\delta_0\frac{p_i-p_e}{s_{d,T}}=5.45\times10^{-9}\ \mathrm{kg/(m^2\cdot s)}$$

整个建筑构件的水蒸气流量密度是恒定的。如图 4.17 所示，我们必须找出五个特征水蒸气分压力。让我们从室外开始，将式(4.38)室外空气层写为：

$$g=\delta_0\frac{p_{se}-p_e}{s_{d,se}}\Rightarrow p_{se}=p_e+s_{d,se}\frac{g}{\delta_0}=321.2\ \mathrm{Pa}$$

接下来，根据式 4.38 计算实心墙各层处的分压：

$$g=\delta_0\frac{p'_1-p_{se}}{\mu_1 d_1}\Rightarrow p'_1=p_{se}+\mu_1 d_1\frac{g}{\delta_0}=348.5\ \mathrm{Pa}$$
$$g=\delta_0\frac{p'_2-p'_1}{\mu_2 d_2}\Rightarrow p'_2=p'_1+\mu_2 d_2\frac{g}{\delta_0}=430.2\ \mathrm{Pa}$$
$$g=\delta_0\frac{p'_3-p'_2}{\mu_3 d_3}\Rightarrow p'_3=p'_2+\mu_3 d_3\frac{g}{\delta_0}=920.9\ \mathrm{Pa}$$
$$g=\delta_0\frac{p'_{si}-p'_3}{\mu_4 d_4}\Rightarrow p_{si}=p'_3+\mu_4 d_4\frac{g}{\delta_0}=934.5\ \mathrm{Pa}$$

出于验证的目的，可以计算室内分压：

$$g=\delta_0\frac{p_i-p_e}{s_{d,si}}\Rightarrow p_i=p_{si}+s_{d,si}\frac{g}{\delta_0}=934.8\ \mathrm{Pa}$$

如果先前的计算足够精确，应该得到与问题最初指定的相同的室内水蒸气分压力。

特征水蒸气分压力的计算也可以从室内开始。

从层边缘的水蒸气分压力开始，通过表达式(4.38)也可确定层内的水蒸气分压力。

注意，如例 4.4 中所述，式(4.37)和多个表达式(4.38)可以组合起来，给出每个特征水蒸气分压力 p'_n 的明确表达式：

$$p'_n=p_e+\left(s_{d,se}+\sum_{j=1}^{n}s_{d,j}\right)\frac{p_i-p_e}{s_{d,T}} \tag{4.39}$$

利用这个方程，可以避免计算的累积误差。

因为标准 ISO 13788 严格假设 $s_{d,se}=s_{d,si}=0$，式(4.39)简化为：

$$p'_{n}=p_{e}+\left(\sum_{j=1}^{n}s_{d,j}\right)\frac{p_{i}-p_{e}}{s_{d,T}} \tag{4.40}$$

图解法

通过观察图 4.17 中的水蒸气分压力与距离关系曲线，我们可以看到，不同层的水蒸气分压力函数具有不同的斜率。可以用微分方程式(4.38)来解释这个事实：

$$\frac{\Delta p}{d}=\frac{g}{\delta_0}\mu \Rightarrow \frac{\mathrm{d}p}{\mathrm{d}x}=\frac{g}{\delta_0}\mu$$

函数 $p(x)$的斜率由其一阶导数描述，因此该斜率与 g/δ_0(每层相同)成正比，与水蒸气阻力系数 μ(每层不同)成正比。

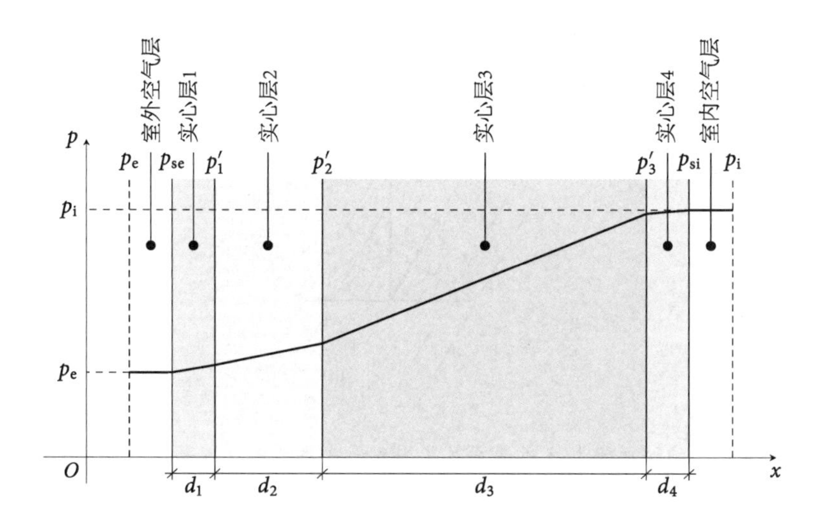

图 4.17 实心墙示例的水蒸气分压力与距离关系图

进而，我们可以绘制水蒸气分压力与等效空气层厚度的关系图(图 4.18)。在这种情况下，从式(4.38)得到：

$$\frac{\Delta p}{s_d}=\frac{g}{\delta_0}\Rightarrow \frac{\mathrm{d}p}{\mathrm{d}s_d}=\frac{g}{\delta_0}$$

观察到 $p(s_d)$ 的一阶导数和它的斜率是常数，也就是说，函数是线性的。如果在横坐标上画出所有层(包括空气层)的等效空气层厚度，我们可以简单地将一侧的室外水蒸气分压力 p_e与另一侧的室内水蒸气分压力 p_i 连接起来。然后可以从纵坐标上读出特征水蒸气分压力。

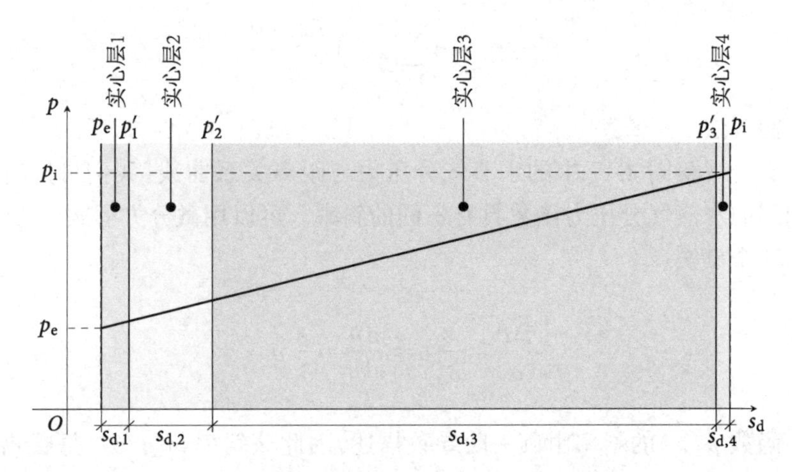

图 4.18 实心墙示例的水蒸气分压力与等效空气层厚度的关系图。函数是线性的，所以可以用这个曲线图来确定(读出)特征水蒸气分压力。表面等效空气层厚度太小，以至于在绘图上看不到

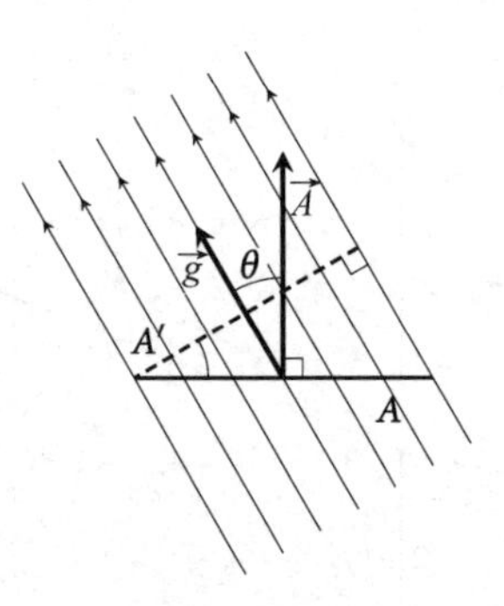

图 4.19 通过面积为 A 的表面且非垂直于 A 的水蒸气流率。水蒸气流量密度是根据垂直于水蒸气流量方向的面积 A' 来定义的，因此此时必须考虑入射角 θ

4.5.5 多维扩散

如果水蒸气不垂直于表面流动，那么必须考虑入射角 θ(图 4.19)。式 4.3 中的水蒸气流量密度是根据垂直于水蒸气流量方向的面积来定义的，因此倾斜情况下的水蒸气质量流量等于：

$$q_m = A'g = A\cos\theta g$$

我们可以把水蒸气流量密度定义为一个向量：

$$\boldsymbol{g} = g_x \boldsymbol{i} + g_y \boldsymbol{j} + g_z \boldsymbol{k} \tag{4.41}$$

在这种情况下，水蒸气质量流量可以改写为这两个矢量之间的标量积：

$$q_m = \mathbf{A} \cdot \mathbf{g} \tag{4.42}$$

式中，$\boldsymbol{A}$ 为表面矢量(见第 2.2.3 小节)。

在一维情况下，对于薄层，当厚度和水蒸气质量浓度差[式(4.25)]趋于零时，即 $d \rightarrow \mathrm{d}x$，$\Delta v \rightarrow \mathrm{d}v$，于是微分形式为：

$$g = -D\frac{\mathrm{d}v}{\mathrm{d}x} \tag{4.43}$$

我们注意到，当水蒸气的质量浓度在 x 方向上增加时，水蒸气向反方向流动，反之亦然，因此式中有一负号。

然而，在更复杂的情况下，水蒸气的质量浓度是所有三个坐标的函数，$v(x, y, z)$，同时水蒸气在所有三个方向上都有流动。因此，我们必须为每个维度写出菲克第一定律：

$$g_x = -\lambda\frac{\partial v}{\partial x},\ g_y = -\lambda\frac{\partial v}{\partial y},\ g_z = -\lambda\frac{\partial v}{\partial z}$$

利用水蒸气流量矢量密度[式(4.41)]和 Nabla 算子[式(2.18)]，可以将菲克第一定律转化为三维形式：

$$\boldsymbol{g} = -D\left(\frac{\partial v}{\partial x}\boldsymbol{i} + \frac{\partial v}{\partial y}\boldsymbol{j} + \frac{\partial v}{\partial z}\boldsymbol{k}\right)$$

$$\boldsymbol{g} = -D\boldsymbol{\nabla}v \tag{4.44}$$

水蒸气流量密度是水蒸气扩散系数与水蒸气质量浓度负梯度的乘积。第 2.2.3 小节详细说明了梯度算子。

4.5.6 动态扩散

到目前为止，我们研究的都是稳态扩散，即水蒸气质量浓度与时间无关的情况，也不考虑水蒸气在建筑构件中的累积。由于建筑构件中的水蒸气质量浓度是恒定的，从一侧进入建筑构件的水蒸气流速等于离开另一侧构件的水蒸气流速(图 4.20，左)。

现在我们将更仔细地研究动态扩散。由于一侧进入建筑构件的水蒸气流率与离开构件另一侧的水蒸气流率不同，因此建筑构件中的水蒸气质量浓度会发生改变(图 4.20，中和右)。

为了描述水蒸气质量浓度的变化，我们来考察尺寸为 $\Delta x \times \Delta y \times \Delta z$ 的建筑构件微元(图 4.21)。在动态情况下，进入微元的水蒸气流速 $q_{m,\mathrm{in}}$ 与离开微元的水蒸气流速 $q_{m,\mathrm{out}}$ 不同。在给定的一段时间内，水蒸气的质量流量差为：

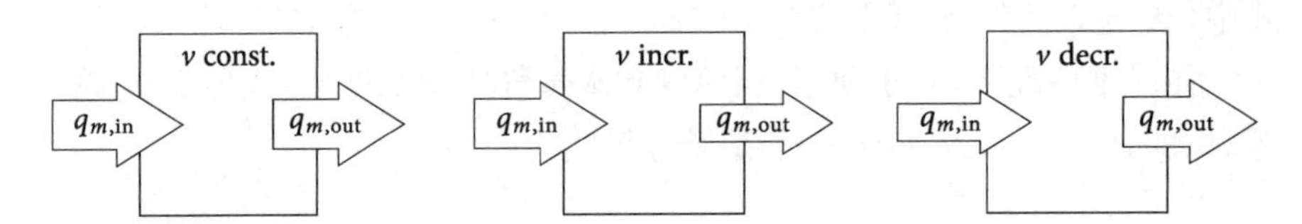

图 4.20 稳态扩散(左)和动态扩散(中、右)之间的差异。当进入建筑构件的水蒸气流速与离开构件的水蒸气流速不同时,水蒸气的质量浓度发生变化

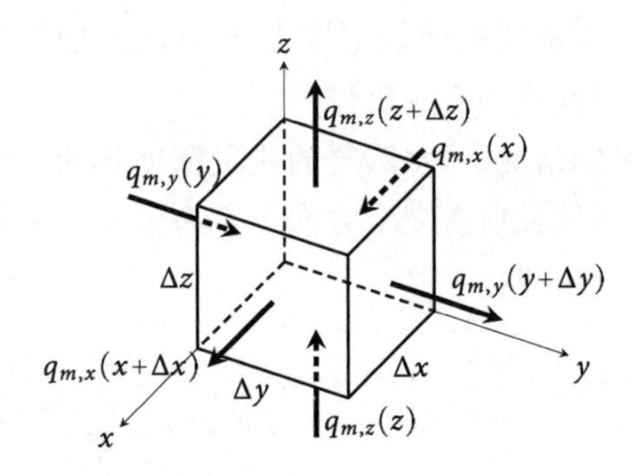

图 4.21 建筑构件的微元,尺寸为 $\Delta x \times \Delta y \times \Delta z$。在动态情况下,进入微元的水蒸气流率与离开微元的水蒸气流率不同,这会导致水蒸气质量浓度的变化

$$q_{m,\text{net}} = q_{m,\text{in}} - q_{m,\text{out}} = \frac{\mathrm{d}m}{\mathrm{d}t}$$

因为水蒸气流不一定是沿着一个坐标轴,我们必须把它分解在不同方向上:

$$\boldsymbol{q}_m = q_{m,x}\,\boldsymbol{i} + q_{m,y}\,\boldsymbol{j} + q_{m,z}\,\boldsymbol{k}$$

如图 4.21 所示,水蒸气流率 $q_{m,x}$、$q_{m,y}$ 和 $q_{m,z}$ 分别沿 x、y 和 z 轴进入和离开微元。为了简单起见,我们假设 $q_{m,\text{in}} > q_{m,\text{out}}$,并由此得出结论:流入微元的净水蒸气增加了微元内水蒸气的质量浓度,如

$$[q_{m,x}(x)+q_{m,y}(y)+q_{m,z}(z)]-[q_{m,x}(x+\Delta x)+q_{m,y}(y+\Delta y)+q_{m,z}(z+\Delta z)] = \frac{\partial m}{\partial t}$$

水蒸气质量可以用体积[式(4.8)]表示为:

$$m = vV = v\Delta x\Delta y\Delta z$$

由于水蒸气质量流量是一个平滑函数,因此使用泰勒级数,可以将流出的水蒸气流率分量与进入的水蒸气流率分量相关联:

$$q_{m,x}(x+\Delta x) = q_{m,x}(x) + \frac{\Delta x}{1!}\frac{\partial q_{m,x}}{\partial x} + \frac{\Delta x^2}{2!}\frac{\partial^2 q_{m,x}}{\partial x^2} + \cdots$$

$$\approx q_{m,x}(x) + \Delta x\frac{\partial q_{m,x}}{\partial x},$$

$$q_{m,y}(y+\Delta y)=q_{m,y}(y)+\frac{\Delta y}{1!}\frac{\partial q_{m,y}}{\partial y}+\frac{\Delta y^2}{2!}\frac{\partial^2 q_{m,y}}{\partial y^2}+\cdots$$

$$\approx q_{m,y}(y)+\Delta y\frac{\partial q_{m,y}}{\partial y},$$

$$q_{m,z}(z+\Delta z)=q_{m,z}(z)+\frac{\Delta z}{1!}\frac{\partial q_{m,z}}{\partial z}+\frac{\Delta z^2}{2!}\frac{\partial^2 q_{m,z}}{\partial z^2}+\cdots$$

$$\approx q_{m,z}(z)+\Delta z\frac{\partial q_{m,z}}{\partial z}$$

我们忽略高阶部分，利用前面的方程，得到：

$$-\Delta x\frac{\partial q_{m,x}}{\partial x}-\Delta y\frac{\partial q_{m,y}}{\partial y}-\Delta z\frac{\partial q_{m,z}}{\partial z}=\Delta x\Delta y\Delta z\frac{\partial v}{\partial t}$$

水蒸气流量密度是水蒸气质量流量除以相应的横截面积，如下所示：

$$g_x=\frac{q_{m,x}}{\Delta y\Delta z},\ g_y=\frac{q_{m,y}}{\Delta x\Delta z},\ g_z=\frac{q_{m,z}}{\Delta x\Delta y}$$

于是：

$$\frac{\partial g_x}{\partial x}+\frac{\partial g_y}{\partial y}+\frac{\partial g_z}{\partial z}=-\frac{\partial v}{\partial t}$$

$$\boldsymbol{\nabla}\cdot\mathbf{g}=-\frac{\partial v}{\partial t} \tag{4.45}$$

这里我们利用了水蒸气流量密度的矢量定义和 Nabla 算符。这是无质量源情况下的质量连续性方程，它表明水蒸气流量密度的散度等于水蒸气质量浓度的变化率。

结合质量连续性方程[式(4.45)]和三维菲克第一定律[式(4.44)]，我们得到了菲克第二定律：

$$\boldsymbol{\nabla}\cdot(D\boldsymbol{\nabla}v)=\frac{\partial v}{\partial t} \tag{4.46}$$

菲克第二定律是一个描述水蒸气质量浓度时空变化的偏微分方程，它也被用于研究水蒸气的质量传递，首先求解该方程来确定水蒸气的质量浓度，然后用式(4.44)得到水蒸气流量密度。最后，利用微分式[式(4.42)]对 A 表面上的水蒸气流量密度进行积分，即可得到水蒸气质量流量：

$$q_m=\int_A \mathbf{g}\cdot \mathrm{d}\mathbf{A}$$

注意，一般情况下，水蒸气扩散系数 $D=f(x,\ y,\ z,\ v,\ \theta)$ 取决于空间坐标以及水蒸气质量浓度和温度，因此求解实际问题的微分方程可能非常复杂。通常情况下，将建筑构件分解成具有恒定水蒸气扩散系数的部分，然后将式(4.46)简化为：

$$\frac{\partial v}{\partial t}=D\left(\frac{\partial^2 v}{\partial x^2}+\frac{\partial^2 v}{\partial y^2}+\frac{\partial^2 v}{\partial z^2}\right)$$

$$\frac{\partial v}{\partial t}=D\nabla^2 v \tag{4.47}$$

其中∇^2是拉普拉斯算子[式(2.24)]。

由于微分方程式(4.46)和式(4.47)包含对时间的导数，我们还需要以下两个条件来获得解：

- 边界条件，系统边界处的水蒸气质量浓度值或水蒸气流量密度。
- 初始条件，初始时刻系统内的水蒸气质量浓度值。

实际上，所有的实际问题都是如此复杂，以至于式(4.46)和式(4.47)只能通过数值计算获得相应的结果。

4.6 伴随冷凝的湿传递

前几节中的计算都是在假设各处水蒸气分压力均小于饱和水蒸气分压力的情况下进行的。然而，实际情况往往并非如此，并且还可能出现间隙冷凝。

本节将讨论两种不同的可用于考察水相变可能性的标准化方法，并确定建筑构件内的冷凝率和蒸发率。

4.6.1 Glaser 法

可以使用 Glaser 方法简单有效地评估稳态冷凝过程。

根据标准 ISO 13788，我们采用月平均值进行计算。输入数据包括：

- 具有特定导热系数和水蒸气阻力系数的建筑构件结构；
- 室外温湿度的月平均值；
- 室内温湿度的月平均值。如果数据缺失，可参照标准 ISO 13788 中的建议(图 4.22)基于室外气温计算得出。

该计算方法包括以下步骤：

步骤 1：使用式(3.3)、式(3.5)和式(3.6)或式(3.7)计算特征温度(表面和界面温度)。

步骤 2：使用式(4.4)计算饱和时的表面和界面水蒸气分压力。

步骤 3：使用式(4.7)根据相对湿度确定室内和室外水蒸气分压力。

步骤 4：使用式(4.29)计算并绘制表面及界面处饱和水蒸气分压力与等效空气层厚度 $p_{sat}(s_d)$图。

步骤 5：根据等效空气层厚度 $p(s_d)$绘制水蒸气压分力曲线，绘制内外表面水蒸气分压力，并用直线连接(说明见第 4.5.4 小节)。

步骤 6：如果出现冷凝或蒸发，则修改水蒸气分压力曲线，并计算冷凝率或蒸发率。

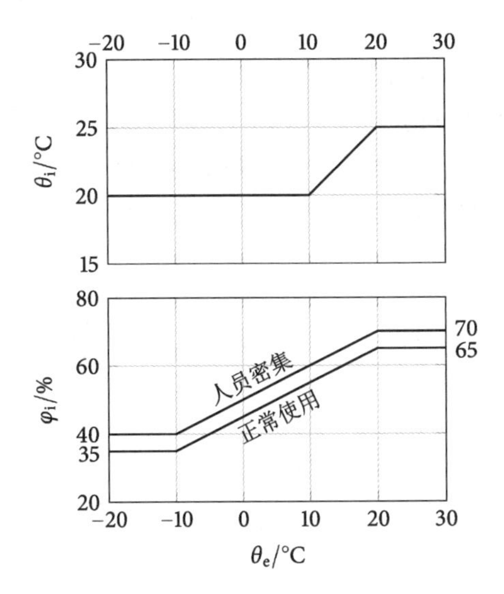

图 4.22 大陆性气候下住宅和办公建筑室内边界条件(温度和相对湿度)的简化计算方法。所有相关数据均为日平均值

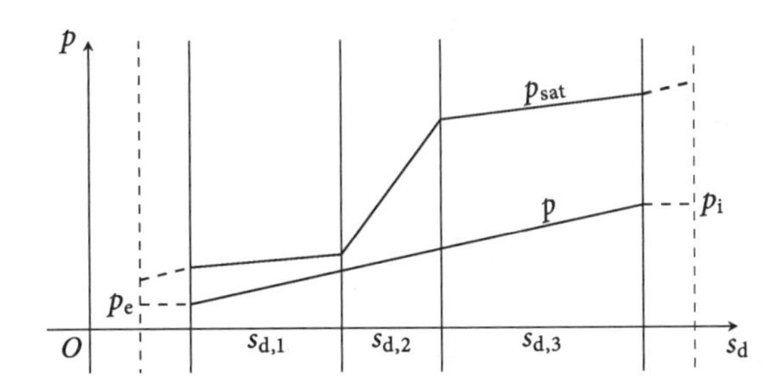

图 4.23 建筑构件中没有任何间隙冷凝的水蒸气扩散。空气层也画在图中(虚线；等效空气层厚度可忽略不计)

然后，我们考虑三种基本情况：

1. 无间隙冷凝的水蒸气扩散；
2. 间隙冷凝水蒸气扩散；
3. 间隙蒸发的水蒸气扩散。

无间隙冷凝的水蒸气扩散

在图 4.23 中，水蒸气分压力曲线完全低于饱和状态下的曲线 $p<p_{sat}$ $\Rightarrow\varphi<100\%$。不存在间隙冷凝，通过建筑构件的水蒸气流量密度可根据式(4.35)和式(4.30)计算为：

$$g=\delta_0\frac{p_i-p_e}{s_{d,1}+s_{d,2}+s_{d,3}}$$

间隙冷凝水蒸气扩散

如果用图 4.24 中的一条直线连接表面位置上的水蒸气分压力，它与剖面处的饱和水蒸气分压力相交两次(虚线)。显然有一个区域的水蒸气分压力大于饱和水蒸气分压力，水蒸气在 $p>p_{sat}\Rightarrow\varphi>100\%$时冷凝。因为水蒸气分压力不能超过饱和时的水蒸气分压力，我们必须将水蒸气分压力剖面重新绘制，这些线接触但决不能超过剖面处的饱和水蒸气分压力线。我们现在可以计算进入凝结界面的水蒸气流量密度。

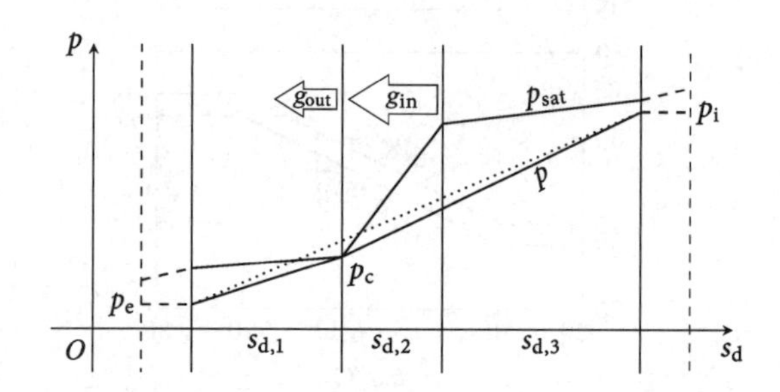

图 4.24 建筑构件一个界面处存在间隙冷凝的水蒸气扩散。空气层也画在图中(虚线;等效空气层厚度可忽略不计)

$$g_{in}=\delta_0\frac{p_i-p_c}{s_{d,2}+s_{d,3}}$$

以及离开冷凝界面的水蒸气流量密度为:

$$g_{out}=\delta_0\frac{p_c-p_e}{s_{d,1}}$$

式中，p_c是凝结界面饱和水蒸气分压力。因为代表前者的斜率(g_{in})大于代表后者的斜率(g_{out})，进入界面的水蒸气流量超过离开界面的流量，界面上的液态水必须积聚。冷凝率等于水蒸气流量密度之间的差值:

$$g_c=g_{in}-g_{out}=\delta_0\left(\frac{p_i-p_c}{s_{d,2}+s_{d,3}}-\frac{p_c-p_e}{s_{d,1}}\right)$$

最后，以一个月为凝结时间，用式(4.2)和式(4.3)计算建筑构件界面处的凝结水量:

$$\Delta\rho_A=\frac{m}{A}=g_c t$$

物理量 ρ_A表示水的面密度(建筑构件中单位面积上的水质量)。

间隙蒸发水蒸气扩散

如图 4.25 所示，当界面中已积聚液态水时，即使连接表面水蒸气分压力的直线(虚线)与饱和剖面处的水蒸气分压力不相交，此时蒸汽压力也等

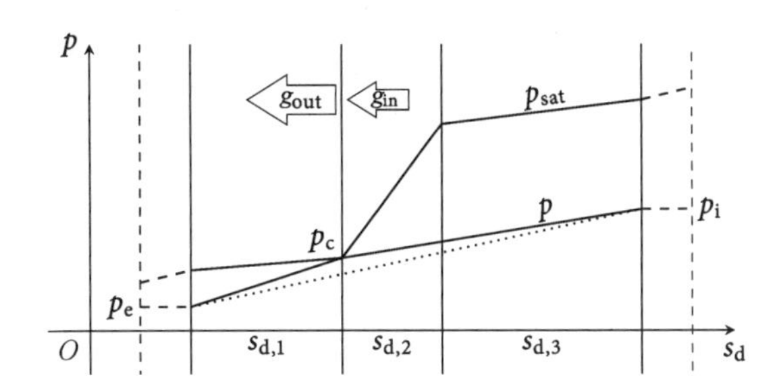

图 4.25 单向流建筑构件一个界面处蒸发的水蒸气扩散。空气层也画在图中(虚线;等效空气层厚度可忽略不计)

于饱和时的蒸汽压力。因此,我们必须将水蒸气分压力剖面重新绘制,这些线在与积水的界面处接触剖面处的饱和水蒸气分压力线。当所有的积水蒸发时,Glaser 图恢复到图 4.23 所示的状态。

我们现在可以计算进入蒸发界面的水蒸气流量密度:

$$g_{in}=\delta_0\frac{p_i-p_c}{s_{d,2}+s_{d,3}}$$

而离开蒸发界面的水蒸气流量密度为:

$$g_{out}=\delta_0\frac{p_c-p_e}{s_{d,1}}$$

式中,p_c是蒸发界面处饱和水蒸气分压力。由于代表前者的斜率(g_{in})小于代表后者的斜率(g_{out}),离开界面的水蒸气流量超过进入界面的流量,界面处的液态水量必须减少。蒸发率等于水蒸气流量密度之间的差值:

$$g_{ev}=g_{out}-g_{in}=\delta_0\left(\frac{p_c-p_e}{s_{d,1}}-\frac{p_i-p_c}{s_{d,2}+s_{d,3}}\right)$$

蒸发的水也有可能从两个方向离开界面,如图 4.26 所示。

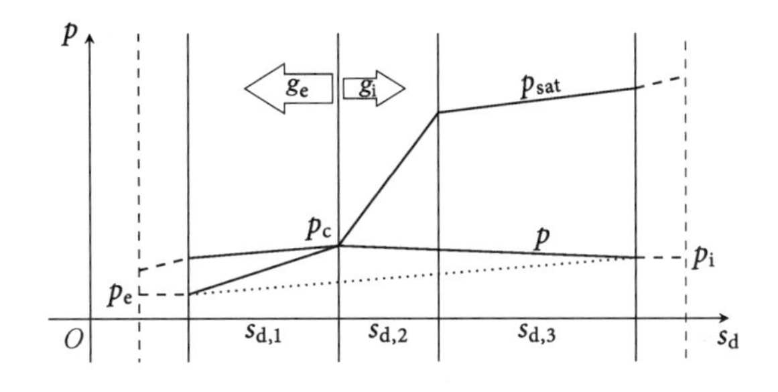

图 4.26 双向流建筑构件的一个界面处蒸发的水蒸气扩散。空气层也画在图中(虚线;等效空气层厚度可忽略不计)

我们现在可以计算出向室内离开界面的水蒸气流量密度：

$$g_{\mathrm{i}}=\delta_0\frac{p_{\mathrm{c}}-p_{\mathrm{i}}}{s_{\mathrm{d,2}}+s_{\mathrm{d,3}}}$$

从界面向室外的水蒸气流量密度为：

$$g_{\mathrm{e}}=\delta_0\frac{p_{\mathrm{c}}-p_{\mathrm{e}}}{s_{\mathrm{d,1}}}$$

式中，p_{c}是蒸发界面处饱和水蒸气分压力。蒸发率等于水蒸气流量密度之和：

$$g_{\mathrm{ev}}=g_{\mathrm{e}}+g_{\mathrm{i}}=\delta_0\left(\frac{p_{\mathrm{c}}-p_{\mathrm{e}}}{s_{\mathrm{d,1}}}+\frac{p_{\mathrm{c}}-p_{\mathrm{i}}}{s_{\mathrm{d,2}}+s_{\mathrm{d,3}}}\right)$$

最后，以一个月为蒸发时间，用式(4.2)和式(4.3)计算建筑构件界面处的蒸发水量：

$$\Delta\rho_{\mathrm{A}}=\frac{m}{A}=g_{\mathrm{ev}}t$$

如前所述，每个月都必须重复该程序进行计算(图 4.27)。然后通过每月加上凝结水量和减去蒸发水量来提供全年的总水流面密度(表 4.3)。

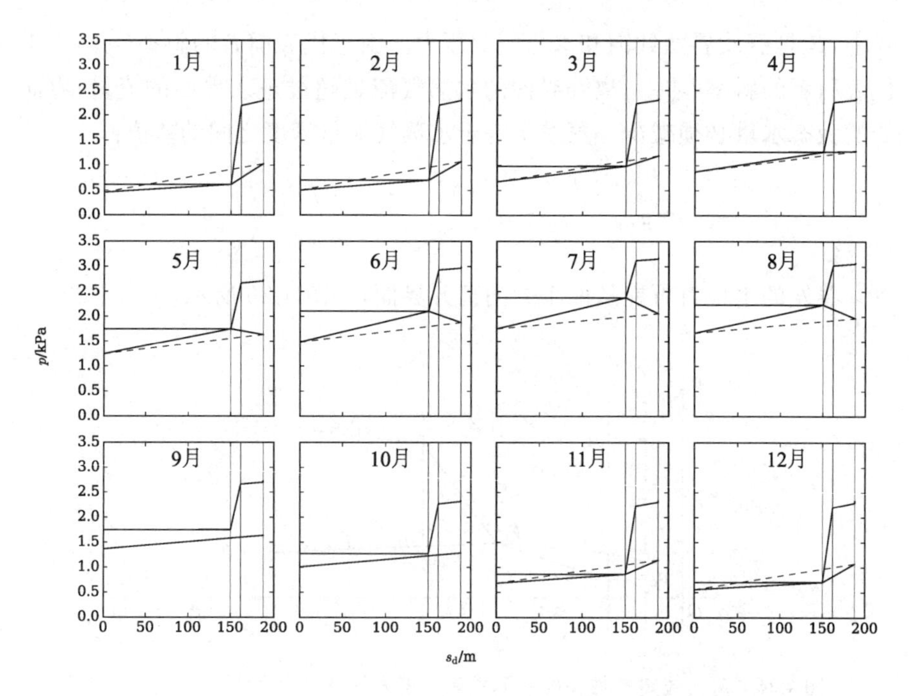

图 4.27　全年逐月 Glaser 图，其数值结果见表 4.3

表 4.3 图 4.27 中 Glaser 图所示的全年水流面密度

月份	$\Delta\rho_A$/[g·(m²)⁻¹]	ρ_A/[g·(m²)⁻¹]
1 月	3.23	3.23
2 月	4.52	7.75
3 月	5.10	12.85
4 月	4.34	17.19
5 月	1.76	18.95
6 月	−1.20	17.75
7 月	−3.30	14.45
8 月	−5.22	9.23
9 月	−6.48	2.75
10 月	−2.75	0.00
11 月	0.00	0.00
12 月	0.00	0.00

值得注意的是,标准 ISO 13788 展示了更多间隙冷凝和蒸发的例子,包括几个界面上的冷凝和蒸发。该标准还建议将热阻大于 0.25 $m^2 \cdot K/W$ 的部分细分为若干个概念层,每个层的热阻不超过 0.25 $m^2 \cdot K/W$。

建筑构件中保温层的位置

在大陆性气候中,当室内温度和水蒸气分压力大于室外时,间隙冷凝的可能性最大。将导热系数最小的层(保温层)放置在建筑构件的外侧而不是内侧,可以显著降低冷凝的可能性。我们将以一个典型的砖石建筑构件为例来说明这一点。

图 4.28 给出了典型大陆气候冬季情况下,带有砌体和保温层的建筑构件的 Glaser 图和温度分布图。当保温层位于内侧(左)时,保温层和砌体之间的界面上会出现冷凝水。在建筑构件的外侧(右)放置保温层,则可以避免冷凝。在保温层和砌体之间的界面上,饱和状态下的温度和水蒸气分压力显著增大。

注意

通过在墙体外侧放置保温层,可以提高建筑构件的温度,防止冷凝。

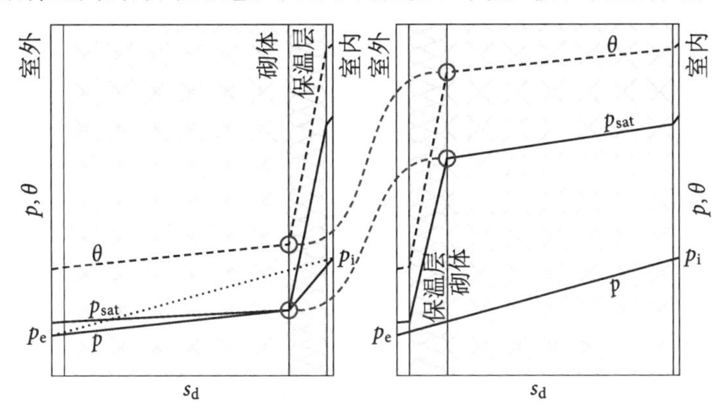

图 4.28 典型的砌体建筑构件内保温(左)和外保温(右)构造下 Glaser 图和温度分布图。通过在建筑构件的外侧设置保温层,保温层和砌体之间的界面上的温度和饱和水蒸气分压力大大增加,从而避免了冷凝

4.6.2 动态热湿传递

正如第 2.2.4 小节和第 4.5.6 小节中指出的，热传递和水蒸气传递是耦合的，因为导热系数和扩散系数都取决于温度和含湿量。此外，第 4.6.1 小节已经研究了由于建筑构件内的水蒸气凝结或液态水蒸发而引起的其他并发症。最后，间隙冷凝水和地表水（预沉淀、吸附、冷凝）可以通过毛细作用在建筑构件上移动。为了模拟实际情况，必须考虑到所有这些问题。

标准 EN 15026 详细阐述了一维动态热湿传递的数值模拟。在本节中，我们将介绍这种方法的一些亮点。

该计算方法需要输入的数据包括具有特定导热系数的建筑构件的结构、水蒸气阻力系数、等温吸附曲线和液态水导热系数。其他的数据包括环境变量、室内外气温、相对湿度、室外辐射数据、降水量、风速和风向。

在建筑构件中，可以观察到温度 θ 的变化以及湿分、含湿量 w、相对湿度 φ 或水蒸气分压力 p 的变化。后三者通过等温吸附线 $w(\varphi)$（图 4.9）建立联系，其中湿滞现象被忽略了，相对湿度 φ（式 4.7）定义为：

$$\varphi = \frac{p}{p_{sat}(\theta)}$$

式中，饱和水蒸气分压力 p_{sat} 可由温度获得。

导热传热

我们首先假设导热系数不依赖于温度，而只依赖于含湿量 $\lambda(w)$，因此一维显热热流密度是：

$$q_{sens} = -\lambda(w)\frac{d\theta}{dx} \tag{4.48}$$

水汽扩散输运

我们已经通过引入水蒸气渗透系数 δ_0[式(4.31)]来考虑扩散系数对温度的强烈依赖性；但是，其对水蒸气质量浓度的依赖性仍然包含在水蒸汽阻力系数 $\mu(\varphi)$ 中。水蒸气流量密度用式(4.30)的微分形式描述：

$$g = -\frac{\delta_0}{\mu(\varphi)}\frac{dp}{dx} \tag{4.49}$$

蒸汽扩散传热

接下来，我们考虑到冷凝和蒸发。冷凝和蒸发改变了微元内物质的能量。正如我们在第 4.6.1 小节中所阐述的，在准静态情况下，水蒸气的净流入是由于凝结成液态水而造成的，而水蒸气的净流出则是由液态水的蒸发引起的。前者明显增加了微元的能量，而后者则降低了能量。将式(1.30)除以时间和面积，得到潜热热流密度：

$$q_{lat}=h_vg \tag{4.50}$$

式中，h_v是汽化比焓。

液态水分输送

我们还考虑了毛细作用引起的水传递。我们用液态水流量密度来描述这种传递：

$$g_w=K(p_{suc})\frac{dp_{suc}}{dx} \tag{4.51}$$

其中 K(s)是液态水的导水率，p_{suc}(Pa)是吸入压力，这是环境大气压力和孔隙内水压之间的差值。吸入压力可使用开尔文方程[式(4.22)]计算：

$$p_{suc}=-\rho R_vT\ln\varphi$$

储能

能量储存由一维热连续性方程(式 2.20)描述为：

$$\frac{d(q_{sens}+q_{lat})}{dx}=-(\rho_wc_w+\rho_mc_m)\frac{dT}{dt} \tag{4.52}$$

式中，c_w和 c_m分别是水和干物质的比热容，ρ_w和 ρ_m分别是水和干物质的密度。

水分储存

水分储存由一维的质量连续性方程[式(4.45)]描述为

$$\frac{d(g+g_w)}{dx}=-\frac{dw}{dt} \tag{4.53}$$

表面和界面条件

标准规定了用精确方法计算表面条件。在该方法中，表面热阻可以使用表达式(3.1)、式(2.46)和表 2.3 中的值计算，同时考虑到室外综合温度(第 3.1.5 小节)。另一方面，表面等效空气层厚度取自表 4.1。两种材料之间的界面上的附加液体水流阻力也可以包括在内。

最后，该方法还考虑了雨水的吸收，同时考虑了由于降水而产生的最大液体水流密度。

4.7 建筑构件要求

为了避免产生过多的湿气，根据第 4.1 节的分类，建筑构件必须满足这些条件(图 4.2)：

1. 必须完全防止液态水侵入。
2. 内表面的相对湿度应低于限值。

3. 由于扩散积聚的水分应低于限值。

4. 用于施工的建材必须足够干燥。

必须完全防止液态水侵入

对于新建筑，与地下水接触的建筑物部分（地基、地下室墙壁、平屋顶）必须使用防水材料进行隔离。地下室底板下方的砾石有助于防止毛细输送，因为大空隙导致的毛细作用可忽略不计。另一个重要的措施是排水系统，它将液态水从建筑物中转移出去。

对于存在毛细吸水问题的既有建筑，可以采取以下两种缓解措施：

- 机械屏障：通过在地下室楼板附近水平切割建筑墙壁并插入防水材料来阻断毛细作用。
- 化学屏障：通过化学品处理材料，改变其孔隙特性，例如增大接触角（第 4.4.2 小节）。

降水的处理方法不同。典型的缓解措施有：

- 安装水蒸气渗透膜。如果外墙是密封的，那么防水的同时也阻碍了水蒸气的传输，于是隔汽层的内侧就会出现冷凝水（第 4.6.1 小节）。水蒸气渗透膜可以阻止液态水的传递，同时允许水蒸气渗透。
- 使用低吸水性的外墙材料，以防止水分通过毛细作用传输到室内。
- 屋檐有助于保持立面较高部分的干燥。

内表面的相对湿度应低于限值

临时冷凝，即室内表面相对湿度为 100%，只允许发生在那些孔隙度低或具备特殊保护层（玻璃、窗框）而不能传递水的建筑构件表面。另一方面，为了避免霉菌生长，ISO 13788 规定了其他建筑构件内表面的逐月临界相对湿度不应超过 80%。因为由于吸湿性，即使相对湿度小于 100%，建筑构件内也含有水蒸气。因此在较低的相对湿度下，霉菌已经开始生长。内表面相对湿度与内表面的最小温度系数有关（第 4.5.3 小节）。

这两个问题都可以通过以下方法解决：

- 提高内表面温度。这是通过增加总热阻，从而提高建筑构件内表面的温度系数，或通过加热外墙来实现的。
- 降低室内空气的相对湿度。液态水源和生物的蒸发不断增加水蒸气量（表 4.4）。这一问题可以通过通风（用干燥的室外空气代替潮湿的室内空气）或通过空调去除室内水蒸气来缓解。

> **注意**
> 由于建筑内有很多湿源，因此需要不断地将室内水蒸气转移走，通常用通风的方式去除。

表 4.4 建筑室内常见湿源

湿源	贡献
人体释放	1.2 L/d
排汗	0.4 L/d
呼吸	0.4 L/d

（续表）

湿源	贡献
做饭	3 L/d
洗浴	0.5 L/d
清洗餐具	0.5 L/d
洗衣服	0.5 L/d
新建筑材料的干燥过程	5 L/d

扩散引起的水分积聚应低于限值

建议完全防止由于扩散引起的间隙冷凝。但是，在下列情形下允许冷凝：

- 建筑构件内的含水量不超过限值，该限值通常以最大含湿量 u_{max} 定义。极限值通常设置为建筑构件安装完毕时通过毛细作用传输的液态水的值。
- 建筑构件必须每年至少干燥一个月（无液态水）。

这个问题可以根据环境条件以不同的方式解决。对于大陆性气候，最有效的缓解措施是：

- 如第 4.6.1 小节中所述，在砌体外侧放置保温材料。
- 安装隔汽层。隔汽层阻止水蒸气进入建筑构件。因为室内水蒸气质量浓度（例 4.3）大于室外，隔汽层必须位于建筑构件的内侧。
- 安装水蒸气渗透膜。水蒸气渗透膜阻止液态水的转移，但允许水蒸气渗透通过。它们位于建筑构件的外侧，保护其免受液态水（如降水）的进入，同时也有助于水蒸气从建筑构件中转移出去。

用于施工的建材必须足够干燥

施工期间安装的建筑材料，如木材，应事先适当干燥。另一方面，在施工现场浇筑的材料，如混凝土，应在下一阶段施工前适当晾干。

4.8 舒适条件

室内环境的舒适感受几个热力学变量的组合影响，其中包括空气湿度。这种感知因人而异，但既有研究已经确定了能够为多数人提供舒适感的关键变量和数值。

以下是最重要的影响舒适感的变量：

- 室内空气温度 θ_i；
- 室内相对湿度 φ_i。

这两个变量（满足热舒适要求）通常是相互关联的（图 4.29）。

标准 ISO 7730 通过定义预测平均投票值（PMV）来更精确地量化热舒

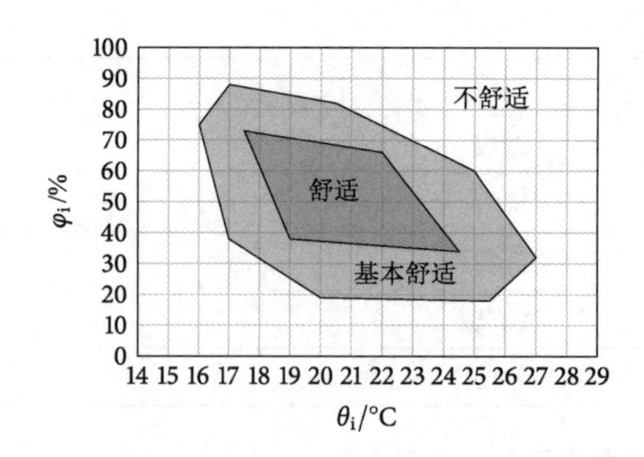

图 4.29　与室内空气温度和相对湿度相关的舒适度

适性，PMV应尽可能接近于零。PMV值通过复杂表达式确定，除了θ_i和φ_i外，还考虑了其他重要变量：

- 空气流速。空气流速很重要，因为它影响人体皮肤和室内空气之间的对流换热量（见第2.3.1小节）。例如，高速的冷空气会使皮肤更快地冷却，并产生令人不快的寒意。
- 辐射温度。室内壁面温度非常重要，因为它影响人体皮肤和内表面之间的辐射换热量（见第2.4.3小节）。例如，即使室内空气是温暖的，外围护结构较低的表面温度θ_{si}也会导致皮肤更快地冷却和令人不快的寒冷效果。
- 代谢率（W/m^2）。代谢率很重要，因为剧烈的活动会使体内温度升高。
- 衣物热阻（$m^2 \cdot K/W$）。衣物热阻很重要，因为衣服的保温效果减少了人体皮肤与环境之间的相互作用。

最后吸热系数b很重要，因为当人体皮肤直接接触建筑构件时，随之发生的导热热流，取决于建筑构件的吸热系数（见第2.2.5小节）。

习题

4.1　体积为1.0 m^3、温度为20℃、压力为1.0 bar的湿空气含有9.0 g水蒸气。等温压缩空气，湿空气达到饱和状态时的压力是多少？取水的摩尔质量为18 g/mol。(1.9 bar)

4.2　室内湿空气温度为30℃、相对湿度为40%。在窗户玻璃内表面发生了冷凝，使用焓湿图确定冷凝处壁面温度。(15℃)

4.3　在尺寸为8.0 m×6.0 m×3.0 m的房间内，采用一台以降温为工作原理的空气干燥器来除湿。初始相对湿度为70%，初始和最终空气温度分别为30℃和11℃。使用焓湿图，确定排出的水的质量。(1.8 kg)

4.4　质量为100 kg、温度为30℃、相对湿度为60%的空气，在空调器中先冷却后加热，最终温度为20℃，相对湿度为65%。利用焓湿图，计算出排出的热量、增加的热量和移除的水的质量。(3.35 MJ，0.69 MJ；660 g)

4.5 质量为50 kg(含质量700 g的水蒸气)、温度为20℃的空气与质量为33 kg(相对湿度为30%)、温度为25℃的空气进行绝热混合。使用焓湿图，确定混合后的空气温度和相对湿度。(22℃，65%)

4.6 密度为450 kg/m³的湿木材，水与干木材的质量比为20%。计算湿木材的体积含水量和干木材的密度。(75 kg/m³，380 kg/m³)

4.7 竖直建筑构件的传热系数为2.0 W/(m²·K)。室内相对湿度为65%，室内外气温分别为20℃和−5℃。计算建筑构件内表面空气层的相对湿度。(98%)

4.8 竖直建筑构件室内侧气温为20℃、相对湿度为70%，室外气温为0℃。相对湿度高于80%时，霉菌会生长。计算防止霉菌生长的建筑构件的最小总热阻。(1.21 m²·K/W)

4.9 热桥内表面的温度系数为0.71。假设室内气温为21℃，相对湿度为55%。已知相对湿度高于80%时，霉菌会生长。计算诱发霉菌生长的室外气温。(0.4℃)

4.10 对于第3章问题3.3中的所有三种情况(|石头|混凝土|，|石头|混凝土|EPS|，|石头|EPS|混凝土|)。室外和室内相对湿度均为65%，室外和室内温度分别为−5℃和20℃。混凝土的水蒸气阻力系数为120，外墙石材的为200，发泡聚苯乙烯(EPS)的为60。绘制出水蒸气分压力、饱和水蒸气分压力与材料层厚度的函数和等效空气层厚度的函数图。在哪种情况下会出现冷凝？冷凝位置在哪里？(28，37，37；401 Pa，501 Pa，530 Pa，1 352 Pa，2 337 Pa；401 Pa，409 Pa，410 Pa，450 Pa，2 238 Pa，2 337 Pa；401 Pa，409 Pa，410 Pa，2 093 Pa，2 238 Pa，2 337 Pa；261 Pa，441 Pa，1 519 Pa；261 Pa，397 Pa，1 213 Pa，1 519 Pa；261 Pa，397 Pa，703 Pa，1 519 Pa)

4.11 围护结构中的竖直墙体包括(从外到内)：

- 厚度为2.0 cm、导热系数为1.5 W/(m·K)和水蒸气阻力系数为50的纤维水泥板；
- 厚度为20.0 cm、导热系数为1.0 W/(m·K)和水蒸气阻力系数为120的混凝土；
- 厚度为8.0 cm、导热系数为0.035 W/(m·K)和水蒸气阻力系数为60的发泡聚苯乙烯。

月平均室内外气温分别为20℃和0℃，月平均室内外相对湿度分别为45%和80%。使用Glaser方法，确定是否会出现冷凝，如果出现，则计算一个月(30 d)冷凝的水蒸气质量。(是，34 g/m²)

4.12 围护结构中的竖直墙体包括

● 厚度为 10 cm、导热系数为 0.16 W/(m·K) 和水蒸气阻力系数为 16 的砖；

● 厚度为 10 cm、导热系数为 0.035 W/(m·K)和水蒸气阻力系数为 1 的矿棉；

● 厚度为 10 cm、导热系数为 0.16 W/(m·K) 和水蒸气阻力系数为 16 的砖。

月平均室内外气温分别为 20℃和 5℃，月平均室内外相对湿度分别为 50%和 80%。如果在最敏感的间隙中存在冷凝水，使用 Glaser 法测定一个月内蒸发的水的质量。(62 g/m^2)

4.13 尺寸为 4.0 m×5.0 m×2.5 m 的房间内，干燥空气温度为 21℃，密度为 1.20 kg/m^3。放置一个水罐，储存有温度为 41℃、体积为 3.0 L 的液态水。当室内空气和液态水温度降至 16℃时，蒸发的水的质量是多少？相对湿度是多少？取干燥空气的比热容为 1.0 kJ/(kg·K)，液态水的比热容为 4.2 kJ/(kg·K)，水在 16℃的蒸发比热为 2 460 kJ/kg。水的摩尔质量为 18 g/mol。(0.25 kg，37%)

5　波理论基础

5.1　扰动和脉冲

通常我们讲到“波”是指水面上凹凸不平的状态。当水受到扰动时，水面上的凸起和凹陷便在其表面传播，但水体本身并没有移动（图 5.1）。

> **注意**
> 波能够传递能量，所以是很重要的一种现象。

图 5.1　水波是从激发点出发的沿着水面传播的扰动。值得注意的是，点激发（水滴激发）的状态下，波表现为圆形

物理上的波指的是扰动在空间中传播，而介质本身不发生传输，即介质中传播扰动的粒子没有实际位移，而是围绕一个固定的位置（平衡位置）振动。波能够带来能量的传播，因而在物理上非常重要。

若以物理机制对波进行分类，我们会得到两种波：

1. 机械波：通过材料粒子的震动在介质中传播。最基础的机械波是声波。
2. 电磁波：不需要介质就可以传播。其由电磁场的振动构成。最经典的电磁波包括无线电波、远红外线、光波和紫外线。

若从另一个角度来分类，即考虑粒子或者场的振动方向，也可以将波分为两种主要的形式：

1. 横波：粒子或场的振动方向与波的传播方向垂直。
2. 纵波：粒子或场的振动方向与波的传播方向平行。

其他类型的波，其粒子或场的振动可以认为是与波的传播方向垂直和平行的振动的结合。例如，水波和地震波。

我们可以用张力下的绳子来展示横波。若我们在绳子的一端向上抖动，那么一个峰形的脉冲就形成了，且沿着绳子传播（图 5.2，左）。注意，除了脉冲的传播以外，绳子自身并没有移动。我们也可以通过向下抖动来创造一个槽形的脉冲。

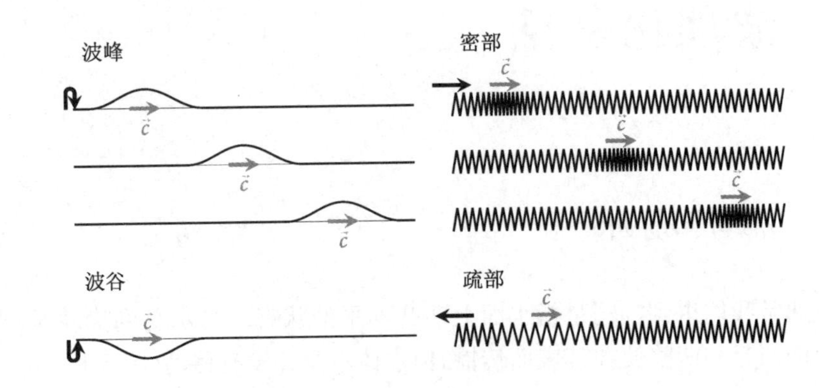

图 5.2 横波(左)和纵波(右)

我们可以用拉伸的弹簧来展示纵波。若我们将弹簧的一端向右抖动，那么一个弹簧压缩的脉冲就形成了，且沿着弹簧传播(图 5.2，右)。注意，除了脉冲传播以外，弹簧仅产生非常小的净位移。若向左抖动弹簧，则可以产生一个稀疏形态的弹簧脉冲。

为了获得脉冲波的数学表达，我们来看一个沿绳子向右(z 轴)传播的横波，如图 5.3 所示。左边为初始状态(时间 $t=0$)的脉冲图案，右边为时刻 t 下的脉冲。假定脉冲形态不变。

初始状态下，脉冲可以由特定的数学函数表示：

$$x(z,\ 0)=f(z)$$

其中，$x(z,\ 0)$ 为位置 z 在初始时刻离开平衡位置的位移。

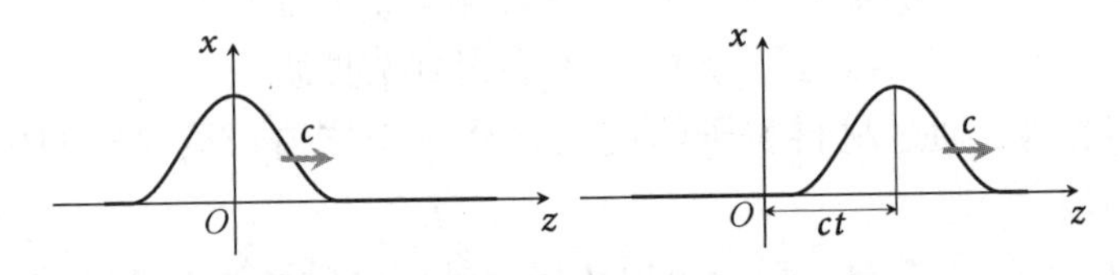

图 5.3 初始状态(左)和经过时间 t 后(右)的脉冲

如果脉冲的速度为 c，经过时间 t 后，脉冲向右移动了距离 ct，则脉冲可以表达为：

$$x(z,\ t)=f(z-ct) \tag{5.1}$$

其中，$x(z,\ t)$ 为位置 z 在时刻 t 离开平衡位置的位移。

同样，如果脉冲向左移动，则脉冲可以表达为：

$$x(z,\ t)=f(z+ct) \tag{5.2}$$

函数 $x(z, t)$ 通常被称作波函数,其取值随空间位置 z 和时间 t 变化。注意,对于纵波而言,位移 x 与位置 z 在相同方向上,对横波而言,位移 x 与位置 z 的方向垂直。

5.2 行波

我们定义行波为周期性的沿空间传播的扰动。最重要的波函数为谐波,即以简谐正弦和余弦函数描述的波。于是任何非谐波的波都可以用傅立叶分析展开成一系列谐波,所以有了关于谐波的知识就可以描述任何行波。

图 5.4 展示了横向(上)和纵向(下)的谐波。横波可以通过简谐地上下牵引绷紧的绳子来产生,即得到交替的峰和谷。纵波可以通过简谐地左右拉扯拉伸的弹簧产生,即得到交替的疏部和密部。我们将波长 λ(m) 定义为:

对横波:两个相邻的波峰或者两个相邻的波谷之间的距离。

对纵波:两个相邻的疏部或者两个相邻的密部之间的距离。

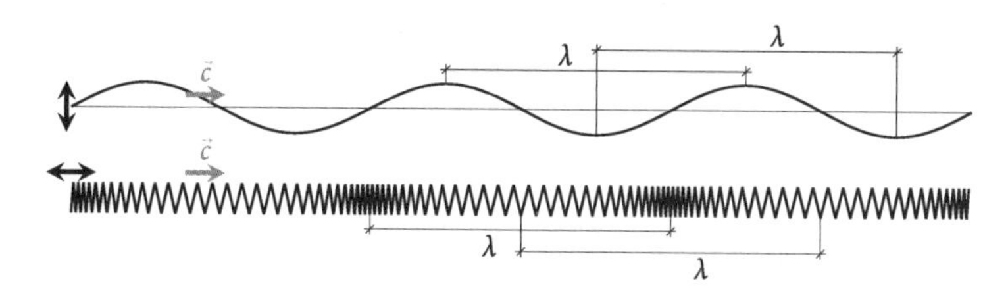

图 5.4 一个传播的简谐横波(上)和纵波(下)。对于横波,波长为两个相邻的波峰或相邻的波谷之间的距离;对于纵波,波长为两个相邻的疏部或相邻的密部之间的距离

广义地说,波长是两个相邻的同相位点,即位移同步的点之间的距离。

为了从数学上描述波,我们将使用振动的标准运动学展开。

我们从观察张力下的绳子(图 5.5,左)或者拉伸的弹簧(图 5.5,右)上的任意一点的运动开始。如图 5.5 所示,该点围绕着虚线指示的平衡位置振动。该点完成一个循环的移动所需要的时间称为周期 T(s)。周期与频率 f (Hz)及圆频率 ω (1/s)有如下的关系:

$$T=\frac{1}{f}=\frac{2\pi}{\omega} \tag{5.3}$$

注意,所有点的振动有相同的周期和不同的振动相位。

对于一个脉冲而言,点偏离平衡位置的位移是一个关于位置 z 和时间 t 的函数 $x(z, t)$。首先,我们将 $z=0$ 位置的点的振动描述为:

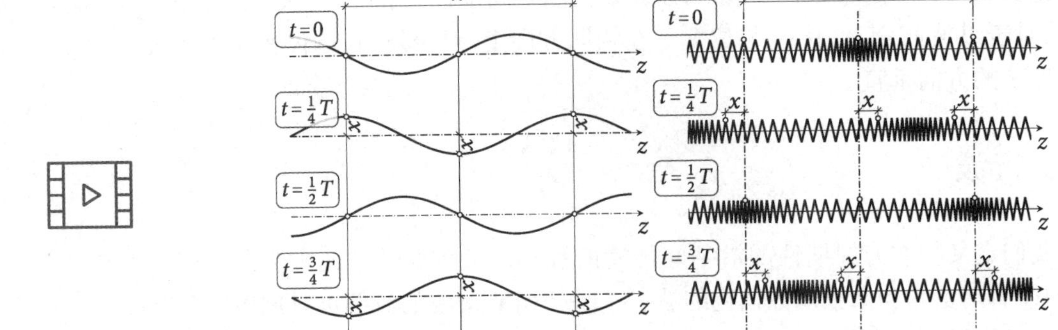

图 5.5 简谐横波(左)和纵波(右)三个特定位置的点上在四个特征时刻下的移动。这些点都围绕着虚线表示的平衡位置以相同的周期、不同的相位振动。注意,左边和右边的点是同相的(同步),中间的点与它们正好反相

$$x(0,\ t) = x_0 \sin(\omega t + \varphi) \tag{5.4}$$

其中 x_0 是振动的幅度,φ 是初始相位。幅度表示该点在振动过程中的最大位移。

在 $t=0$ 时刻,该点的位移为 $x_0 \sin\varphi$。由于波以速度 c 向右移动,在 z 位置的另一质点在 $t=z/c$ 时刻将获得与之相同的位移:

$$x(z,\ t) = x_0 \sin\left[\omega\left(t - \frac{z}{c}\right) + \varphi\right] \tag{5.5}$$

我们定义角波数 k (1/m)为:

$$k = \frac{\omega}{c} \tag{5.6}$$

选择 $\varphi=\pi$ 的时刻为初始时刻,由三角恒等式 $\sin(\alpha+\pi)=\sin(-\alpha)$ 可知:

$$\boxed{x = x_0 \sin(kz - \omega t)} \tag{5.7}$$

这就是沿着右方向传播的简谐行波的波函数。同理可知沿着左方向传播的简谐行波的波函数为:

$$\boxed{x = x_0 \sin(kz + \omega t)} \tag{5.8}$$

注意行波波函数式(5.7)和式(5.8)与移动脉冲函数式(5.1)和式(5.2)之间的相似性。

如前所述(图 5.5),两个相距波长 λ 距离的点是同相的(同步)。由三角恒等式 $\sin(\alpha+2\pi)=\sin\alpha$ 可知,波长与角波数之积为:

$$k\lambda = 2\pi \tag{5.9}$$

结合式(5.6)、式(5.3)和式(5.9),可以将波速写为频率与波长的积:

$$\boxed{c = f\lambda} \tag{5.10}$$

5.3 波动方程

本节将讨论一个在初始应力 F_0 下的绳子上的波动方程。我们以一小段质量为 Δm 的绳子为对象,观察它的移动。如图 5.6 所示,由于我们讨论的是横波,所以绳子微元的移动完全与静止状态的绳垂直。由于绳子微元未沿着平行于静态绳的方向(z 轴)移动,由牛顿第二定律,这微元上沿 z 方向的合力为零:

$$F_2 \cos \alpha_2 - F_1 \cos \alpha_1 = 0$$

张力的余弦在整个绳子上是一致的,也就是绳未受扰动时的张力,即:

$$F_1 \cos \alpha_1 = F_2 \cos \alpha_2 = F_0$$

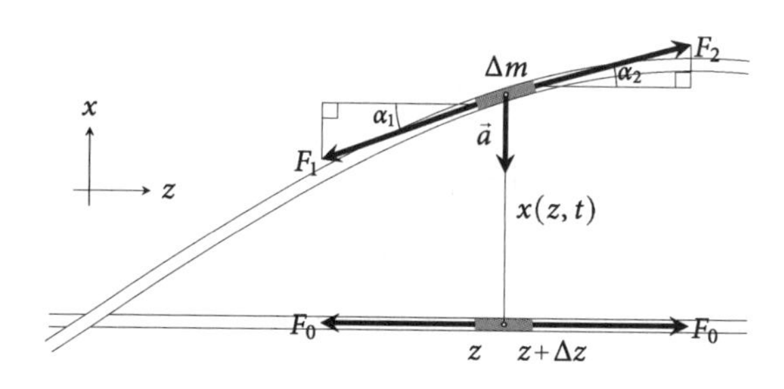

图 5.6 平衡状态和波的传播过程中扰动状态下的小段绳子

另一方面,绳子微元在垂直于未扰动绳子的方向上(x 轴)存在加速移动。根据牛顿第二定律,该方向上的合力与绳子单元的加速度 a 有如下关系:

$$F_2 \sin \alpha_2 - F_1 \sin \alpha_1 = \Delta m a$$

结合两个式子,我们得到:

$$F_0 (\tan \alpha_2 - \tan \alpha_1) = \Delta m a$$

由于受到扰动的绳子可以由函数 $x(z, t)$ 表示,那么 $\tan\alpha$ 也就是函数对 z 的偏微分 $\partial x / \partial z$:

$$F_0 \left[\frac{\partial x}{\partial z} \bigg|_{z+\Delta z} - \frac{\partial x}{\partial z} \bigg|_{z} \right] = \Delta m a \tag{5.11}$$

考虑到位移 $x(z, t)$ 及其偏微分都是光滑函数，可以定义一个新的函数 f 为：

$$\frac{\partial x}{\partial z}=f, \quad \left.\frac{\partial x}{\partial z}\right|_{z}=f(z), \quad \left.\frac{\partial x}{\partial z}\right|_{z+\Delta z}=f(z+\Delta z)$$

由于 f 为位置 z 的光滑函数，可以通过泰勒展开来估计两个相近位置函数的值，即：

$$\begin{aligned} f(z+\Delta z) &= f(z)+\frac{\Delta z}{1!}\frac{\partial f}{\partial z}+\frac{\Delta z^2}{2!}\frac{\partial^2 f}{\partial z^2}+\cdots \\ &\approx f(z)+\Delta z\frac{\partial f}{\partial z} \\ &\Rightarrow f(z+\Delta z)-f(z)=\Delta z\frac{\partial f}{\partial z} \end{aligned}$$

或者写成偏微分的形式：

$$\left.\frac{\partial x}{\partial z}\right|_{z+\Delta z}-\left.\frac{\partial x}{\partial z}\right|_{z}=\Delta z\frac{\partial^2 x}{\partial z^2}$$

将其代入式(5.11)，得到：

$$F_0\Delta z\frac{\partial^2 x}{\partial z^2}=\Delta ma$$

已知加速度 a 为位移对时间的二阶导：

$$a=\frac{\partial^2 x}{\partial t^2} \tag{5.12}$$

并将线密度 ρ_l (kg/m)定义为：

$$\rho_l=\frac{\Delta m}{\Delta z}$$

最终得到：

$$\frac{\partial^2 x}{\partial t^2}=\frac{F_0}{\rho_l}\frac{\partial^2 x}{\partial z^2} \tag{5.13}$$

我们可以通过代入的方式用以上等式检测简谐行波的波函数[式(5.7)]和[式(5.8)]：

$$\frac{\partial^2}{\partial t^2}[\sin(kz\pm\omega t)]=-\omega^2\sin(kz\pm\omega t),$$

$$\frac{\partial^2}{\partial z^2}[\sin(kz\pm\omega t)]=-k^2\sin(kz\pm\omega t)$$

于是我们有：

$$\omega^2 = \frac{F_0}{\rho_l} k^2 \tag{5.14}$$

结合式(5.6)，可以得到应力下绳子上波的传播速度：

$$c^2 = \frac{F_0}{\rho_l} \tag{5.15}$$

将式(5.15)代回到式(5.13)，就可以得到波动方程的基本形式：

$$\frac{\partial^2 x}{\partial t^2} = c^2 \frac{\partial^2 x}{\partial z^2} \tag{5.16}$$

移动脉冲的波函数(5.1)和(5.2)均为波动方程的解。

5.4 脉冲的相互作用

通过以上章节的学习，我们熟悉了移动的脉冲和波，也就是沿着理想的(无限大的)均匀介质传播的没有损耗也没有与其他物体发生相互作用的脉冲和波。然而，脉冲或波在介质发生变化的时候或者遇到另一个脉冲的时候，它们的相互作用会带来新的现象，即反射、透射和波的叠加。

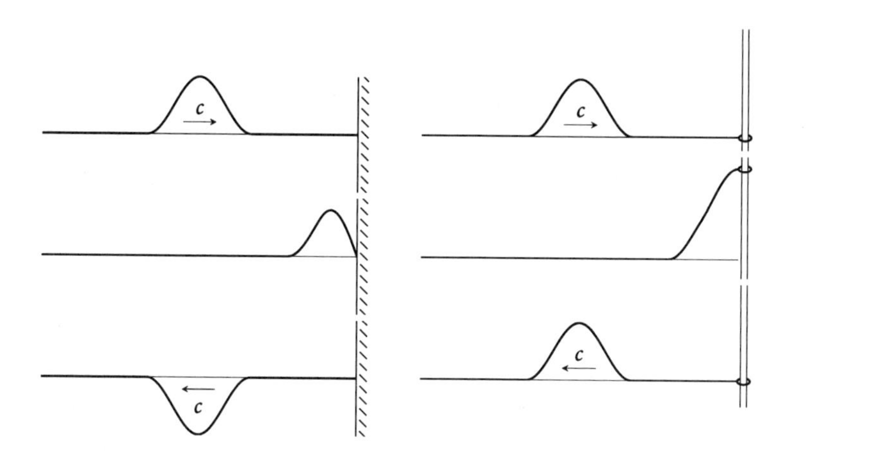

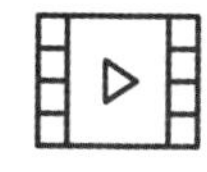

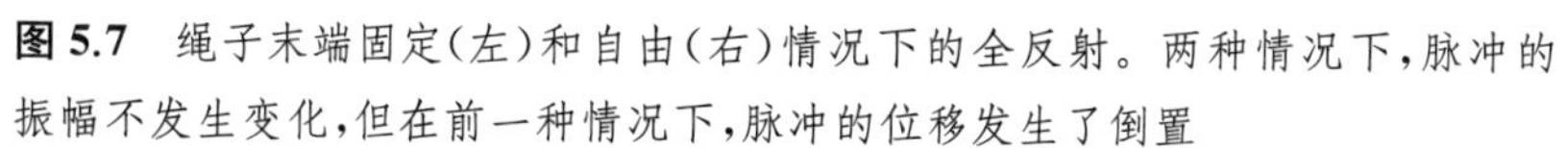
图 5.7 绳子末端固定(左)和自由(右)情况下的全反射。两种情况下，脉冲的振幅不发生变化，但在前一种情况下，脉冲的位移发生了倒置

5.4.1　反射

首先考虑一个脉冲与理想边界的相互作用。这种边界是指有限维绳子的末端。脉冲不能穿过绳子的末端，所以会反弹回来，按与之前的传播方向相反的方向传播，这一过程称为反射。

按照绳子末端的固定方式，我们可以将理想边界分为两种情况：

固定边界：绳子末端牢牢地固定在支撑物上（图 5.7，左）。由于绳子末端完全不能移动，所以边界条件为：

$$x(\text{end})=0$$

自由边界：绳子末端与支撑物的连接非常松弛，比如通过一个轻质圆环套在光滑的杆上（图 5.7，右）。绳子末端在竖直方向上能自由移动，而末端的绳子保持水平状态。边界条件可以表达为：

$$\left.\frac{\partial x}{\partial z}\right|_{\text{end}}=0$$

在这种情况下，脉冲不会倒置，因为支撑物不会给绳子以竖直方向的力。

由于能量守恒，在理想边界的情况下，反射脉冲的振幅与入射脉冲的振幅相等。

5.4.2　透射

现在来考虑一个脉冲和非理想边界的作用。两段不同线密度的绳的连接处就可以看作是一个非理想边界（图 5.8）。注意，第 5.4.1 小节中的理想边界其实是非完美边界的极限情况，也就是副绳的线密度为无穷大和零的情况。

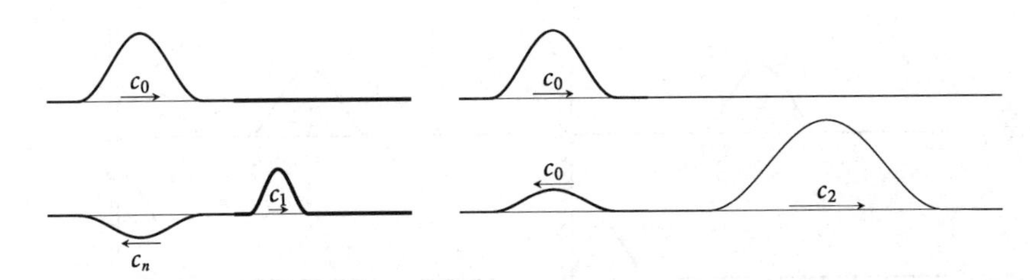

图 5.8　脉冲在两段不同线密度绳子的连接处发生的反射和透射。连接处的左边为主绳，右边为副绳。一段脉冲在主绳上向右传播。我们考虑两种情况：副绳的线密度比主绳大（左）；副绳的线密度比主绳小（右）。两种情况下，脉冲在经过连接点后都有一部分反射回来，一部分透射到副绳上。注意，脉冲在两段绳上的速度不同［式(5.15)］。关于反射脉冲和透射脉冲的振幅计算超出了本书的介绍范围，在此不作展开

初始状态下，一个脉冲（入射脉冲）沿着主绳向右传播。到达两绳的连

接节点后，部分脉冲发生反射，如第 5.4.1 小节描述的一样，即从节点反弹回来，沿着相反的方向传播。然而，部分脉冲穿过了节点，并以与之前相同的方向继续在副绳上传播。这一过程称为透射。

反射和透射的类型取决于副绳的性质：

1. 若副绳的线密度大于主绳（图 5.8，左），则反射脉冲位移倒置，且透射脉冲的振幅和速度均小于入射脉冲。

2. 若副绳的线密度小于主绳（图 5.8，右），则反射脉冲不发生倒置，且透射脉冲的振幅和速度均大于入射脉冲。

由于能量守恒，反射脉冲和透射脉冲的能量之和等于入射脉冲的能量。结合边界条件，我们可以计算出透射脉冲和反射脉冲的振幅。但此处的边界条件比理想边界的情况更为复杂，与节点两侧的位移和倾角都有密切的关系，这超出了本书的介绍范围。

5.4.3 叠加

最后我们来讨论脉冲之间的相互作用。脉冲和波都是线性微分方程（波动方程）的解。在数学上，微分方程的解是满足叠加原理的，也就是说，如果 x_1 和 x_2 是方程的任意两个解，那么它们的线性组合 ax_1+bx_2 也是方程的解，其中 a 和 b 是任意常数。原则上，如果两个以波函数 $x_1(z, t)$ 和 $x_2(z, t)$ 表达的脉冲沿着介质中传播，那么介质中总的波函数可以很简单地表达为两者的代数和 $x_1(z, t)+x_2(z, t)$。

叠加的效果之一是两个脉冲可以穿过彼此，且保持自身不受干扰。图 5.9 显示了脉冲叠加的两个例子。左边的脉冲 $x_1(z, t)$ 向右传播，右边的脉冲 $x_2(z, t)$ 向左传播。波形交叠的时候，波函数为两者之和 $x_1(z, t)+x_2(z, t)$。经过交叠区域后，两个脉冲都沿着初始的传播方向传播，且波形保持不变，就如同两个脉冲从未遇到过彼此一样。

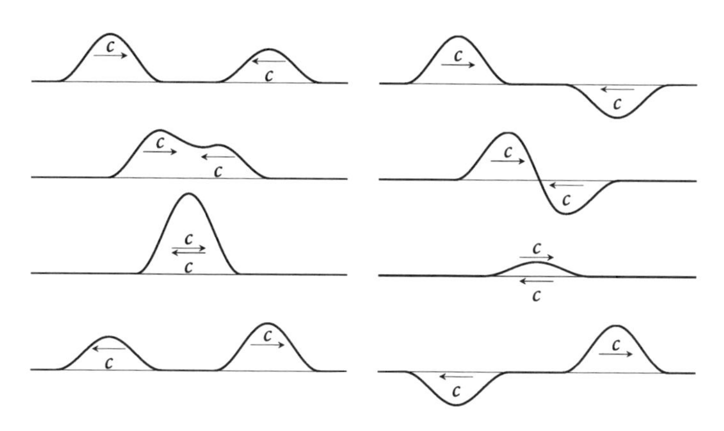

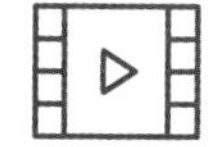

图 5.9 相长干涉（左）和相消干涉（右）

两个脉冲或者波在同一区域的叠加被称为干涉。如图 5.9(左)所示，两个波的位移方向相同(朝上)，所以总波形的振幅要比两个独立的波的振幅大。这种叠加称为相长干涉。如图 5.9(右)所示，两个波的位移方向相反，所以总波形的振幅要比两个独立的波的振幅小。这种叠加称为相消干涉。

5.5　驻波

本节中，我们仅讨论全同简谐行波之间的相互作用，也就是频率/波长和振幅都相同的波之间的相互作用。首先，讨论两个相位不同(相位差为 φ)的全同简谐波沿着相同方向传播。假设它们向右传播，那么它们的波函数可以写为：

$$x_1(z,\ t)=x_0\sin(kz-\omega t)$$
$$x_2(z,\ t)=x_0\sin(kz-\omega t+\varphi)$$

总的波，或者说干涉结果为：

$$\begin{aligned}x(z,\ t)&=x_1(z,\ t)+x_2(z,\ t)\\&=x_0[\sin(kz-\omega t)+\sin(kz-\omega t+\varphi)]\\&=2x_0\cos\left(\frac{\varphi}{2}\right)\sin\left(kz-\omega t+\frac{\varphi}{2}\right)\end{aligned} \tag{5.17}$$

干涉的图像如图 5.10 所示。我们可以看到两个全同行波的干涉结果依然是一个行波，因为波函数中含有 $kz-\omega t$ 项。干涉波形的振幅为 $2x_0\cos(\varphi/2)$，相位为 $\varphi/2$。当相位差 $\varphi=0$ 时，干涉波的振幅为 $2x_0$，也就是初始波形振幅的两倍。此时，两个行波的波峰和波谷位置重合，所以发生相长干涉(图 5.10，上)。当 $\varphi=\pi$ 时，干涉波的振幅为 0。一个波的波峰与另一个波的波谷位置重合，所以两个波发生相消干涉(图 5.10，下)，即两个波互相抵消。当相位差在两个极限值之间时，干涉波的振幅在 0 和 $2x_0$ 之间(图 5.10，中)。

下面，我们将波的叠加原理用在两个沿着相反方向传播的全同波上。两个波的波函数可写为：

$$x_1(z,\ t)=x_0\sin(kz-\omega t)$$
$$x_2(z,\ t)=x_0\sin(kz+\omega t)$$

总的波或者说干涉结果可以表示为：

$$x(z,\ t)=x_1(z,\ t)+x_2(z,\ t)=x_0[\sin(kz-\omega t)+\sin(kz+\omega t)]$$

$$\boxed{x(z,\ t)=2x_0\cos(\omega t)\sin(kz)} \tag{5.18}$$

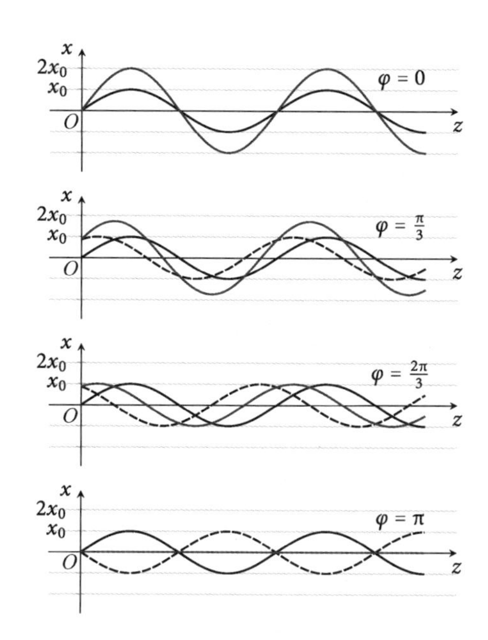

图 5.10 沿着相同方向传播的两个相位不同(相位差为 φ)的全同简谐行波之间的干涉。两列波以蓝色和绿色表示,干涉结果以红色表示。当 $\varphi=0$ 时(顶部),干涉为完全相长干涉,干涉波形的振幅是初始波形振幅的两倍。当 $\varphi=\pi$ 时(底部),干涉为完全相消干涉,两个波互相抵消,干涉结果是位移为零(见彩插)

该式为一个简谐驻波的波函数。

干涉过程如图 5.11 所示。与之前讨论的情形不同[式(5.17)],我们可以看到总的波没有移动,因为波动方程式(5.18)中不含有 $kz-\omega t$ 项。由于空间和时间项是分开的,干涉结果为一个驻波 $2x_0\sin(kz)$ 随着函数 $\cos(\omega t)$ 增强和减弱。也就是说,绳上所有的点以不同的振幅同步振荡。

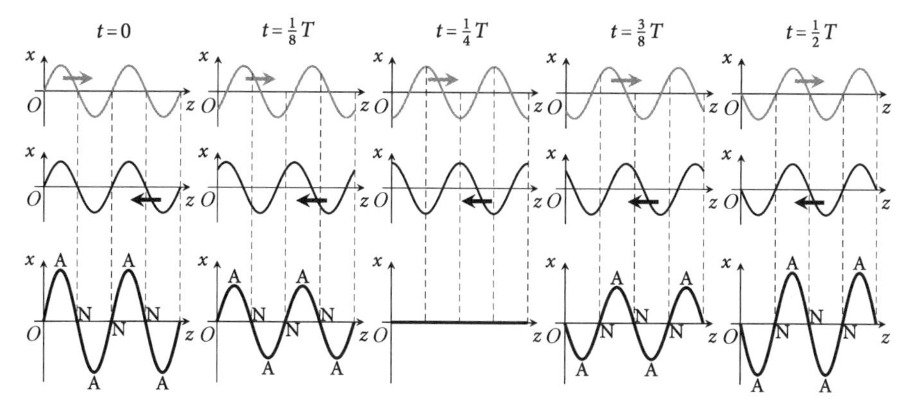

图 5.11 两个沿着相反方向传播的全同波之间的干涉,其中一个波向右传播(上),另一个向左传播(中)。最终的波函数(下)为驻波。波节和波腹分别以“N”和“A”标示

从式(5.18)中可以看到，在某些位置上振幅为零，即 $\sin(kz)=0$ 的位置：

$$kz=0,\ \pi,\ 2\pi,\ 3\pi,\ \cdots$$

结合式(5.9)，可以得到：

$$z=0,\ \frac{1}{2}\lambda,\ \lambda,\ \frac{3}{2}\lambda,\ \cdots$$

我们将振幅为零的这些点叫做波节。

另一方面，从式(5.18)中，我们知道最大的振幅为 $2x_0$。此时，点的位置需要满足 $\sin(kz)=1$，即：

$$kz=\frac{1}{2}\pi,\ \frac{3}{2}\pi,\ \frac{5}{2}\pi,\ \frac{7}{2}\pi,\ \cdots$$

结合式(5.9)，可知：

$$z=\frac{1}{4}\lambda,\ \frac{3}{4}\lambda,\ \frac{5}{4}\lambda,\ \frac{7}{4}\lambda,\ \cdots$$

具有最大振幅的点称为波腹。

在图 5.11 中，我们用“N”和“A”分别标示波节和波腹。可以看到：

- 两个相邻波节的距离为 $\lambda/2$；
- 两个相邻波腹的距离为 $\lambda/2$；
- 一个波节与其相邻波腹的距离为 $\lambda/4$。

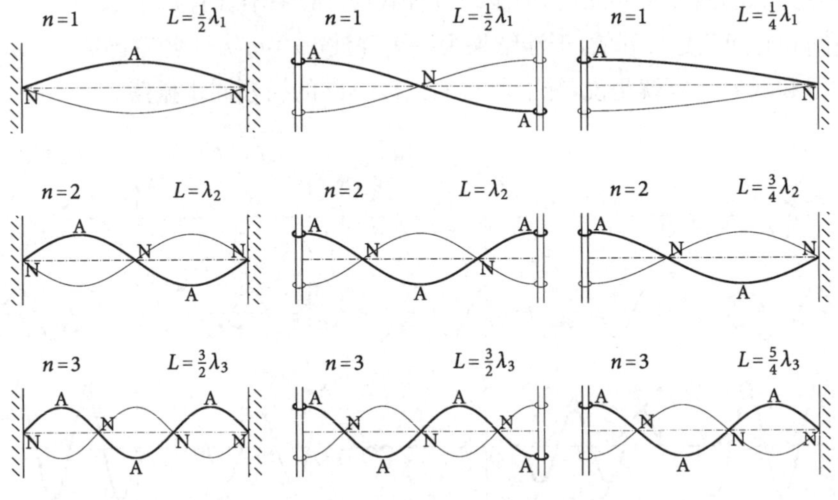

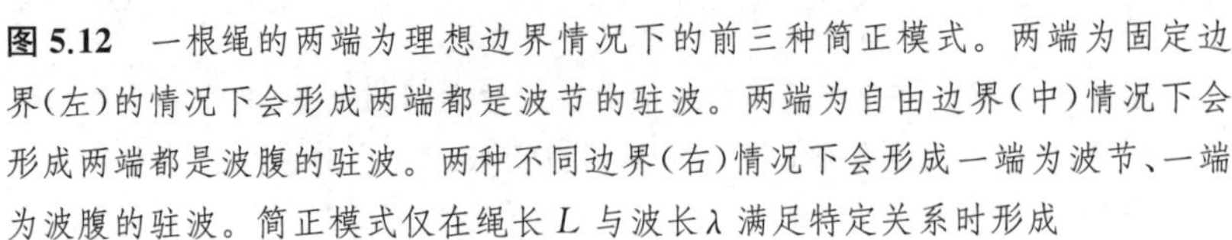

图 5.12　一根绳的两端为理想边界情况下的前三种简正模式。两端为固定边界(左)的情况下会形成两端都是波节的驻波。两端为自由边界(中)情况下会形成两端都是波腹的驻波。两种不同边界(右)情况下会形成一端为波节、一端为波腹的驻波。简正模式仅在绳长 L 与波长 λ 满足特定关系时形成

> **注意**
> 驻波通常出现在理想界面处由入射波和反射波一起形成。

乍看来，两个沿相反方向传播的全同波的干涉似乎是一个罕见的场景，但实际上驻波非常常见。它们常常出现在有理想边界（或近理想边界）的空间。从第 5.4 节的讨论我们知道这种情况下，反射波的振幅与入射波相同。因此，驻波常表现为入射波与其从理想边界（或近理想边界）反射回来的反射波之间的干涉结果。对于自由边界，驻波末端为波腹；对固定边界，驻波末端为波节。

最重要的驻波形式为两个边界之间的驻波。边界的类型决定了驻波末端为波腹或波节。在两个边界条件下，不可能存在任意驻波。其中，可能存在的驻波称为简正模式。不同边界条件下的三种简正模式如图 5.12 所示。当边界条件相同时（图 5.12，左和中），简正模式的波长和频率为[参考式(5.10)]：

$$\lambda_n = \frac{2L}{n}$$

$$f_n = n\,\frac{c}{2L} \tag{5.19}$$

当两种边界条件不同时（图 5.12，右），简正模式的波长和频率为[参考式(5.10)]：

$$\lambda_n = \frac{4L}{2n-1}$$

$$f_n = (2n-1)\,\frac{c}{4L} \tag{5.20}$$

第一个简正模式的频率 f_1 叫做基频。其他简正模式的频率 $f_n(n \geqslant 2)$ 是基频的整数倍。整数倍的频率关系能够构成一个谐波级数，所以简正模式常被称为谐波。基频 f_1 为第一谐波的频率，频率 f_2 为第二谐波的频率，频率 f_n 为 n 次谐波的频率。

驻波在音乐上有非常重要的应用。抛开其中的物理机制不谈，所有的乐器，包括人的嗓音在内，都以理想边界中的介质来产生声音，且基频总是与高阶谐波同时出现。我们将这些频率识别为音调。其中，式(5.19)中前两个谐波之间的频率范围，也就是某一特定频率及其倍频之间，被称为音乐上的八度。另一方面，第一谐波的振幅与其他谐波的振幅之比与乐器的类型相关。这就使得每个乐器都有其独特的音色。我们将在第 6.2.5 小节对此进行估算。

习题

5.1 计算波长为 0.50 μm 和 10 μm 的电磁波的频率。(6.0×10^{14} Hz,

3.0×10^{13} Hz）

5.2 计算频率为 110 Hz 的声音驻波能够出现的平行墙壁之间的最短距离。声速为 340 m/s。（1.54 m）

5.3 耳道是长度为 25 mm 的管，一边开放，另一边由鼓膜封闭。计算耳道中能够被听到的所有驻波谐波的频率。（3.4 kHz，10.2 kHz，17.0 kHz）

6 声传播

由于声学传统上是独立于其他建筑物理学科发展起来的，所以即便不少相同单位的符号，其物理意义也不一样。这里列出了一些重要的区别以免混淆：

符号	单位	热、湿、光	声
A	m^2	面积	等效吸声量
S	m^2	—	面积
α	1	吸收比	吸声系数
p	Pa	水蒸气压强	声压

此外，在热学和光学中通常使用波长 λ，而在声学中通常使用频率 f 作为描述波的基本量。由于二者存在简单的关联性[见式(5.10)]，因此可以被轻松转换。

6.1 引言

声音是一种纵向机械波。机械波这一属性表明这种波的传播需要借助物质粒子（原子、分子）的振动。在不存在物质粒子的真空，声音无法传播。

注意

声波用宏观的流体压强而不是微观粒子描述。

个体粒子振动发生在微观尺度，因此追踪这种运动是不可能完成的任务。但另一方面，粒子的集体振荡会形成密度较大的区域和较小的区域（图 6.1）。对于流体，这很容易用压强的大小来描述。流体压强是一个宏观现象，因此我们用它来描述声波。

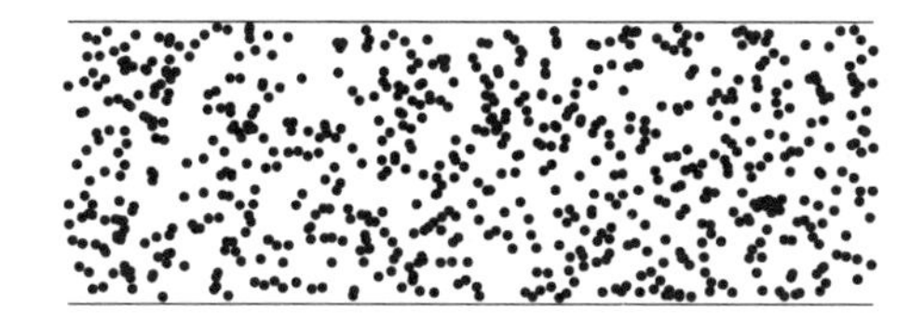

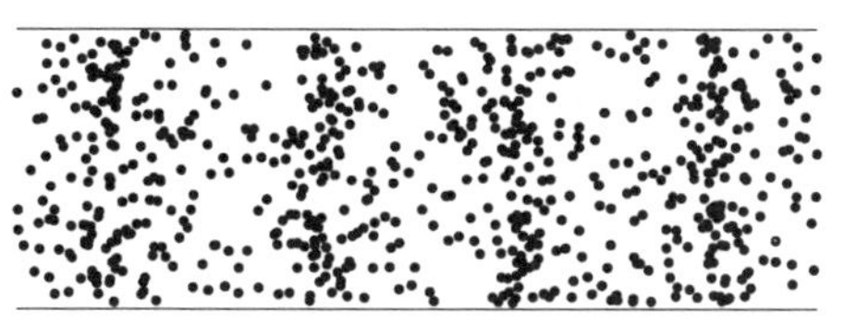

图 6.1 安静（左）和有声（右）时空气粒子分布示意

图 6.2 显示了流体压强的空间变化。当不存在声波时，流体压强 p_f 处处是固定常数，等于静压，海平面处为 $p_s = 1.013 \times 10^5$ Pa。声波的出现改

变了流体压强，但这个改变量相对静压来说是很小的(至少小 10 个数量级)。这个微小的压强变化被称为声压 p (Pa)。总的流体压强为：

$$p_f = p_s + p \tag{6.1}$$

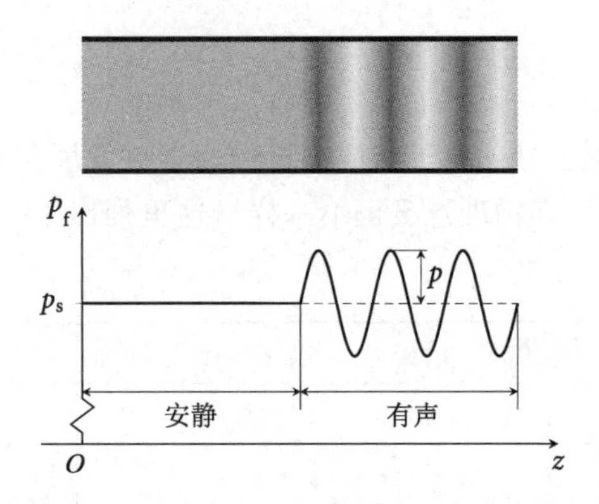

图 6.2 安静和有声时流体压强的空间变化

声压是一个使用起来特别方便的概念，因为它的测量比较容易实现。图 6.3 展示了一个声音测量话筒的基本构造。任何声音检测仪器的基本部件都是膜，如话筒上的膜片和耳朵中的鼓膜。膜外测压强等于 $p_s + p$。膜内测的压强等于 p_s。作用于面积为 S 上的膜的合力与声压成正比：

$$F = (p_s + p)S - p_s S = pS$$

合力让薄膜开始运动，其位移量与声压成正比。膜的位移被转换成电信号或神经信号。

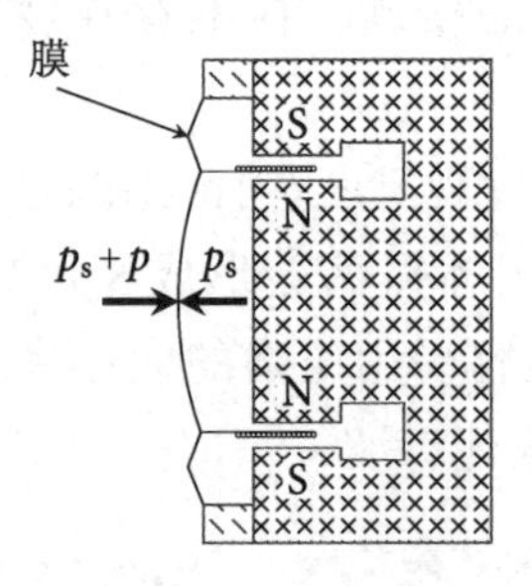

图 6.3 话筒构造图。其中最重要的部分是膜片，一个薄的半刚性振膜。由于声压膜片会发生移动，其所附着的线圈将会在磁铁间移动并产生电信号。扩音器的原理与之相反，电信号让线圈移动，让膜片产生声压

6.1.1 波函数

为了理解发声时流体(气体和液体)的动力变化，让我们来观察一个截面积为 S 的管道中的一小段流体微元。在稳定状态下(图 6.4，上)，该流体

片段的长度为 Δz，其体积为 $V=S\Delta z$。因为此时没有声音，流体片段的两侧的压强相同，都等于 p_s。

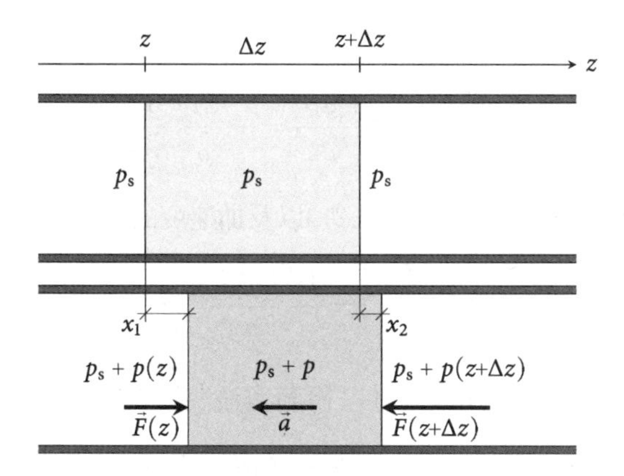

图 6.4 一个截面积为 S 的管道中的一小段流体微元的静止状态(上)与动态过程(下)。微元左右两侧的位移不同，因此微元的体积会发生变化

在动态条件下(图 6.4，下)，流体微元的压强因为声压而增加为 p_s+p。微元也从原平衡状态的位置发生了位移，左侧位移量为 x_1，右侧位移量为 x_2。新的流体微元的体积为 $S(\Delta z+x_2-x_1)=S(\Delta z+x)$。其体积变化 $V=S\Delta x$。我们用弹性模量 K 来表示：

$$\Delta p_f=-K\frac{\Delta V}{V}$$

我们观察到流体压强的变化量等于声压，于是得到：

$$p=-K\frac{\Delta V}{V}=-K\frac{S\Delta x}{S\Delta z}$$

对于无限小的流体微元，压强和位移的关系为：

$$\boxed{p=-K\frac{\partial x}{\partial z}} \tag{6.2}$$

这是一个非常重要的关系，因为它将宏观量(声压)和微观量(粒子位移)联系起来。

由于在动态情况下(图 6.4，下)，微元两侧的压力不再相同，合力导致了流体微元的加速度 a。我们可以用牛顿第二定律计算加速度：

$$F(z)-F(z+\Delta z)=S[p(z)-p(z+\Delta z)]=ma$$

因为压强是 z 位置的光滑函数，我们可以用泰勒级数将两个压力联系起来：

$$p(z+\Delta z)=p(z)+\frac{\Delta z}{1!}\frac{\partial p}{\partial z}+\frac{\Delta z^2}{2!}\frac{\partial^2 p}{\partial z^2}+\cdots\approx p(z)+\Delta z\frac{\partial p}{\partial z}$$

得到：

$$-S\Delta z\frac{\partial p}{\partial z}=-V\frac{\partial p}{\partial z}=-\frac{m}{\rho}\frac{\partial p}{\partial z}=ma$$

代入压强和位移的关系式[式(6.2)]以及加速度的定义[式(5.12)]，得到：

$$\frac{\partial^2 x}{\partial t^2}=\frac{K}{\rho}\frac{\partial^2 x}{\partial z^2}$$

通过波动方程[式(5.16)]，可以得到声波[式(5.7)]的解：

$$p(z,t)=p_0\sin(\omega t-kz)$$

这里 p_0 是声压振幅。流体中的声速为：

$$c=\sqrt{\frac{K}{\rho}} \tag{6.3}$$

最重要的流体——水，其 K 值为 $2.1\times10^9\ \mathrm{N/m^2}$，对应声速为1.4 km/s。

对气体，微元是绝热收缩和绝热膨胀的，也就是说，和外界没有热量交换(见第 1.9.2 小节)。此时表达式通过式(1.41)可以简化为：

$$K=\gamma p_{\mathrm{f}}$$

由理想气体状态方程[式(1.12)]和物质的量[式(1.9)]得到

$$c=\sqrt{\frac{\gamma RT}{M}} \tag{6.4}$$

这里 γ 是绝热系数。如果我们使用空气的典型值，取 γ 为 1.4，M 为 0.029 kg/mol，这个公式可以转为 ISO 9613-1 内的标准形式：

$$c=343.2\ \frac{m}{s}\cdot\sqrt{\frac{T}{T_0}} \tag{6.5}$$

其中 $T_0=293$ K。在 20℃时，声速为 343.2 m/s。

用同样的方法，可以证明固体中的声速为：

$$c=\sqrt{\frac{E}{\rho}} \tag{6.6}$$

其中 E ($\mathrm{N/m^2}$)是弹性模量。例如，铁 ($E=2.1\times10^{11}\ \mathrm{N/m^2}$，$\rho=7\,900\ \mathrm{kg/m^3}$) 中声音传播速度是 5.2 km/s。

我们可以定义另一种联系宏观量(声压)和微观量(粒子速度)的关系。然而,这种关系取决于波的类型。

对于纯简谐行波,单个粒子的运动可描述为:

$$x = x_0 \sin(\omega t - kz)$$

$$v = \frac{\mathrm{d}x}{\mathrm{d}t} = x_0 \omega \cos(\omega t - kz)$$

通过式(6.2)可以得到声压的表达式:

$$p = -K \frac{\mathrm{d}x}{\mathrm{d}z} = K x_0 k \cos(\omega t - kz)$$

可见,粒子位移和声压在时间和空间上是异相的。另一方面,粒子速度和声压处于同一相位,由式(5.6)及式(6.3)可得其比值为:

$$\frac{p}{v} = \frac{Kk}{\omega} = \frac{K}{c^2} c$$

$$\boxed{\frac{p}{v} = \rho c} \tag{6.7}$$

对于纯简谐驻波,单个粒子的运动可描述为:

$$x = x_0 \cos(kz) \sin(\omega t)$$

$$v = \frac{\mathrm{d}x}{\mathrm{d}t} = x_0 \omega \cos(kz) \cos(\omega t)$$

通过式(6.2)可以得到声压的表达式为:

$$p = -K \frac{\mathrm{d}x}{\mathrm{d}z} = K x_0 k \sin(kz) \sin(\omega t)$$

可见,粒子位移和声压在时间和空间上是异相的。另一方面,粒子位移和声压在空间上是不同步的,但在时间上是同相的。所以式(6.7)仅可用于表示其振幅的商:

$$\frac{p_0}{v_0} = \rho c \tag{6.8}$$

6.1.2 功率与能量的传递

声强

声波的基本特点是它在传递能量。正如在引言中介绍的,我们将能量通量密度定义成声强 i ($\mathrm{W/m^2}$)。声强为通过表面传递的机械能 $\mathrm{d}E$ 与表

面积 S 和传递时间 $\mathrm{d}t$ 的乘积的商：

$$i=\frac{\mathrm{d}E}{S\mathrm{d}t}=\frac{P}{S} \tag{6.9}$$

传递的能量等于速度为 v 的流体粒子在假想表面上所做的功：

$$P=Fv=p_{\mathrm{f}}Sv \tag{6.10}$$

结合式(6.1)，可以推出：

$$i=p_{\mathrm{f}}v=(p_{\mathrm{s}}+p)v \tag{6.11}$$

声压、粒子速度以及由此产生的声强都在快速变化——在相当大的声频下振荡——所以瞬时声强既不容易观察到，也不是一个特别有用的物理量。我们对时间平均声强 $I(\mathrm{W/m^2})$ 更感兴趣：

$$I=\langle i\rangle=\frac{1}{t'}\int_0^{t'}i\,\mathrm{d}t \tag{6.12}$$

考虑到粒子平均速度 $\langle v\rangle=0$，我们可以将声强的表达式简化为：

$$I=\langle p_{\mathrm{s}}v\rangle+\langle pv\rangle=p_{\mathrm{s}}\langle v\rangle+\langle pv\rangle=\langle pv\rangle \tag{6.13}$$

对于行波，通过式(6.7)可以得到时间平均声强为：

$$\boxed{I=\frac{\langle p^2\rangle}{\rho c}} \tag{6.14}$$

p^2 时间平均值的平方根为：

$$\langle p^2\rangle=\frac{1}{t'}\int_0^{t'}p^2\,\mathrm{d}t=p_{\mathrm{rms}}^2$$

通常称为均方根声压 p_{rms}。所以时间平均声强通常记为：

$$I=\frac{p_{\mathrm{rms}}^2}{\rho c} \tag{6.15}$$

对于驻波，时间平均声强的值：

$$I=0 \tag{6.16}$$

即 $\langle\sin(\omega t)\cos(\omega t)\rangle=0$。这不难理解，因为在驻波中，能量只会振荡，而通过空间的净能量传递等于零。

通常声强的“时间平均”定语会被省略，本书的其他部分也将用声强来指代时间平均声强。

注意，我们此前没有对热流密度进行时间平均。能量通量密度的时间平均只对通过波传递的能量起关键作用。

声强的重要性不仅限于对能量传递的描述，它的值直接对应于感知或测量的声音响度。如前所述，声音探测仪器的基本部分是膜。将声强与膜面积 S 相乘得到膜截获的功率：

注意
声强是关于响度的一个基本物理量。

$$p = IS \tag{6.17}$$

这里声强是声音响度的一种度量。

另一个有用的量是声能的时间平均密度 e(J/m^3)：

$$e = \frac{\mathrm{d}E}{\mathrm{d}V} \tag{6.18}$$

我们下面将证明，对于行波，e 与声强直接相关。让我们观察一个在横断面积为 S 的管中一段长度为 dz 的一小段波，在它正好通过某个位置 z 前后的时段(图 6.5)。该小段的体积为：

$$\mathrm{d}V = S\mathrm{d}z \tag{6.19}$$

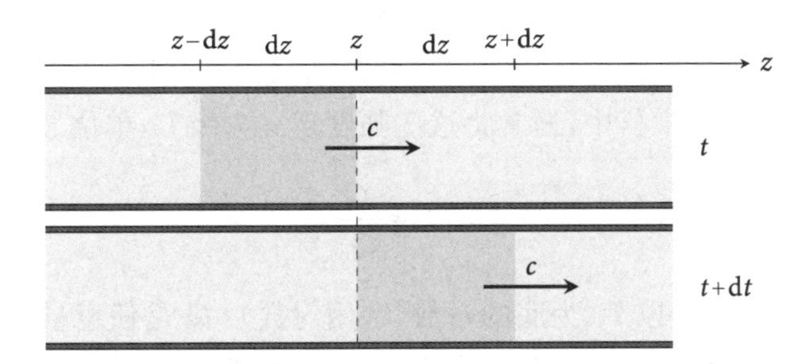

图 6.5 横截面积 S 管内长度为 dz 的小波片在通过位置 z 前(上)和通过位置 z 后(下)向右移动，在 dt 时间段内，z 位置传递的声能与波片的声能相等

在时间 dt 内，波的片段通过位置 z，所以在这个位置传递的声能等于波的片段的声能 dE。通过式(6.9)和式(6.12)，可以得到

$$I = \frac{\mathrm{d}E}{S\mathrm{d}t} = \frac{\mathrm{d}E}{\mathrm{d}V}\frac{\mathrm{d}z}{\mathrm{d}t} \tag{6.20}$$

在时间 dt 内，波的片段发生了位移 dz，而位置的时间导数 dz/dt 是和时间无关的声速 c：

$$I = ce \tag{6.21}$$

声强是声速和声能密度的乘积。这个表达式非常有用，因为它适用于所有由波传播引起的能量传递，而不仅仅是声波。具体地说，时间平均强度始终是波的能量的时间平均密度和波的速度的乘积。

注意
声功率是关于声音发射的基本物理量。

声功率

为了描述声源，我们引入了声功率 P，单位为 W：

$$P = \frac{\mathrm{d}E}{\mathrm{d}t} \tag{6.22}$$

其中 E 是发出的声能，t 是时间。注意，这里默认了声功率是时间平均物理量，这和时间平均强度概念是一致的。

诸如扬声器的普通声音发射器的声音功率仅为其额定（电力）功率的一小部分。这意味着提供的电能只有一小部分被转化为声能，而其余的则以热的形式损失掉。

6.1.3 声功率和声强的对数描述

普通声源的声音功率可以跨越几个数量级，从 1×10^{-11} W 的呼吸到 10 W的交响乐团。同样，正常人的听力也能够处理好几个数量级的声音强度而不会造成永久性的伤害，从 1×10^{-12} W/m^2 的听力阈值到大约 1 W/m^2 的一场吵闹的音乐会。我们将在第 6.3.2 小节详细阐述人类耳朵的局限性。

为了描述如此广泛的声功率和强度范围，我们用对数表示这些量。在声学以及其他工程学科中，通常将这些强度定义为级 L，单位 bel(B)：

$$L_Q = \lg \frac{Q}{Q_0}$$

其中，$\lg = \log_{10}$，即以 10 为底的对数（常用对数）。Q 是任意量，Q_0 是参考值。由于基本单位 bel（B）过于粗糙，所以级通常用 10 倍小的单位分贝（dB）来定义和表达，将普通定义改写为：

$$L_Q = 10\lg \frac{Q}{Q_0}$$

下面，我们将默认 dB 是级的基本单位。

首先，我们使用这个转换来定义声功率级 L_W（dB）：

$$L_W = 10\lg \frac{P}{P_0} \tag{6.23}$$

其中 $P_0 = 1.0\times10^{-12}$ W 是声功率的参考值。同样的，我们定义声强级为：

$$L_p = 10\lg \frac{I}{I_0} \tag{6.24}$$

其中 $I_0 = 1.0\times10^{-12}$ W/m^2 是声强的参考值。声强和声强级通常可用压强测试测得，从式(6.15)可得：

$$L_p = 10\lg \frac{p_{rms}^2}{p_0^2} = 10\lg\left(\frac{p_{rms}}{p_0}\right)^2 = 20\lg \frac{p_{rms}}{p_0}$$

$$L_p = 20\lg \frac{p_{rms}}{p_0} \tag{6.25}$$

其中 $p_0 = \sqrt{\rho c I_0} = 2.0 \times 10^{-5}$ Pa 是声压参考值。尽管 L_p (dB) 本质上是描述声强的，但也被称为声压级，并根据声压参考值定义。

注意

声强级与声压级是对同一物理量的不同叫法。

级的明显好处是简单而清晰。呼吸的声功率级是 10 dB，交响乐团的声功率级是 130 dB。听觉阈值的声强级是 0 dB，而一场吵闹的音乐会的声强级是 120 dB。表 6.1 列出了某些典型活动的声压级。

表 6.1　典型活动的声压级

活动/场所	声压级
听觉阈值	0 dB
钟表跳动声	20 dB
安静的房间	40 dB
一般谈话	60 dB
城市交通	80 dB
电锯	100 dB
摇滚音乐会	120 dB
枪击	140 dB

级的另一个可见优势是对感觉的描述更直观。众所周知，人类感觉的强度与刺激的强度不是成正比的。其确切的关系仍有待商榷，但韦伯-费希纳定律(Weber-Fechner law)的一项研究指出，人类感觉的强度与刺激强度的对数成正比。

注意

声功率级和声压级是无法直接测量的辅助量，对它们的数学运算既不直观又复杂。

级的缺点是本质上它是无量纲，尽管拥有单位分贝。这意味着本书中的四个声级量，声功率级、线性声功率级、表面声功率级和声压级都是相同的单位。因此，我们无法从单位中判断物理量，因此在计算时必须更加小心。

另一缺点是，级是一个辅助量，没有直接的物理意义，不能直接测量，数学运算复杂且不直观。

让我们从量级翻倍开始：

$$L(2Q) = 10\lg \frac{2Q}{Q_0} = 10\lg 2 + 10\lg \frac{Q}{Q_0} = L(Q) + 3\text{ dB} \tag{6.26}$$

我们看到，声功率或者声强提高一倍，会让对应的声功率级或声强级增加 3 dB。事实上，每次翻倍都会让级提高 3 dB：提高 4 倍意味着增加 6 dB，提高八倍意味着增加9 dB。另一方面，声功率或者声强减半会导致相应的声压级或声强级降低 3 dB。

现在我们着手建立重要的级的运算方法。基本的运算是加法。我们从两个值的相加开始：

$$Q = Q_1 + Q_2$$

这里，可以得到：

$$L = 10\lg\frac{Q}{Q_0}, \quad L_1 = 10\lg\frac{Q_1}{Q_0}, \quad L_2 = 10\lg\frac{Q_2}{Q_0}$$

$$Q = Q_0 10^{0.1L}, \quad Q_1 = Q_0 10^{0.1L_1}, \quad Q_2 = Q_0 10^{0.1L_2}$$

$$\Rightarrow L = 10\lg(10^{0.1L_1} + 10^{0.1L_2})$$

可将表达式拓展到 n 项相加的情况：

$$Q = \sum_{i=1}^{n} Q_i$$

$$L = 10\lg\left(\sum_{i=1}^{n} 10^{0.1L_i}\right) \tag{6.27}$$

接下来，我们对 n 个值进行平均：

$$Q = \frac{1}{n}\sum_{i=1}^{n} Q_i$$

$$L = 10\lg\left(\frac{1}{n}\sum_{i=1}^{n} 10^{0.1L_i}\right) \tag{6.28}$$

最后一个重要的操作是将值与无量纲数相乘：

$$Q_N = NQ_1$$

$$L_N = L_1 + 10\lg N \tag{6.29}$$

可见式(6.26)是上式的一种特定情况。

6.2 声源及其属性

在第 6.1.3 小节我们为声功率和声强定义了清晰的量化方式(级)。

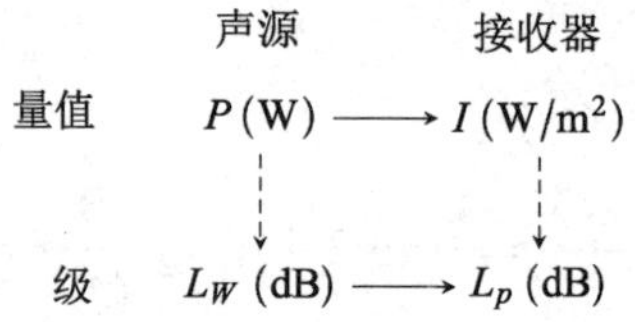

	声源		接收器
量值	P (W)	⟶	I (W/m^2)
级	L_W (dB)	⟶	L_p (dB)

在本节,我们将在声源和声接收器之间建立联系,它们分别用声功率和声强表示。为了找到这种联系,我们将详细说明声波是如何从声源传播到声音接收器的。我们将在以下理想条件下研究最简单的情况:

- 自由声场是没有声音反射的区域,即没有相邻的反射表面。在大多数实际情况下,这是不可能的;但如果直接来自声源的声压级大于反射引起的声压级 6 dB,或者最好大于反射引起的声压级 10 dB,则假定自由声场条件满足。
- 各向同性指的是声源在各个方向均匀地发射声音(以及能量)。在第 6.2.4 小节中,还将研究几个具有各向异性声源的简单案例。

6.2.1 各向同性点声源

假设有一个各向同性的点声源,声功率 P 是恒定的,我们必须找出声音强度在空间的哪些地方是不变的。由于对称性的原因,声强只取决于与声源的距离,因此对于以声源为中心的球面处,声强应该是恒定的(图 6.6,左)。注意到,所有离开声源的声能必须穿透球面。因此,我们可以用声功率除以表面面积[式(6.9)]来计算声强:

$$I=\frac{P}{S}=\frac{P}{4\pi r^2} \tag{6.30}$$

式中,S 为球面面积,r 为距声源的距离。

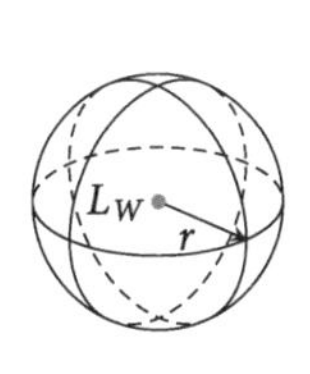

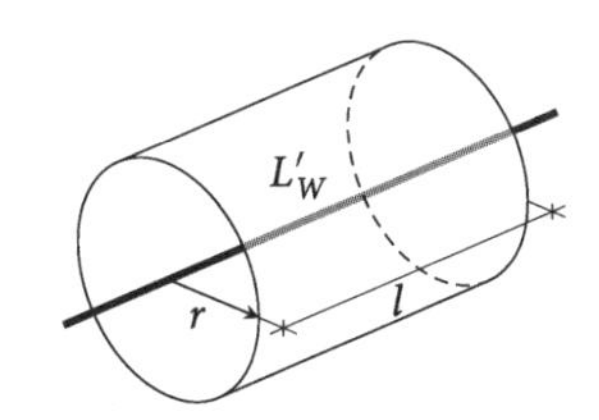

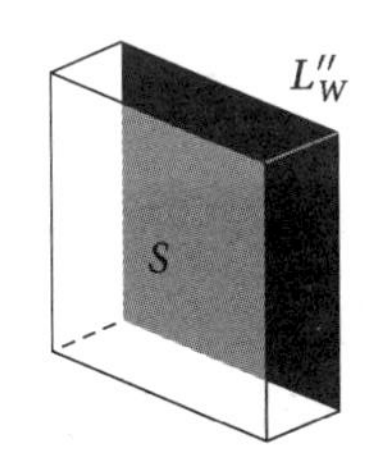

图 6.6 各向同性点声源(左)、各向同性线性声源(中)和各向同性面声源(右)的情况下的声传播。图中给出了声源和具有恒定声强的特定表面

我们可以从更具体的过程中得到相同的结论。如图 5.1 所示,在水面上某一点的扰动形成了环形波阵面,当波阵面离开这个点时,它的长度会增加,但波峰会降低。这是因为能量和功率——能量除以振荡周期的值是恒定的,这意味着单位长度的波阵面上能量和功率都应减小。

类似地,空间中的点声源形成球面波阵面。当一个波阵面离开声源时,它的面积会增加,这意味着单位波阵面面积的能量和功率都会减少。将声源声功率除以波阵面对应的球面积便可得到声强。

在确定了声功率和声强之间的关系之后,我们继续确定声功率级和声压级之间的关系。将前一关系式代入式(6.24),我们得到声压级:

$$L_p = 10\lg \frac{I}{I_0} = 10\lg\left(\frac{P}{4\pi r^2}\frac{r_0^2}{P_0}\right) = 10\lg\left(\frac{P}{P_0}\frac{r_0^2}{4\pi r^2}\right)$$

$$= 10\lg \frac{P}{P_0} - 10\lg \frac{r^2}{r_0^2} - 10\lg 4\pi$$

$$L_p = L_W - 20\lg \frac{r}{r_0} - 11\ \text{dB} \tag{6.31}$$

其中，$r_0 = 1$ m，是距离参考值。距离增加一倍，从 r 变为 $2r$，声压级降低 $20\lg 2 = 6$ dB。

注意，只要声源与观察位置之间的距离远大于声源的尺寸，点声源的计算式(6.31)就适用。

6.2.2 各向同性线声源

假设一个各向同性的无限线声源，其线性声功率固定为 P'(W/m)：

$$P' = \frac{P}{l} \tag{6.32}$$

其中 P 是长度为 l 的声源发出的声功率，其固定的线性声功率为 L'_W(dB)：

$$L'_W = 10\lg \frac{P'}{P'_0} \tag{6.33}$$

其中 $P'_0 = 1 \times 10^{-12}$ W/m，是线声源功率参考值。

我们必须找出声音强度在空间的哪些地方是不变的。出于对称性，声强仅取决于与声源的距离，因此对于以声源为中心的无限长圆柱面(图6.6，中)，声强应是恒定值。注意，所有离开声源的声能必须穿透圆柱面。因此，我们可以通过式(6.9)将长度为 l 的声源段的声功率除以相应表面积来计算声强：

$$I = \frac{P}{S} = \frac{P'l}{2\pi r l} = \frac{P'}{2\pi r} \tag{6.34}$$

其中 S 是圆柱表面的面积，r 是距声源的距离。

将其代入式(6.24)中，获得声压级：

$$L_p = 10\lg \frac{I}{I_0} = 10\lg\left(\frac{P'}{2\pi r}\frac{r_0}{P'_0}\right) = 10\lg\left(\frac{P'}{P'_0}\frac{r_0}{2\pi r}\right)$$

$$= 10\lg \frac{P'}{P'_0} - 10\lg \frac{r}{r_0} - 10\lg 2\pi$$

$$L_p = L'_W - 10\lg\frac{r}{r_0} - 8\ \text{dB} \tag{6.35}$$

距离声源的距离增加一倍，$r \to 2r$，声压级衰减 $10\lg 2 = 3$ dB。该减小值是点声源的一半，这意味着线性声源衰减得更慢。

只要观察点到声源中心的距离比声源的长度小得多，线性声源的表达式式(6.35)就适用。另一方面，如果这个距离远大于声源的长度，则可以将其视为点声源的叠加[式(6.31)]，其声功率级可以通过式(6.29)得出：

$$L_W = L'_W + 10\lg\frac{l}{l_0} \tag{6.36}$$

其中 $l_0 = 1$ m。

6.2.3 各向同性面声源

假设我们有一个恒定的面声功率为 P'' (W/m)的各向同性无限平面声源：

$$P'' = \frac{P}{S} \tag{6.37}$$

其中 P 是区域 S 的声源部分发出的声功率，表面声功率级 L''_W (dB)恒定为：

$$L''_W = 10\lg\frac{P''}{P''_0} \tag{6.38}$$

其中 $L''_0 = 1 \times 10^{-12}$ W/m^2，为表面声功率参考值。

请注意，此时声强和声压级与距离无关(图 6.6，右)。

$$I = \frac{P}{S} = \frac{P''S}{S} = P'' \tag{6.39}$$

将其代入式(6.25)，可以得到声压级：

$$L_p = 10\lg\frac{I}{I_0} = 10\lg\frac{P''}{P''_0}$$

$$L_p = L''_W \tag{6.40}$$

只要观察点与声源中心之间的距离远小于声源的尺寸，则面声源的表达式(6.40)就适用。另一方面，如果此距离远大于声源的尺寸，则可以将声源视为点声源的叠加，其声功率级可根据式(6.29)计算：

$$L_W = L''_W + 10\lg\frac{S}{S_0} \tag{6.41}$$

其中 $S_0 = 1$ m^2。

6.2.4 方向性校正

当我们从点声源计算声强[式(6.30)]和声压级[式(6.31)]时，我们假设声源是各向同性的。然而，大多数真正的声源只在某些方向发出声音。因此，我们只能将声功率除以声音传播的那部分球面积，于是式(6.30)转化为：

$$I=\frac{P}{S}=\frac{P}{\Omega r^{2}}$$

其中Ω为立体角[见式(8.16)]，其定义参考第8.3.2小节。例如，$\Omega=4\pi$表示整个空间，$\Omega=2\pi$表示半球声场，$\Omega=\pi$是1/4声场，$\Omega=1/2\pi$表示1/8空间(图6.7)。但我们实际上并不用前式，更常见的是通过在声压级上加上方向性校正D_C来计算空间有限的声发射。

$$L_p=10\lg\frac{P}{\Omega r^{2}}=10\lg\left(\frac{P}{4\pi r^{2}}\frac{4\pi}{\Omega}\right)=L_{p0}+D_C$$

$$D_C=10\lg\frac{4\pi}{\Omega}$$

式中，L_{p0}为对应的各向同性点声源的声压级。

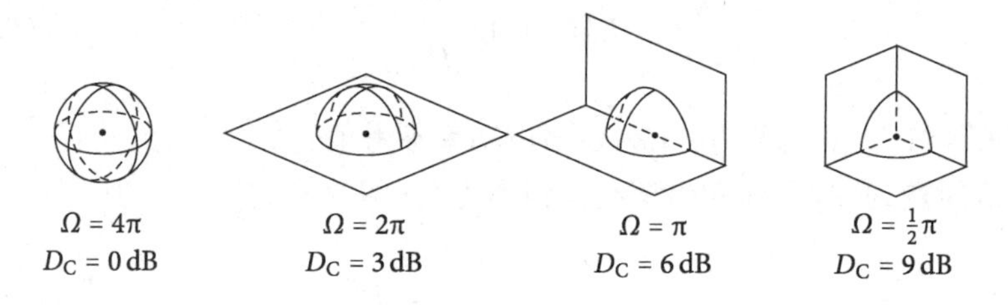

图6.7 方向性校正。如果在相同声功率的情况下将声音传播限制在较小的立体角Ω，则声压级会以方向性校正D_C增加

对半球空间，声强加倍，因此$D_C=3$ dB；对于1/4空间，声强为4倍，$D_C=6$ dB；在1/8空间，声强为8倍，$D_C=9$ dB(图6.7)。

当声源位于高反射表面——例如坚硬光滑的表面——附近时，我们也可以用方向性校正来计算。例如，如果声源位于一个这样的表面附近，所有的声音都会被反射，而没有声音能量损失。这意味着完整的声功率传播到半空间，$D_C=3$ dB。同样，靠近两个高反射垂直表面边缘的声源$D_C=6$ dB，靠近三个高反射垂直表面边缘的声源$D_C=9$ dB。大多数坚硬、光滑的表面是具有高度反射性的。声音的反射将在第7.1节中详细说明。

6.2.5 频谱特性

不同的声源产生不同类型的声音。例如,音叉产生一个称为单音的单一频率的声音。单音的函数是一个完美的正弦曲线(图 6.8,左)。另一方面,如第 5.5 节所述,乐器还会产生高阶谐波,发出乐音,此时声波函数仍然是重复的,但不是一个完美的正弦曲线(图 6.8,中)。非音乐性声源通常产生连续的、宽频谱的声音,产生随机函数(图 6.8,右),这种声音通常称为噪声。然而,噪声有多重含义,我们将在第 6.3.1 小节中进行更广泛的讨论。

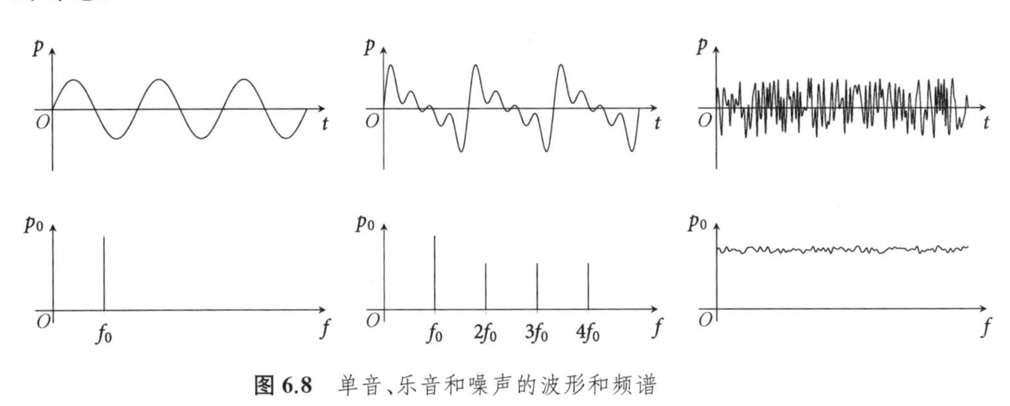

图 6.8 单音、乐音和噪声的波形和频谱

6.3 人的声音感知和声音等级

6.3.1 噪声

截至目前,我们都还只关注到声传播。然而,我们的首要目标是评估声音对人类的影响,并创造条件来防止负面影响。

在广义上,噪声一词用来描述任何不必要的、可能有害的声音。将特定声音指定为不需要的声音是基于个人的主观偏好。事实上,任何声音都可能被至少一小部分人认为是不需要的。为了保持中立,大多数现代立法基本上把人类及其设备产生的声音视为噪声,并倾向于控制其数量。

噪声已经被证明是对健康有害的。在对生理的影响中,可能会导致听力障碍、高血压、心血管疾病和睡眠障碍。此外,在对心理影响上还包括制造压力,增加工作场所事故率,刺激攻击性和其他反社会行为等。噪声的负面影响带来了巨大的社会成本,因此研究和降低噪声的努力也越来越多。

然而,尽管进行了各种研究,噪声在何种条件下以及在何种值下变得不可接受仍然没有一个共识。因此,噪声限值仍然是各个国家法规自主确定的。我们后面将讨论各种环境中噪声产生的影响，并提出一些控制噪声的方案。

6.3.2 生理感知

首先要考虑人类的生理感知，其中重点是声音强度和频率。

在第 6.1.3 小节中我们已经提到普通人听觉范围可以跨越数个声强数量级。人可以听到的最小的声强，也被叫做听觉阈值，大约在 1×10^{-12} W/m^2；最大的安全声强也叫做痛阈，大约为 1 W/m^2。从式(6.24)我们可以得出对听觉阈值和痛阈，其声压级分别为 0 dB 和 120 dB。同样地，从式(6.15)我们可以得出对听觉阈值和痛阈，其均方根声压分别是 2.0×10^{-5} Pa 和 2.0 Pa。

另一方面，通常人力听觉范围覆盖的频率为 20 Hz 到 20 kHz。小于 20 Hz的频率称为次声波，常常用于地震监测。而大于 20 Hz 的称为超声波，可用于生物和固体的无损检测。

然而，即便是在听觉范围内，同样的声音强度听起来却并不一定同样响亮。例如一个频率为 20 Hz 的 105 dB 的声音，其与 1 kHz 的 50 dB 的声音听起来的响度是相同的。我们用方来描述对频率的敏感性，也就是对于某个声音我们使用 1 kHz 上有相同响度感觉的声压级来描述。例如，20 Hz的声音在 105 dB 下其值等同于 50 方，因为它与 1 kHz 上 50 dB 的响度感受相同。这种效果通常用等响曲线来表示，即具有相同方值的点连接而成的线(图 6.9)。

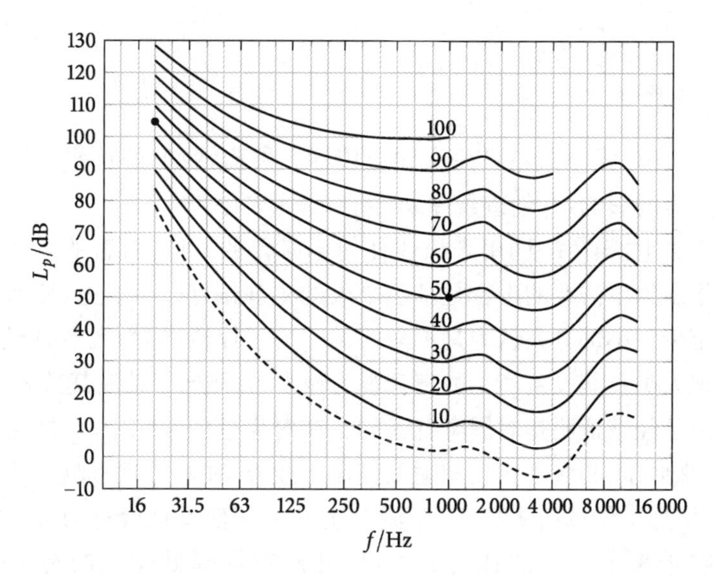

图 6.9 不同方值的等响曲线(实线)与听觉阈值(虚线)。20 Hz的 105 dB 的声音与 1 kHz 的 50 dB 的声音在同一条等响曲线上，它们表现出同样响度

国际标准 ISO 226 规定了等响曲线。标准首先将可听范围划分成 1/3 倍频带,并用中心倍频程来指定:10 Hz,12.5 Hz,16 Hz,20 Hz,25 Hz,31.5 Hz,40 Hz,50 Hz,63 Hz,80 Hz,100 Hz,125 Hz,160 Hz,200 Hz,250 Hz,315 Hz,400 Hz,500 Hz,630 Hz,800 Hz,1 kHz,1.25 kHz,1.6 kHz,2 kHz,2.5 kHz,3.15 kHz,4 kHz,5 kHz,6.3 kHz,8 kHz,10 kHz,12.5 kHz,16 kHz,20 kHz。加下划线的是倍频带中心频率。标准随后定义了这些频率的不同声压级的等响曲线。

为了补偿人类听觉对频率灵敏度的不同,声压级的测量结果要使用计权函数进行修正,例如计权函数 ΔL_{pA}:

$$L_{pA} = L_p + \Delta L_{pA} \tag{6.42}$$

标准 IEC 61672-1 定义了两种计权函数,如图 6.10 所示。A 计权是通常默认的,C 计权只作特殊使用,如峰值声音测量。事实上,A 计权在响度 60 方时非常适用,但在其他响度上适用性则要下降。

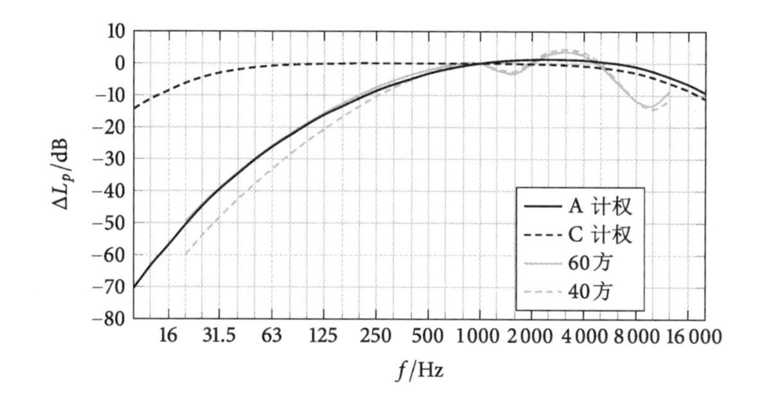

图 6.10 A、C 计权函数及以 1 kHz、0 dB 为中心镜像后的 40 方、60 方等响曲线(见彩插)

当使用特定的频率权重时,将其小写标注,如 L_{pA}。更常见的做法是频率计权,通常在单位之后增加一个额外的注释,例如,dB(A)或者 dBA。如图 6.11 所示的 A 计权。

> **注意**
> 计权函数(最主要的是 A 计权)解决了人类听力与频率的关系。

6.3.3 心理感知

在这一节,我们将把注意力转向人类听觉的心理属性。我们现在不再使用客观名词声音,而是替换为噪声。相同频率和声压级的噪声会因人脑的声音处理而产生不同程度的烦恼。为考虑这种现象,我们引入了级调节 K(dB)。

影响对噪声心理感知的最重要条件有:

时段；

地点；

存在单频噪声；

存在脉冲噪声。

时段

客观指标相同的噪声在夜晚休息时最令人心烦，而在白天人们活跃时带来的干扰最小。为考虑这种敏感性，国际标准 ISO 1996-1 定义了不同时段的评价等级。一天被分为白天时段（d 小时）、傍晚时段（e 小时）和深夜时段（n 小时）。对于每个时段，其评价等级由每个时段测量或者计算出的平均声压级得出：白天评价等级为 L_{Rd}，傍晚为 L_{Rd}，深夜为 L_{Rn}。标准同时介绍了全天的评价等级，称为昼夜评价等级：

$$L_{\mathrm{Rden}}=10\lg\left[\frac{d}{24}10^{0.1L_{\mathrm{Rd}}}+\frac{e}{24}10^{0.1(L_{\mathrm{Re}}+K_{\mathrm{e}})}+\frac{24-d-e}{24}10^{0.1(L_{\mathrm{Rn}}+K_{\mathrm{n}})}\right]$$

这里傍晚的等级调整为 K_{e}，夜间的等级调整为 K_{n}，这是考虑到这两个时间段对于噪声更厌烦。注意，当没有等级调整时，上面这个式子只代表平均的日声压级（同式 6.28）。上式中，标准推荐 $K_{\mathrm{e}}=5$ dB，$K_{\mathrm{n}}=10$ dB。

欧洲议会 2000/49/EC 指令将评价等级称为噪声指数。指令推荐的白天默认时段为 07:00—19:00，即 $d=12$ h；傍晚时段为 19:00—23:00，即 $e=4$ h，深夜时段为 23:00—次日 07:00，即 $n=8$ h。因此，昼夜噪声指数为：

$$L_{\mathrm{Rden}}=10\lg\left[\frac{1}{24}(12\times10^{0.1L_{\mathrm{Rd}}}+4\times10^{0.1(L_{\mathrm{Re}}+5)}+8\times10^{0.1(L_{\mathrm{Rn}}+10)})\right]$$

地点

生理上等量的噪声在医疗和专门用于居住的休憩区最令人讨厌，而在工业区和专用于生产和运输的基础设施区，这种影响则要小得多。考虑到这种敏感性，城市区域通常被划分为四个噪声防护区：噪声防护区Ⅰ，包括对噪声最敏感的健康及康乐区；噪声防护区Ⅱ，包括学校和纯住宅区；噪声防护区Ⅲ，包括商业区和混合区；噪声防护区Ⅳ，包括噪声敏感度最低的基础设施和工业区。

最后，为了同时考虑时段和位置敏感度，在每个噪声防护区内指定了不同的限值。限值由司法管辖区规定，各国的限值差别很大。然而，在最敏感的噪声防护区，夜间额定值总是规定了最低限值，而在最不敏感的噪声防护区，白天的额定值总是规定了最高限值。总体思路见表 6.2，其中最小极限值 N 取决于各国各自规定。

表 6.2 评价等级或噪声指数的良好实践限值

噪声防护	L_{Rden}	L_{Rd}	L_{Re}	L_{Rn}
区域Ⅰ	$N+10$	$N+10$	$N+5$	N
区域Ⅱ	$N+15$	$N+15$	$N+10$	$N+5$
区域Ⅲ	$N+20$	$N+20$	$N+15$	$N+10$
区域Ⅳ	$N+25$	$N+25$	$N+20$	$N+15$

存在单频噪声

单频噪声的特征是从总噪声中可听见单个频率成分或窄带成分。单频噪声的存在增加了对整体噪声的心理敏感性。这种影响可通过对测得的声压级增加音调级调整 K_t 来实现。标准 ISO 20065 指定了工程方法，而标准 ISO 1996-2 指定了用于音调检测的简化调查法。在这里，我们介绍简化调查法。

我们用三分之一倍频程来确定噪声频段。如果特定频段的声压级大于两个相邻频段的声压级达 15 dB(用于 25 Hz 至 125 Hz 之间的三分之一倍频程)、8 dB(用于 160 Hz 至 400 Hz 之间的三分之一倍频程)、5 dB(用于 500 Hz 至 10 kHz 之间的三分之一倍频程)，即可确认存在单频噪声影响，此时应该进行音调调整(图 6.11)。标准建议在 3 dB 和 6 dB 之间调整音调等级。

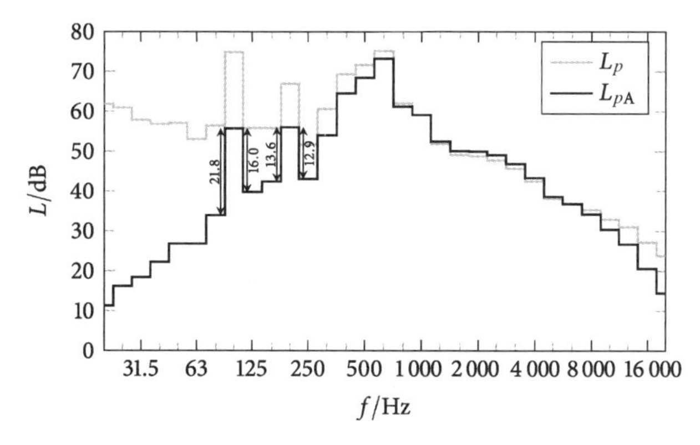

图 6.11 50 Hz 电网中电力变压器的 100 Hz 和 200 Hz 单调噪声示例。其 100 Hz处声压级大于相邻的三分之一倍频程超过 15 dB;在 200 Hz 处，声压级别大于相邻的三分之一倍频程超过 8 dB

存在脉冲噪声

脉冲噪声的特点是噪声压力短时间爆发，例如气动锤和行驶在桥梁伸缩缝上的车辆(图 6.12)。脉冲噪声的存在增加了对总体噪声的心理敏感性，可通过对测得的声压级增加脉冲级调整 K_i 来表示其影响。标准建议，对于规则脉冲噪声，脉冲级调整值为 5 dB，对于高脉冲噪声，脉冲级调整值为 12 dB。然而，对于脉冲噪声的检测，并没有明确的客观方法。

一种可用的方法是用 F 计权（快速）和 I 计权（脉冲）测量噪声。如果两个结果的差值大于规定的值，则确认脉冲噪声的存在，并对脉冲级进行调整。

图 6.12 设置桥梁的伸缩缝是为了避免材料膨胀引起的内应力（见第1.3节）。然而，这些构造节点也是脉冲噪声的一个重要来源

6.4 环境声压级的测定

环境中的声压级可通过测量和计算确定（图 6.13、表 6.3），每种方法都有其优缺点。

图 6.13 环境声压级的两种测定方法：使用话筒测量（左），使用数字模型计算（右）（见彩插）

> **注意**
> 由于计算法的优点，常用该方法确定声压级。

多数声源都是有周期性的。由于行业和交通而产生的噪声量通常在工作日和周末之间有所不同，并且通常具有很大的季节性变化。从立法的角度来看，所需要知道的相关值为年平均值，这只能通过计算来确定。此外，将总噪声分解为若干个单独的噪声通常很重要，因为各种噪声源可能具有不同的立法处理，或者有必要确定代表主要噪声贡献的声源。因此，立法通常规定用计算法作为噪声判定的相关方法。

表 6.3 测量与计算法的比较

测　量	计　算
特定时刻测量值更准确	特定时刻计算值准确性较低
瞬时噪声	长期平均噪声，中和噪声源和大气变化
所有噪声源，包括不期望的残余噪声	所有或单一噪声源
单点	广域
现有噪声	现有或预期噪声

但是，对于非重复性噪声事件（公共事件、爆炸），音调噪声、脉冲噪声和峰值噪声值，则仍然需要进行测量。测量还用于确定工业设备的声功率级并验证计算结果。

6.4.1 环境噪声测量

第一种测量环境噪声的方法在标准 ISO 1996-2 中进行了规定，即使用声压级测量。除此之外，该标准还定义了有关仪器仪表、对声源的操作、天气条件和测量程序的要求。测量通常在中心频段 63 Hz 到 8 kHz 的 8 个倍频带内进行。

虽然测量装置能够测量瞬时噪声，但为了方便，测量结果通常都在小时间段内取平均值，该过程称为时间计权，时间长度是一个常数。标准 ISO 1996-2 定义了 F 计权（快）对应的时间常数是 0.125 s，S 计权（慢）对应的时间常数是 1 s。此外，I 计权（脉冲）对应的时间常数是 35 ms，其一般被用于特殊情况，如确定脉冲级调整。

同时该方法还考虑了残余噪声对测量结果的影响。残余噪声是当感兴趣的噪声源不存在时（例如，当设备关闭时）出现的噪声。若残余噪声 L_{resid} 的声压级比总测量噪声 L_{meas} 的声压级小至少 10 dB，则残余噪声可忽略，否则，需减去残余噪声，得到修正的声压级：

$$L = 10\lg(10^{0.1L_{\text{meas}}} - 10^{0.1L_{\text{resid}}})$$

标准 ISO 1996-1 进一步规定了评估程序。最重要的声压级评估如下：

- 时间平均和频率计权声压级，其中频率和时间计权在声压级符号中表示，如 A 计权 F 计权测量的声压级为 L_{pAF}。
- 最大时间计权和频率计权声压级，表示在规定的时间间隔内的最大声压级，例如，A 计权 F 计权测量的最大声压级为 L_{AFmax}。

- N%超标声压级表示在连续时间间隔内时间占比超过 N(%)的声压级,例如,A 计权 F 计权测量的 L_{AFN}。
- 等效连续声压级,表示在连续时间间隔内的频率计权连续测量,如 A 计权测量的 L_{Aeq}。计算表达式为:

$$L_{Aeq}=10\lg\left[\frac{1}{T}\int_T\left(\frac{p_A}{p_0}\right)^2\mathrm{d}t\right]$$

其中 p_A 是 A 计权连续声压,参考声压 $p_0=20\ \mu\text{Pa}$。

- 第 6.3.3 小节详述的评价等效连续声压级 L_{Req}。

6.4.2 环境噪声的计算

对于第二种确定环境噪声的方法,即通过建立数字地形模型,考虑地表、声源、建筑物、声屏障和其他重要物体,利用声压级进行计算。包括地表在内的所有物体的声学特性也被考虑在内。

标准 ISO 9613-2 规定了声压级计算方法。首先,将所有有限维度的源分解为点噪声源。然后,将每个点噪声源声功率级 L_W 分为 63 Hz～8 kHz之间的八个倍频带的声功率级 L_{Wf}。

对于选定的空间位置和特定的点噪声源,我们分别计算了每个倍频带的顺风(沿风向)倍频带声压级:

$$L_{pf}(\text{DW})=L_{Wf}+D_C-A$$

式中,A 是频率相关倍频带声衰减:

$$A=A_{div}+A_{atm}+A_{gr}+A_{bar}+A_{misc}$$

倍频带声衰减包括以下部分:

- A_{div} 考虑了来自点噪声源的球形声传播而产生的几何发散[式(6.31)]:

$$A_{div}=20\lg\left(\frac{r}{r_0}\right)+11\ \text{dB}$$

这是唯一与频率无关的声衰减部分。

- A_{atm}考虑了来自大气吸收而产生的声衰减。
- A_{gr}考虑了噪声从源到接受者的直接传播中受到地面反射的干扰。
- A_{bar}考虑了屏蔽障碍(例如隔音屏障和建筑物)造成的声音衰减。
- A_{misc}考虑了由于各种其他影响造成的声音衰减,例如树叶、工业场地和住房。

通过对倍频带声压级求和式(6.27)可得到空间中指定点或点噪声源的等效连续 A 计权顺风声压级:

$$L_{pA}(\mathrm{DW}) = 10\lg\left(\sum_f 10^{0.1[L_{pf}(\mathrm{DW})+A_f]}\right)$$

式中，A_f 表示标准 A 权重(图 6.10)。

最后，可得出长期平均 A 计权声压级：

$$L_{pA}(\mathrm{LT}) = L_{pA}(\mathrm{DW}) - C_{\mathrm{met}}$$

式中，C_{met} 是天气修正部分。

标准 ISO 9613-1 规定了一种计算因大气吸收而引起的噪声衰减的更精确方法。

年平均声压级通常计算以下状况：

- 对于给定区域和给定声源；
- 对于一天中的全时段；
- 建筑外立面；
- 地面上的固定高度，通常是 2～4 m。

声压级分布以噪声图的形式表示(图 6.14)。区域通常采用 5 dB 阶跃分类，并根据不同的颜色进行着色。

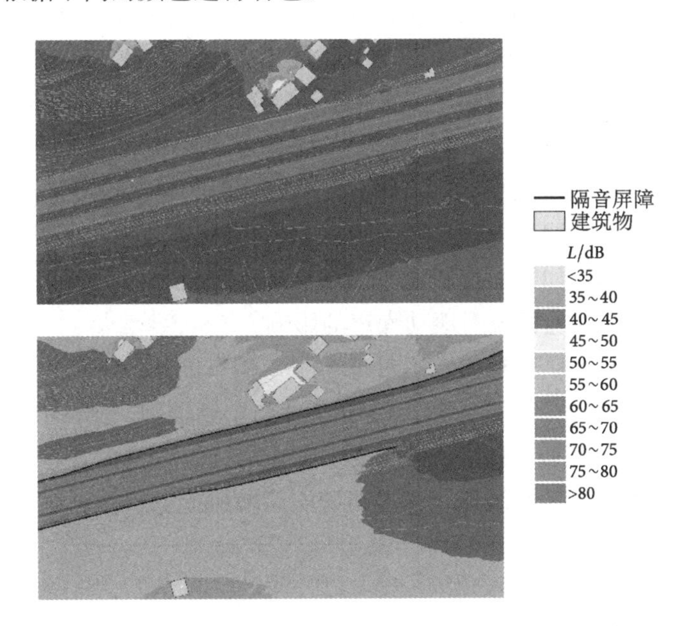

图 6.14 由图 6.13 中的数字地形模型绘制的高速公路附近距离地面 2 m 的噪声图。上图是没有噪声控制的情况，下图是有噪声控制的情况。同一区域的截面表示见图 6.18。所使用的配色方案由标准 DIN 18005-2 规定(见彩插)

6.4.3 道路交通

道路交通是造成市区噪声的最大单一因素(表 6.4)。因此，我们将粗略地描述其声功率级的计算方法。

表 6.4 欧盟境内预估暴露于噪声水平 $L_{den}\geqslant$55 dB 的人数

污染源	暴露人数/人
道路运输	125 000 000
铁路运输	8 000 000
航空运输	3 000 000
工业	300 000

欧洲议会法令 2015/996 建立了欧盟常用的噪声评估方法，称为“通用噪声评估方法”，简称为 CNOSSOS-EU。利用这些方法，将道路或车道的交通噪声源用距路面 0.05 m 以上的线性噪声源表示。它们的线性声功率级别取决于以下几个参数：

- 车辆类型。车辆被分为四种，轻型机动车、中型机动车、重型机动车和动力两轮车。动力两轮车又分为两种。
- 平均速度。获取各种类型车辆的平均速度。
- 交通流量。获取各种类型车辆的小时车流量。
- 道路坡度。路面坡度通过齿轮的选择影响发动机负载和发动机转速，从而影响车辆的驱动噪声排放。对噪声的影响取决于斜率。
- 交通流线设计。有交通灯和环形交叉口前后的加速和减速会影响滚动和驱动噪声。对噪声的影响取决于到最近交叉点的距离。
- 路面。多孔路面可以产生较少的滚动噪声和吸收更多的驱动噪声。根据参考路面，规定了 14 种不同类型路面的速度噪声修正。
- 空气温度。随着空气温度的升高，滚动声功率级略有下降。
- 镶钉轮胎。如果大量轻型车辆在一年中的几个月内使用镶钉轮胎，则应考虑相应情况对滚动噪声的影响。

CNOSSOS-EU 方法指定了对每小时一辆车的路面线性声功率级[式(6.33)]的计算方法。声功率级取决于速度和车辆类别。图 6.15 显示了前三种车辆的线性声功率级。在大多数实际情况下(较高的速度，轻型机动车)，道路的线性声功率级随着速度的增加而增加。

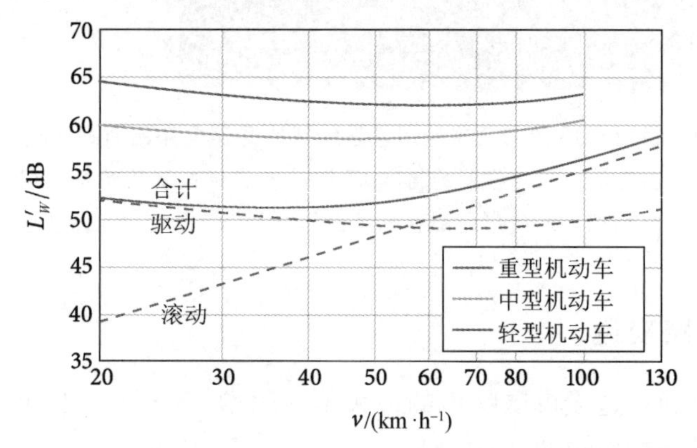

图 6.15 根据 CNOSSOS-EU 方法，前三类车辆每小时有一辆车的道路的线性声功率级。还给出了轻型机动车辆滚动和驱动对噪声的贡献(见彩插)

噪声的产生有三个原因：

1. 驱动噪声（发动机和排气系统）是低速时声功率的主要影响因素；然而，这一贡献不断被汽车的新型设计所减少。
2. 滚动噪声（路面和橡胶轮胎之间的相互作用）是高速时的主要影响因素。这一贡献可以受到轮胎设计和路面的影响。
3. 空气动力噪声随着车速的增加而增加。注意，在 CNOSSOS-EU 中，空气动力噪声是包含在滚动噪声源中的（图 6.15）。

所有车辆的分类交通量必须由自动交通计数器或交通需求模型确定。如果 n_1、n_2、n_3、n_{4a} 和 n_{4b} 分别是每种车辆类型每小时的数量，而 L'_{W1}、L'_{W2}、L'_{W3}、L'_{W4a} 和 L'_{W4b} 分别是每种车辆类型每辆车每小时线性声功率级，则总线性声功率级依据式(6.27)计算：

$$L'_W = 10\lg(n_1 10^{0.1L'_{W1}} + n_2 10^{0.1L'_{W2}} + n_3 10^{0.1L'_{W3}} + n_{4a} 10^{0.1L'_{W4a}} + n_{4b} 10^{0.1L'_{W4b}})$$

CNOSSOS-EU 还建立了铁路噪声、工业噪声、飞机噪声和噪声传播的评估方法。例如，铁路交通噪声源由轨道上方 0.5 m 和 4.0 m 的两个线性噪声源表示。

6.5 噪声控制

可采用多种方法来降低噪声水平和对人的负面影响。这些方法大致可分为以下四类：

1. 降低噪声源声功率是最有效的方法。它在很大程度上取决于噪声源的类型。为做说明，我们会讨论降低道路及铁路交通声功率级的方法（另见第 6.4.3 小节）：
   - 降低车辆速度是最简单的方法，通过施加较低的速度限制来实现，或者，对于道路交通来说，建造环形道路。
   - 汽车技术的进步和更加严格的法规带来的更安静的车辆驱动是另一种有效的方法。在这个方面最有效的一步是逐步用混合动力或电动发动机取代内燃机。就铁路运输而言，铁路电气化——电力机车取代柴油机车会带来声功率的降低。
   - 更安静的制动系统对轨道交通噪声控制特别有效。使用电动制动系统代替空气制动系统可以降低靠近站点时的声功率级。
   - 多孔基质可以降低声反射，从而有效降低了方向性校正（第 6.2.4 小节）。与光滑的沥青和直接安装在连续混凝土板上的轨道相比，多孔路面和带有轨道压载物的铁路线路的噪声明显更小。另一方面，多孔路面也会由于轮胎与路面之间的相互作用发生改善而降低声功率水平。
   - 还有许多其他的方法。例如，使用木枕木而不是混凝土枕木以及不将铁轨直接连接到桥梁结构上可以避免产生振动噪声，从而显著减少铁路交通噪声。

注意

主动措施是防止声音传到环境中，被动措施是防止声音传入房间。

2. 采取主动的措施或隔音屏障，这样做旨在防止声音传播到环境中。隔音屏障可以设计成砌体墙结构、景观堆土或两者结合(例如在土坡上的墙)。隔音屏障的有效性取决于物理尺寸(尤其是高度)。在最极端的情况下，整个噪声源(公路、铁路)可以被一个结构所包围，或者使用明挖回填法修筑隧道。

声学阴影是指在屏障后面形成的声波无法传播到的区域(图 6.16)。需要注意的是，当相同尺寸的障碍物逐渐靠近噪声源时，声学阴影会增加。一般来说，屏障的位置对屏蔽效率有很大的影响。此外，为了更好地防止噪声的直接传播，壁式屏障必须具有较大的空气降噪指数(见第 7.1 节)，且不存在会导致声桥的间隙(见第 7.4 节)。

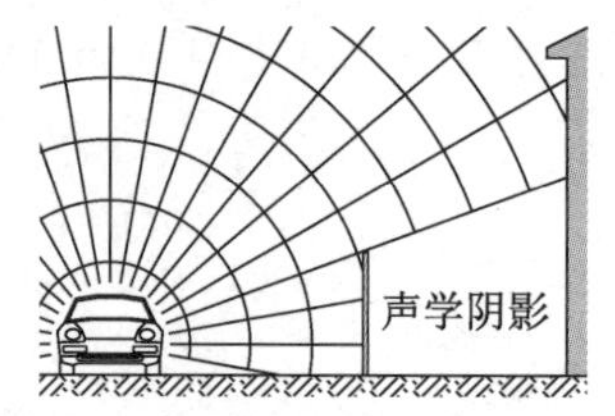

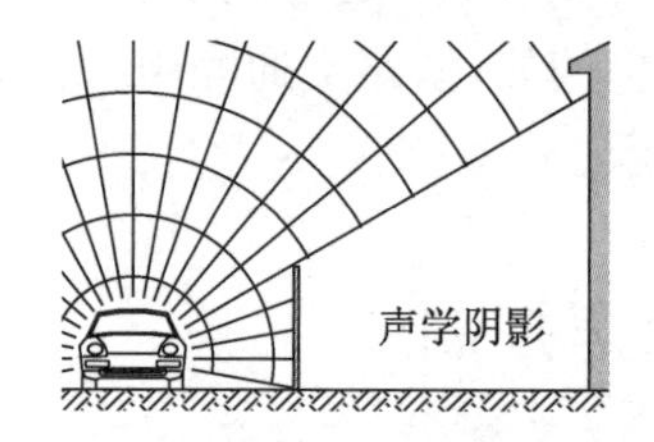

图 6.16 隔音屏障后的声学阴影。请注意，离噪声源较近的隔音屏障(右)所产生的声影，较离噪声源较远的相同高度的隔音屏障(左)所产生的声影大

尽管噪声不能直接传播到噪声屏障后面，但由于声音衍射，仍然存在少量但不可忽略的噪声，特别是低频噪声(图 6.17，左)。标准 ISO 9613-2 已经考虑到了衍射。

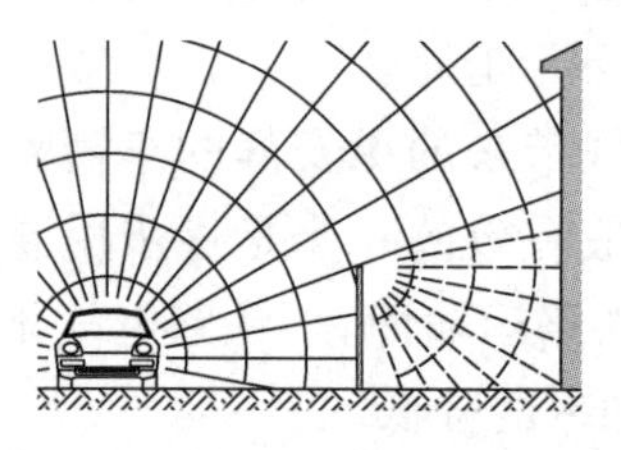
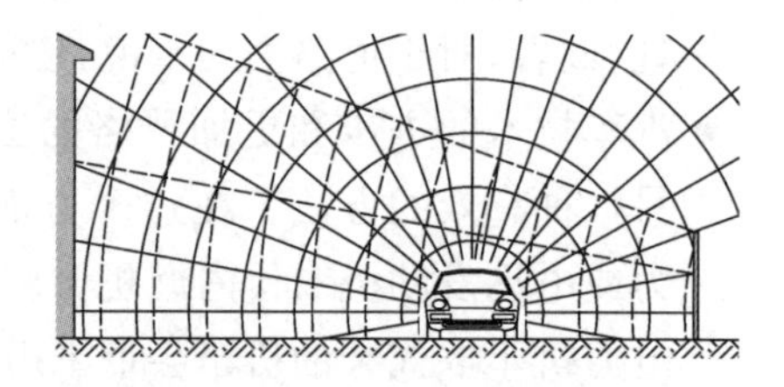

图 6.17 衍射引起噪声在噪声屏障后的间接传播(左虚线)，反射增加了噪声源对面的噪声(右虚线)

最后，来自屏障的声音反射增加了噪声源对面的噪音(图 6.17，右)。为了防止这种效果，屏障吸声系数(见第 7.1 节)应尽可能大。

3. 在降低声功率和主动屏障措施效果不佳的情况下，可采用被动措施来减轻噪音。这些措施旨在通过提高外部建筑构件的空气隔声量来保护建筑内部免受噪声的影响。因为噪声防护最薄弱的建筑构件是窗户，最有效和最常见的措施即使用具有较大隔声量的窗户。

4. 市区规划将噪声源(例如工业区和运输走廊)与易受噪声影响的地区(例如住宅区)分开。良好的区域规划可大大减少或甚至完全消除采取其他噪声消减措施的必要。图 6.18 显示了三种减少方法的效果。包括一种降低声功率措施——多孔路面(A)；三种减少传播措施：1 m 高的土堤(B_1)、6 m 高的隔音屏障(B_2)和 4 m 高的隔音屏障(B_3)；最后，由于住宅楼较高楼层的声压级过大，采用了提高空气隔声量(C)的被动措施。

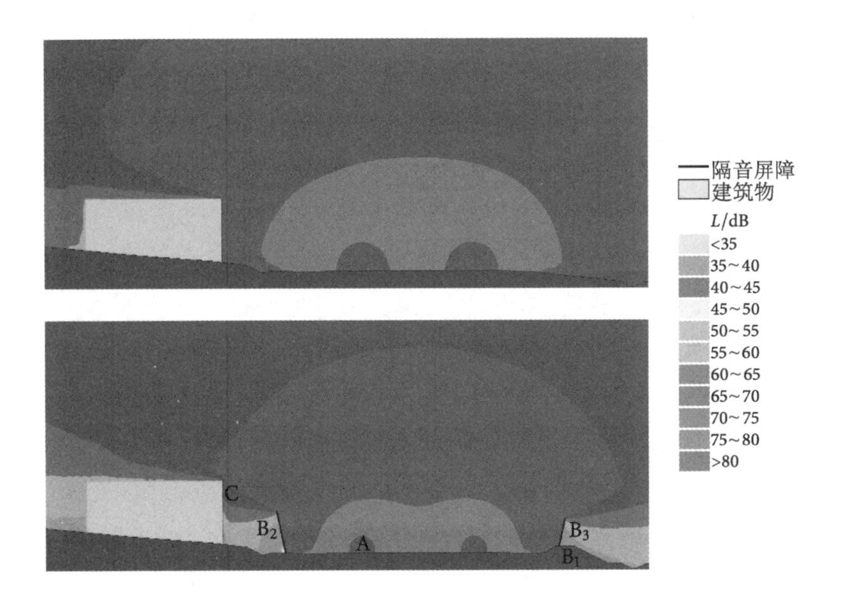

图 6.18 三种降噪方法的效果。根据图 6.13 中的数字地形模型，给出了公路两侧无降噪(上)和有降噪(下)声压级的横截面图。降噪措施包括一项声功率削减措施(A)、三项主动措施(B_1、B_2、B_3)和一项被动措施(C)。同一区域的情况表示见图 6.14。使用的配色方案由标准 DIN 18005-2 规定(见彩插)

习题

6.1 各向同性点声源的声功率为 2.0×10^{-6} W，计算其声功率级，距离声源 10 m 处的声强和声压级。(63 dB，1.6×10^{-9} W/m^2，32 dB)

6.2 在距离各向同性点声源 3.0 m 处，声压级为 70 dB。确定当声压级为 58 dB 时到声源的距离。(48 m)

6.3 三个各向同性点声源相邻放置，声功率级分别为 55 dB、50 dB 和 45 dB，其整体声功率级是多少？若希望这些声源无法被人耳听到，距离声源的最小距离是多少？(56.5 dB，189 m)

6.4　一个声学测量点，其距离声功率级 90 dB 的电机 15 m，距离声功率级为 75 dB 的线性道路 25 m。该测量点测得的声压级是？(57.4 dB)

6.5　两个声源同时工作时，测量声压级为 80 dB。当第一个声源关闭时，测量的声压级为 75 dB。第一个声源的声压级是多少？(78.3 dB)

6.6　在 8:00 至 11:00 之间的声压级为 60 dB，11:00 至 18:00 之间的声压级为 50 dB。平均声压级是多少？(55.7 dB)

6.7　由于生理效应(例如头部和外耳的形状)而产生的声压级增益为 20 dB。对于仍可检测到的最安静的声音，如果鼓膜的有效面积为43 mm^2，请计算通过鼓膜进入人体的声功率。(4.3×10^{-15} W)

7 建筑声学

前面一章中讨论的大多是在自由声场下的声音传播。这一章我们将关注封闭空间中的声音传播。在封闭空间中，引起反射的表面面积是如此之大，以至于声源发出的声波中绝大多数会成为反射声波。这深刻地改变了上一章的声模型，因此需要不同的研究方法。

7.1 材料的声学特性

我们已经知道，只要物质存在，不管处于什么状态，声音都可以通过它们可以传播。在空气中，除了由于大气吸收而产生的微小的衰减，声音几乎可以不受阻碍地传播。而在封闭的空间和存在固体物体时，声音的反射和耗散相互关联。

当声波传播到固体表面时，一部分被反射，一部分透射，一部分耗散(图 7.1)。如果用 I 表示入射声声强，I_ρ 表示反射声声强，I_δ 表示耗散声声强和 I_τ 表示透射声声强，我们可以得到反射系数 ρ、耗散系数 δ、透射系数 τ*：

> *译者注
> 国内通常把作者所说的耗散叫做吸收，但作者在本书中把耗散和透射一起叫做吸收。

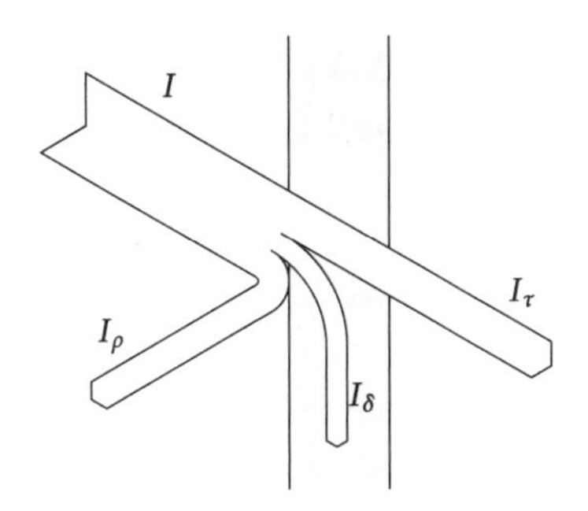

图 7.1 一部分入射声波(I)被反射(I_ρ)，一部分透射(I_τ)，一部分耗散(I_δ)

$$\rho(f)=\frac{I_\rho(f)}{I(f)} \tag{7.1}$$

$$\delta(f)=\frac{I_\delta(f)}{I(f)} \tag{7.2}$$

$$\tau(f)=\frac{I_\tau(f)}{I(f)} \tag{7.3}$$

在这里,我们考虑到了三个物理量都取决于声频。请注意,它们的值范围是 $0 \leqslant \rho(\lambda), \delta(\lambda), \tau(\lambda) \leqslant 1$。

根据能量守恒,反射、耗散和透射的声波的声强之和应等于入射声波的声强:

$$I_\rho(f) + I_\delta(f) + I_\tau(f) = I(f)$$

同样依据反射系数、耗散系数和透射系数的定义有:

$$\rho(f) + \delta(f) + \tau(f) = 1 \tag{7.4}$$

在建筑声学中,最重要的物理量是吸声系数 α,吸声系数是吸收的声音强度(透射和耗散的声音强度之和)与入射声音强度之比:

$$\alpha(f) = \frac{I_\alpha(f)}{I(f)} = \frac{I_\delta(f) + I_\tau(f)}{I(f)} \tag{7.5}$$

$$\Rightarrow \alpha(f) = \delta(f) + \tau(f) \tag{7.6}$$

从能量平衡式(7.4)可得:

$$\rho(f) + \alpha(f) = 1$$

请注意,不要将式(7.5)中的吸声系数和式(2.35)辐射中的吸收比混淆,它们有完全不同的概念。式(2.35)中的吸收比与式(7.2)中的耗散系数才是概念一致的。式(2.34)中的反射比和式(7.1)中的反射系数,式(2.36)中的透射比和式(7.3)中的透射系数,概念一致。

通常,透射系数的值可以跨越几个数量级,因此使用隔声量 R 更方便,其定义为:

$$R(f) = -10\lg \tau(f) \tag{7.7}$$

负号确保隔声量为正。

根据式(7.3)透射系数的定义取其对数有:

$$I_\tau = \tau I$$

$$10\lg\left(\frac{I_\tau}{I_0}\right) = 10\lg \tau + 10\lg\left(\frac{I}{I_0}\right)$$

我们可以得出结论,隔声量等于入射声压级 L_p 与透射声压级 $L_{p\tau}$ 的差:

$$R(f) = L_p(f) - L_{p\tau}(f) \tag{7.8}$$

在自由声场下这个等式对声屏障非常有用。

同样地,入射声压级 L_p 和反射声压级 $L_{p\rho}$ 之间的差可以写成:

$$\Delta L(f)=L_p(f)-L_{p\rho}(f)=-10\lg\rho(f) \tag{7.9}$$

该方程对于研究声反射是必不可少的。

7.2 房间声学

密闭的空间会导致大量的波反射，从而产生在自由声场条件下不存在或不重要的新现象。

7.2.1 回声

第一个重要现象是回声，也就是反射的声波。从声源到接收器，声音信号可以采用直接路径，也可以采用回声路径。由于后者路径较长，因此直达声和反射声之间会存在声音延迟现象(图 7.2)。可以使用声速 c 和长度分别为 d_1、d_2的两条路径来计算延时：

$$\Delta t=\frac{d_2}{c}-\frac{d_1}{c}=\frac{d_2-d_1}{c}$$

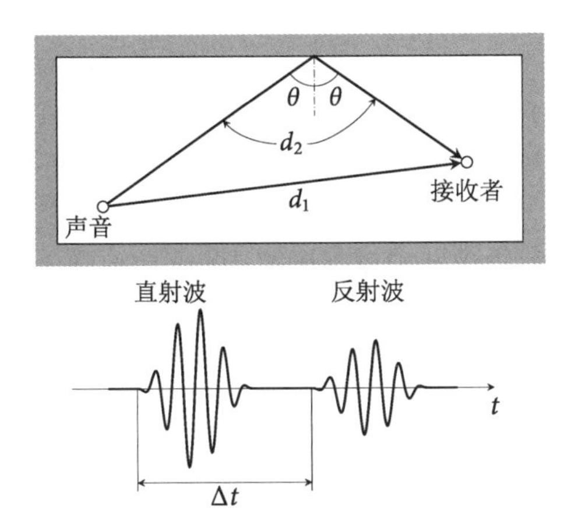

图 7.2 直射波和反射波(回声)。由于回声路径 d_2大于直接路径 d_1，因此几乎相同的声音信号到达同一位置之间存在时间延迟 Δt。由于经历更长的路径和存在吸收，反射声的强度较小

如果音乐的延迟时间小于 100 ms，语音的延迟时间小于 50 ms，则直达声和反射声都将融合到我们的大脑中，因而无法感知回声。这种现象称为哈斯效应。因为 50 ms 的延时对应 15 m 的路径长度差，所以延时问题主要发生在较大的房间中。反射波的存在还可以产生驻波，从而在房间内形成声能减少或增强的区域(图 5.12)。我们可通过防止房间内存在平行墙来避免产生驻波。

7.2.2 扩散声场

> **注意**
> 对于大多数的房间，由于反射波产生的声压级远大于直射波的声压级。

大面积的反射面会引起声音的反复反射和衍射。尽管事实上一个反射波的声压级始终小于直射波的声压级，但由于反射波的数量，反射波仍会占主导地位。这在房间内产生了相对均匀的声能分布和相对恒定的声压级，这被确定为扩散(混响)声场条件。更准确地说，扩散声场是

- 整个区域的声压值恒定，并且
- 对于区域内声音来自何处没有方向选择性。

然而，在距离声源较近的情况下，直达声占据主导地位，其状况与自由声场接近。这个有限区域称为直达声场条件(图 7.3)。

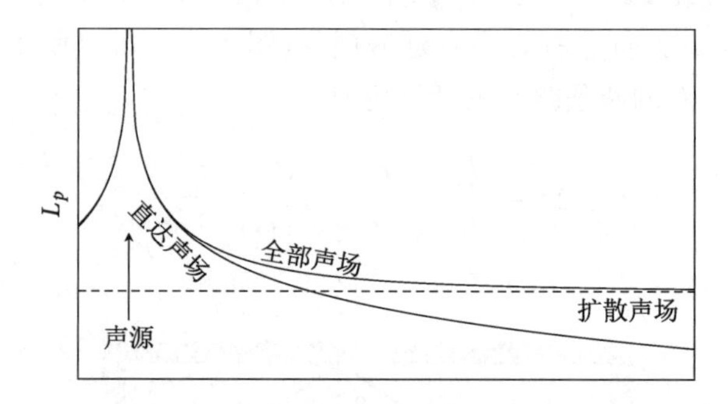

图 7.3 点声源的直达声场和扩散声场。靠近声源处，直达声占主导地位，产生直达声场，远离声源处，反射声占主导地位，产生扩散声场

扩散声场的声压级由两个过程决定：

1. 声源增加了房间内声能。这个声源可以在室内，也可以位于室外。对于室外声源，我们可以将声音穿过的建筑外围护结构视为面声源。
2. 吸声量降低声能。声音能量主要被房间内的表面吸收，也包括从房间传出的声音。还有一部分声能可被空气吸收，但这种影响通常可以忽略不计。

如果增加的声能大于降低的声能，房间内的总声能 E 增加。反之，如果增加的声能小于降低的声能，则房间内的总声能 E 减少。如果增加和降低的声能相同，我们得到一个稳定状态，房间内的总声能恒定。这三种情况都可以用扩散声场微分方程来描述：

$$\frac{\mathrm{d}E}{\mathrm{d}t}=P-P_{\alpha} \tag{7.10}$$

式中，P 是所有声源的总声功率，P_{α} 是吸收的声功率。

我们将首先详细说明由一小块面积为 S、吸声系数为 α 的表面引起的

吸收声功率。假设所有声波都垂直撞击表面，由式(6.17)得入射声功率为 P_{inc} 为：

$$P_{inc} = SI$$

在扩散声场条件下，平面波从各个方向均匀地入射。这意味着入射声波的实际声强仅为总声强的一半，因为只考虑了朝向表面的波(而不考虑离开表面的波)。此外，对入射角 θ_i 下入射的平面波，其有效接收面积 S' 为(图 7.4)：

$$S' = S\cos\theta_i$$

其接收到功率循着 $\cos\theta_i$ 减小：

$$P_{inc}(\theta_i) = \frac{1}{2}SI\cos\theta_i$$

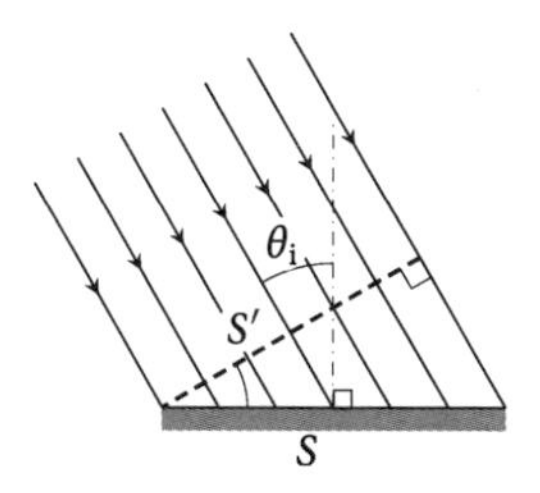

图 7.4 面积为 S、入射角为 θ_i 的表面接收的声能。当声波并非垂直地撞击表面时，表面单元在相同的声强下接受的声功率较小

利用式(7.5)，可以最终得到关于面积为 S 的表面对特定平面波声能的吸收量：

$$P_{\alpha,S}(\theta_i) = \frac{1}{2}\cos\theta_i\alpha SI$$

为了得到扩散声场中所有平面波的吸收声功率，我们必须在半球中积分(图 7.5)。所有入射角为 θ_i 的平面波来自立体角[参考(式 8.16)]：

$$d\Omega = 2\pi x\,ds = 2\pi\sin\theta_i d\theta_i$$

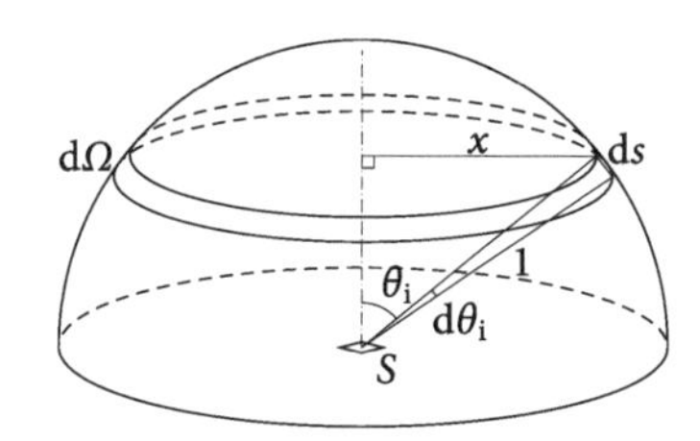

图 7.5 入射角度为 θ_i 时的一个面微元对应的立体角

被面积 S 吸收的总声功率为：

$$P_{\alpha,S}=\int P_{\alpha,S}(\theta_{\mathrm{i}})\mathrm{d}\Omega=\frac{1}{2}\alpha SI\int_0^{\pi/2}2\pi\sin\theta_{\mathrm{i}}\cos\theta_{\mathrm{i}}\mathrm{d}\theta_{\mathrm{i}}=\frac{1}{4}\alpha SI$$

为了计算出房间内所有物体吸收的总声功率，我们需要将房间内所有表面，包括房间墙壁表面加起来：

$$P_\alpha=\frac{1}{4}I\sum_i\alpha_iS_i=\frac{1}{4}IA \tag{7.11}$$

式中：

注意

等效吸声面积是房间最重要的声学特性。

$$A=\sum_i\alpha_iS_i \tag{7.12}$$

是房间各表面面积与其吸声系数乘积之和，称为等效吸声面积或吸声量 $A(\mathrm{m}^2)^*$。

*** 译者注**

由于等效吸声面积这一叫法更直观，本书后面采用这个名称。

接下来，我们计算房间内的总声能。假设扩散的声场条件(恒定的声强)覆盖到整个房间空间。由式(6.18)和式(6.21)可得：

$$E=eV=\frac{IV}{c} \tag{7.13}$$

式中 V 是房间体积。

利用式(7.11)和式(7.13)，我们可以将扩散声场方程式(7.10)转化为：

$$\frac{V}{c}\frac{\mathrm{d}I}{\mathrm{d}t}=P-\frac{1}{4}IA \tag{7.14}$$

因此得到了扩散声场条件下声强的微分方程。

利用式(7.14)可以计算出稳定状态下的扩散声场的情况。因为增加和减少的声能是一样的，所以声强不变：

$$I=\frac{4P}{A}$$

参考式(6.24)，声压级为：

$$L_p=10\lg\frac{I}{I_0}=10\lg\left(\frac{4P}{A}\frac{S_0}{P_0}\right)=10\lg\left(\frac{P}{P_0}\frac{4S_0}{A}\right)$$

$$L_p=L_W-10\lg\frac{A}{4S_0} \tag{7.15}$$

式中，$S_0=1\ \mathrm{m}^2$。可将该式与自由声场下的式(6.31)做比较。

7.2.3 混响时间

另一个有趣的现象是，当所有声源都关闭，即 $P=0$。扩散声场方程式(7.14)转为：

$$\frac{\mathrm{d}I}{I}=-\frac{cA}{4V}\mathrm{d}t=-\frac{\mathrm{d}t}{t_0}$$

式中，

$$t_0=\frac{4V}{cA} \tag{7.16}$$

是声音衰减时长。当 $t=0$ 时刻，声强为 $I(0)$，方程的解为：

$$I=I(0)\mathrm{e}^{-t/t_0} \tag{7.17}$$

将其代入式(6.24)，得到

$$L_p=L_p(0)+10\lg(\mathrm{e}^{-t/t_0})=L_p(0)-\frac{10}{\ln(10)}\frac{t}{t_0}$$

关闭声源时，由于现有声波的反射，声压级随着时间线性下降。通常将混响时间 T_{60} 定义为声强衰减 10^6 倍的时间。其对应声压降低 10^3 倍，声压级降低 $10\lg 10^6=60$ dB。

混响时间与频率有关。它是通过发出一个声脉冲并测量声压级直到其衰减到背景值(图 7.6)。

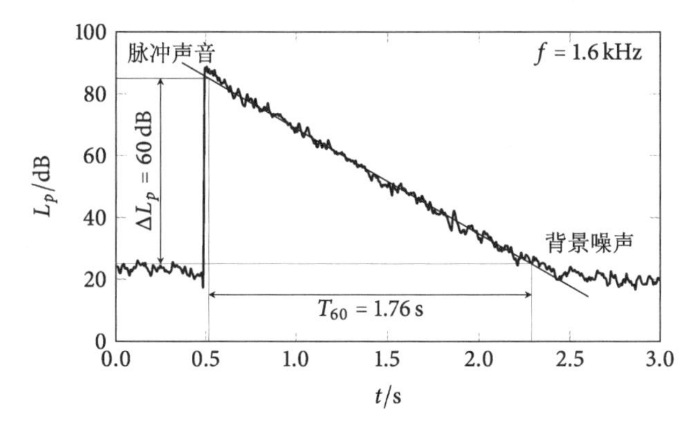

图 7.6 混响时间 T_{60} 定义为漫反射声场的声压级降低 60 dB 的时间。混响时间确定方法：产生一个声脉冲，并在噪声降至背景值过程测量声压级。图中显示了用气球爆破法测量社区大厅内混响时间的结果

我们可以通过式(7.17)理论计算混响时间：

$$\frac{I}{I(0)}=-\mathrm{e}^{-T_{60}/t_0}=10^{-6}$$

$$\Rightarrow T_{60}=t_0\ln(10^6)=\frac{4\ln(10^6)}{c}\frac{V}{A}$$

注意
常通过测量混响时间来间接计算等效吸声面积。

所得到的混响时间与等效吸声面积 A[见式(7.12)]和房间体积 V 之间的关系式称为赛宾(Sabine)公式,通常表示为:

$$T_{60}=\left(0.163\ \frac{\mathrm{s}}{\mathrm{m}}\right)\cdot\frac{V}{A} \tag{7.18}$$

赛宾公式可以快速确定等效吸声面积。如图 7.6 所示,通过传声器测得混响时间,之后从式(7.18)中可以计算出等效吸声面积。

混响时间是衡量室内音响效果的良好指标。混响时间过短声音会给人一种“死寂”的感觉,即失去了声音的丰富性,而混响时间过长声音会给人一种“浑浊”的感觉,即失去了声音的清晰度。根据经验,不同频率的平均混响时间适用于不同用途的房间:

- 语音厅堂:$0.7\ \mathrm{s}<T_{60}<1.2\ \mathrm{s}$;
- 音乐厅:$1.2\ \mathrm{s}<T_{60}<2.5\ \mathrm{s}$;
- 教堂:$2.5\ \mathrm{s}<T_{60}$。

赛宾公式告诉我们,可以通过改变房间各表面的吸声系数来调整混响时间。

7.3 吸声体

在前面的章节中,我们讨论了声音反射和房间用途之间的关系。为了获得高质量的声环境,通过调节表面吸声系数来控制时间延迟和混响时间是很重要的。由于坚硬光滑表面的吸声系数实际上与频率无关,且相当小(混凝土 $\alpha\approx0.05$,木材 $\alpha\approx0.10$),因此保持墙体表面裸露有助于提高反射。

另一方面,减少反射和增加吸声系数更为复杂。如式(7.6),可通过增加耗散系数或透射系数增加吸声系数。然而,增加墙的透射系数是把双刃剑,因为同时增加了不希望穿透到外部的噪声。因此,我们只能通过采用高耗散系数的材料或设备来增加墙体耗散。这些材料和器件称为吸声材料,它们的吸声率与频率有关,可以根据标准 ISO 354 确定。

耗散实际上是声能转化为内能的过程。声能等于流体粒子的动能,通过粒子之间的弹性碰撞传递。重要的问题是一个大气压下空气的平均自由程(一个流体分子在与另一个分子碰撞之前可以移动的平均距离)约为 68 nm。但是,由于流体与固体表面的摩擦以及流体的黏性,一部分动能转化为流体和邻近固体物质的内能。在靠近固体表面的薄空气层中,这种转化最强,因为靠近表面的流体粒子的速度被迫降至零(见第 2.3.1 小节)。此外,声波对固体材料的撞击会使固体框架形变,从而耗散一些声能。即使是对坚硬光滑的表面,这两种机制都会产生很小但重要的吸声系数。

7.3.1 多孔吸声材料

增加耗散最显著的方法是增加表面积。如果固体表面具有多孔性,则声波的很大一部分会穿入材料,然后声波最终会从多孔表面反射,但在返回到流体之前,声波很可能会遇到另一个多孔表面并再次反射。多次随后的反射可大大增强耗散。这种散射对多孔吸声体的性能至关重要。

值得注意的是,并不是所有的多孔材料都适合用于吸声材料。首先,声波无法穿透封闭空腔结构的材料,如 EPS、XPS 或气凝胶。其次,即使在开孔结构的材料中,如果孔隙的特征尺寸(孔壁间的平均距离)与空气的平均自由程相当或更小,如混凝土、石膏等,声波也无法有效穿入材料。只有具有开孔结构和大孔隙的材料,如矿棉或地毯,才能让声波有效穿入。

因此,多孔吸声材料本质上是一种开口的大孔材料,通常为矿棉,安装在固体墙体表面(图 7.7)。由于多孔材料易碎,可能会聚集灰尘,所以经常被织物、薄塑料膜或金属片覆盖。

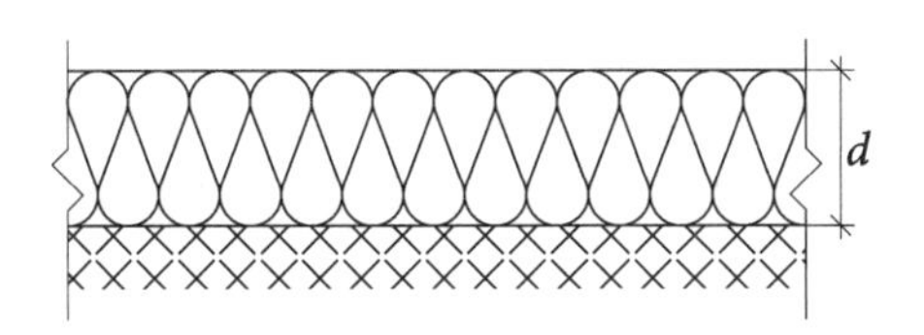

图 7.7 多孔吸声材料通常是安装在固体壁面上的厚度为 d 的矿棉

多孔吸声材料的吸声系数与厚度 d 和声波频率有关(图 7.8)。由于来自实心墙的实际反射,声波在实体墙表面形成一个节点的驻波(见第 5.5 节),如图 7.9 所示。请注意,最大声压以及相应产生最大粒子能量(速度)的位置为距离坚固的墙壁 $\lambda/4$, $3\lambda/4$, $5\lambda/4$……处,另一方面,只有在多孔层内部才存在较大的导致耗散作用的流动阻力。因此,只有最大声压位置与多孔层重合,多孔吸声材料的吸声效果才会很好,即:

$$\alpha \approx \delta \approx 1 \Leftrightarrow \frac{\lambda}{4} \leqslant d \tag{7.19}$$

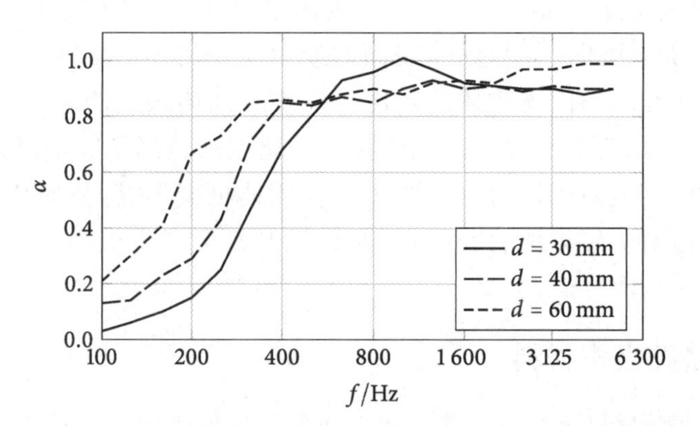

图 7.8 三种不同多孔层厚度的矿棉的吸声系数。低频的吸声系数随厚度的增加而增大

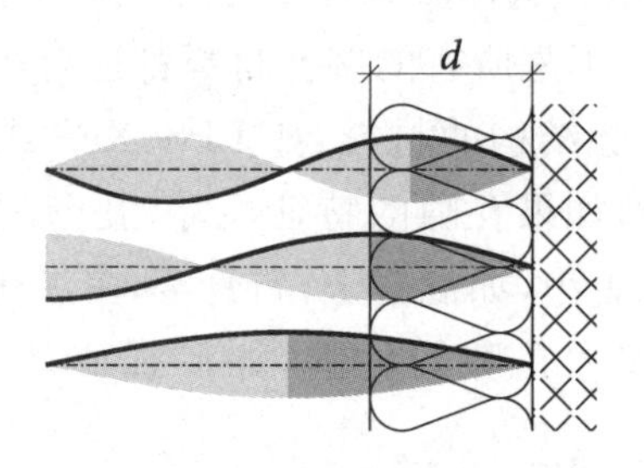

图 7.9 三种不同波长的声波撞击带有多孔层的固体壁。当吸声体厚度大于等于四分之一波长时，$\lambda/4 \leqslant d$，顶部和中部声波的吸声系数将较大；当吸声体厚度小于四分之一波长时，$\lambda/4 > d$，底部声波的吸声系数较小

从式(5.10)中我们得出结论：多孔吸声体在高频下最有效，但可通过增加多孔层厚度来改善吸声效果(图 7.8)。然而，加厚多孔材料会占用太多宝贵的空间，因此对于低频率，宜使用基于共振原理的其他类型的吸声体。

7.3.2 薄膜吸声体

另一种类型的吸声体称为薄膜吸声体，其设计构造为一块用垫片固定在实心墙上的面板(图 7.10)。系统面板加上面板后面的空气代表一个振荡器，其谐振频率 f_0 取决于空气层厚度 d 和面板表面密度 ρ_A。近似方程为：

$$f_0 = \frac{c}{2\pi}\sqrt{\frac{\rho}{\rho_A d}}$$

式中 ρ 是空气密度，c 是声速。

薄膜吸声体吸声过程包括两步：

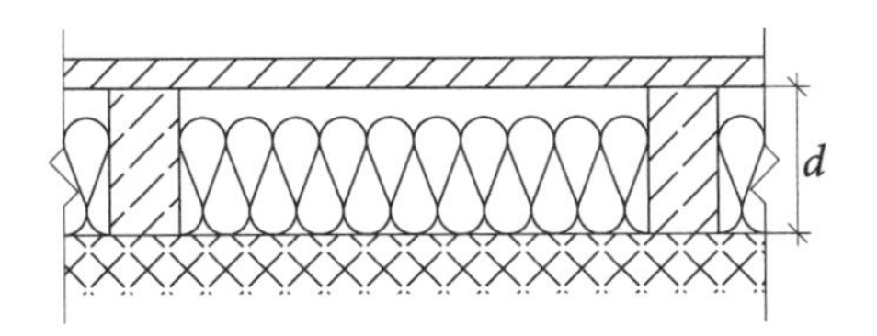

图 7.10 薄膜吸声体设计构造为一块用垫片固定在实心墙上的面板。空的区域被部分填充多孔材料以增加耗散

1. 当撞击面板的声波频率与谐振频率近似匹配时，系统开始振荡，这意味着室外声能转化为薄膜吸声器的振动能量。
2. 振动能量转化为内能，要么是由于面板结构的摩擦，要么是由于面板后面滞留空气的黏性。通过在空隙中填充多孔材料来增加流动阻力，可以显著增加耗散。

显然，在共振频率附近的频率，吸声系数最大(图 7.11)。这个频率可以很方便地被调到多孔吸声体无法很好地吸收的低频上。

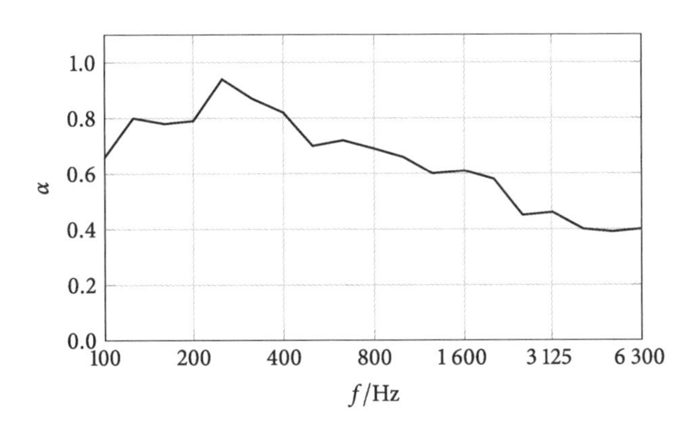

图 7.11 共振频率为 250 Hz 的薄膜吸音器的吸声系数

7.3.3 亥姆霍兹吸声体

另一种吸声体的形式是基于腔内空气共振，这种现象称为亥姆霍兹共振，吹过一个空瓶子的顶部时可以观察到这种现象。其吸声过程包括两个步骤：

1. 当进入空腔的声波频率与谐振频率大致匹配时，空腔内的空气开始振荡，这意味着开放空间的声能被转换为空腔空气的振荡能。
2. 由于空腔内空气的黏度，振荡能转换为内能。通过用多孔材料填充中空空间增加流阻，可以显著增加耗散。这种吸声体的结构通常由一个位于空气空间上方的多孔板组成，如图 7.12 所示。共振频率取决于吸声材料的几何特征(孔的大小、孔的间距、空隙和面板的厚度)。

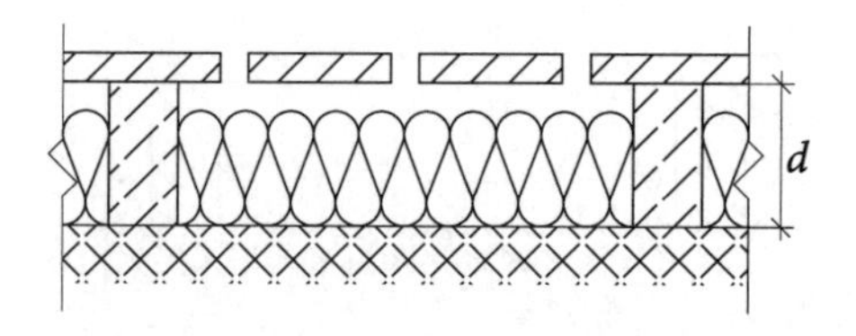

图 7.12　亥姆霍兹吸声体通常设计为固定在实心壁上的带隔板的多孔板，其空隙部分填充有多孔材料，以增加耗散

请注意，图 7.12 中的结构实际上可以将膜和亥姆霍兹共振的影响结合起来。显然，对于两个共振频率附近的频率，吸声系数最大。通过简单调谐，就可以创建一个具有较大吸收系数的较宽频带(图 7.13)。

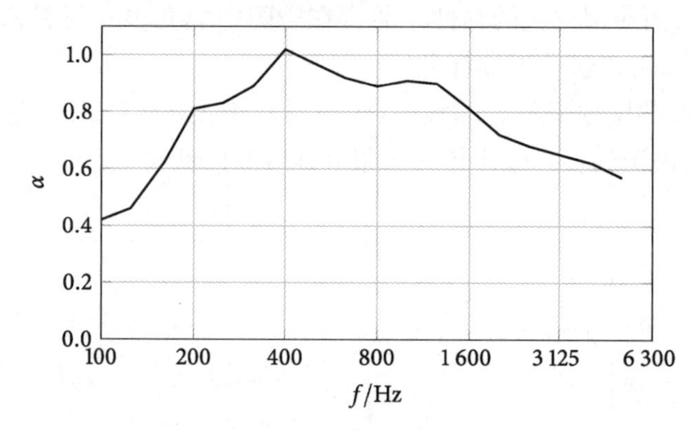

图 7.13　穿孔板吸声体的吸声系数。由于薄膜和亥姆霍兹共振的作用结合在一起，我们得到了更宽的频带和更大的吸声系数

7.4　传声与隔声

一般来说，建筑物内的声音传播有三种方式，如图 7.14 所示。

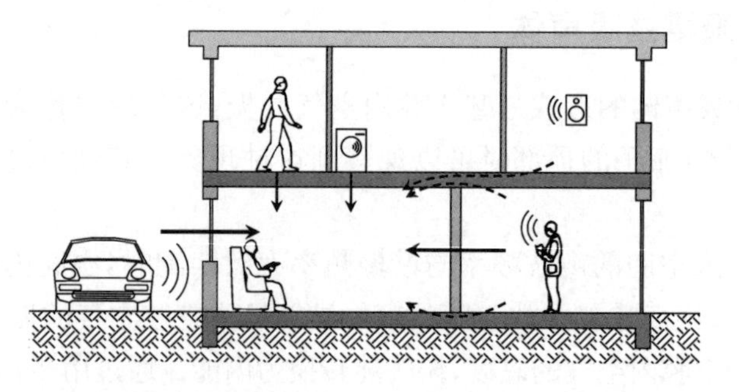

图 7.14　建筑物内的声音传输方式：空气传声、撞击传声和侧向传声

1. 空气噪声传播。声源(例如语音、扬声器、汽车)在房间或环境中产生空气声波，然后通过建筑构件传输到相邻的房间。通过空气声波

引起的建筑构件振动来促进传输。

2. 撞击噪声传播。建筑构件的振动是由与物体的碰撞直接产生的(例如与地面接触的行走和振动的机器)。振动在相邻的房间里产生声音(对下方房间的影响最明显)。
3. 侧向噪声传播。声音绕过上方或下方的建筑构件,通过建筑构件向侧向传递。这种方式甚至可以让不相邻的房间之间发生声音的传播。

另一个重要的问题是声桥。声桥是将两个环境分开的建筑构件的一部分,但其传递的声能比周围环境大得多。声桥也可以是为建筑不同部分之间的声音和振动传输提供替代路径的设备。典型的例子包括:

- 裂缝和缝隙。即使是建筑构件中的很小的气隙也可以显著增加声音的传递。所有裂缝和缝隙均应正确密封,尤其是在窗框内和窗框周围。隔音屏障的裂缝和间隙也是如此(请参见第 6.5 节)。
- 风管设备。风管通道不应在垂直和水平方向上直接连通不同的房间。
- 供水和供暖设备。管道,尤其是低质量的塑料管道,应仔细用隔声材料包裹起来。请注意,有时噪声是由设备本身产生的(例如水锤)。
- 砌体中的接缝。通过在两侧均设置抹面可以减少这些声桥的影响。
- 隔声层的安装施工。例如,破坏在楼板和支撑结构之间的隔声层,则会让振动和声音可以很容易地穿过。
- 电源插座。它们会通过同时打断墙壁和隔声层来增加声音的传输,尤其是当两个电源插座放置在同一墙壁的相对位置时。

值得注意的是,侧向噪声传递和声桥声传递显著降低了建筑构件的降噪指数。由于两者都不能完全去除,已建住宅墙体的有效降噪指数往往小于理论降噪指数。在建筑设计中应该考虑到这一事实。

一些建筑细节可以显著改善隔音效果:

- 在石膏板墙体中,两块石膏板之间应填上隔声层,以减弱声音传播。
- 通过在石膏板和隔声层间设置多层间隔,可进一步提高隔声量。层与层间的每次传声都会反射一部分声音。
- 浮筑地板是一种不将楼板(或楼板组件)直接安装到支撑结构上,而是利用垫层与支撑结构完全分离的施工方法。垫层会减弱振动的传播,从而减少撞击声的传播。在图 7.15 的左侧,混凝土(平板)铺设在预压隔声材料(如聚苯乙烯)上。请注意,同样出于隔声考虑,混凝土层必须在边缘与墙壁断开。
- 首先应将隔墙直接安装到建筑结构上,而楼板应在之后铺设(图 7.15,中)。如果在楼板上安装隔墙,由于通过楼板的声传播路径缩短,侧向传声会明显增加。

● 下降的顶棚可通过延长声传播路径来减少侧向传声(图 7.16)。

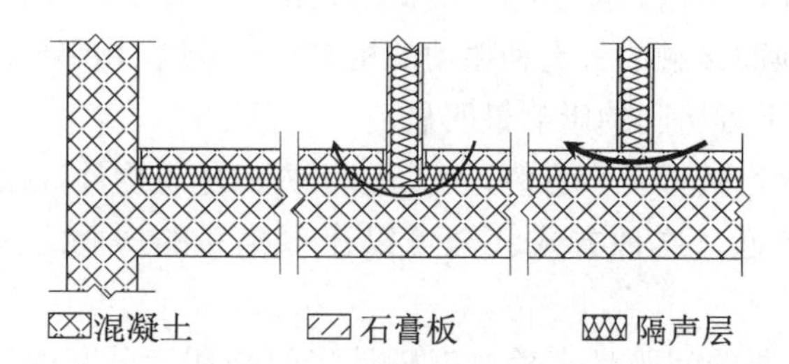

图 7.15 减少撞击和侧向声音传播的方法。浮筑地板法(左)通过防止振动从楼板传递到建筑结构来减少撞击声的传播。与安装在楼板上的隔墙(右)相比，将隔墙直接安装在结构上(中)的侧面传声要少得多

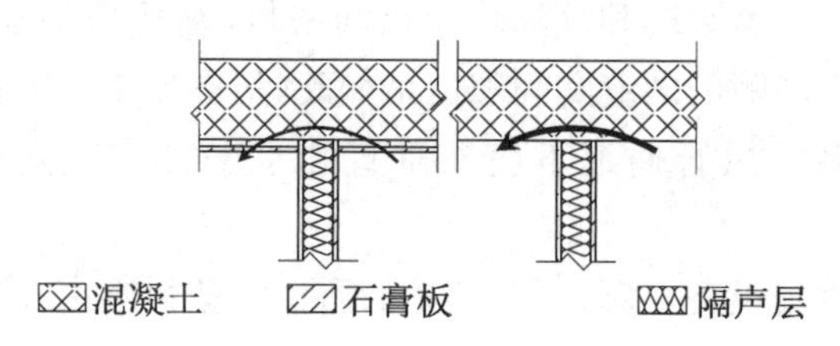

图 7.16 下降的顶棚(左)相比裸露的天花侧向传声更小

7.4.1 质量定律

空气声通过实际建筑构件的传播是一个非常复杂的过程。为了获得基本的理论描述,我们假设构件是一个均匀的柔性面板,并忽略其内部的声耗散(图 7.17)。

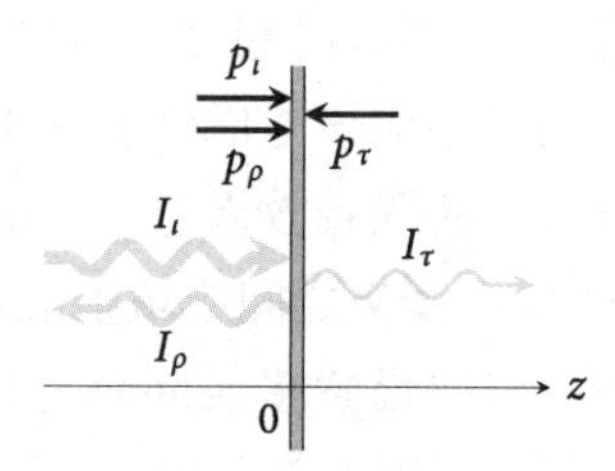

图 7.17 入射声波(I_l)部分被反射(I_ρ),部分被透射(I_τ)

入射压强波函数 p_l，反射压强波函数 p_ρ 和透射压强波函数 p_τ 分别为：

$$p_l = A_l \sin(\omega t - kz)$$
$$p_\rho = A_\rho \sin(\omega t + kz + \varphi_\rho)$$
$$p_\tau = A_\tau \sin(\omega t - kz + \varphi_\tau)$$

其中,反射波的“+”符号表示它在向反方向移动[参考式(5.8)]。注意,一

般来说，三种声波都有不同的相位，因此我们分别用 φ_ρ 和 φ_τ 来描述反射波和透射波相对于入射声波的相位差。参考式(6.7)，波函数的速度和压强之间的关系为：

$$\frac{p_l}{\rho c}=v_l,\quad \frac{p_\rho}{\rho c}=-v_\rho,\quad \frac{p_\tau}{\rho c}=v_\tau$$

需要确定四个未知数。我们首先注意到，面板速度 v_{pan} 和面板表面两侧空气速度必然相同：

$$v_l(z=0)+v_\rho(z=0)=v_{\text{pan}}=v_\tau(z=0)$$
$$p_l(z=0)-p_\rho(z=0)=p_\tau(z=0)$$
$$A_l\sin(\omega t)-A_\rho\sin(\omega t+\varphi_\rho)=A_\tau\sin(\omega t+\varphi_\tau)\qquad(7.20)$$

接下来我们根据牛顿第二定律，面板加速度 a_{pan} 是面板两侧之间声压差造成的结果：

$$ma_{\text{pan}}=S[p_l(z=0)+p_\rho(z=0)]-Sp_\tau(z=0)$$

式中 S 是面板的面积。由于 $a_{\text{pan}}=\mathrm{d}v_{\text{pan}}/\mathrm{d}t$，以及 $\rho_{\text{A}}=m/S$，可得

$$p_l(z=0)+p_\rho(z=0)=\rho_{\text{A}}\frac{\mathrm{d}v_{\text{pan}}}{\mathrm{d}t}+p_\tau(z=0)$$
$$=\frac{\rho_{\text{A}}}{\rho c}\frac{\mathrm{d}p_\tau(z=0)}{\mathrm{d}t}+p_\tau(z=0)$$

$$A_l\sin(\omega t)+A_\rho\sin(\omega t+\varphi_\rho)=\frac{\rho_{\text{A}}}{\rho c}A_\tau\omega\cos(\omega t+\varphi_\tau)+A_\tau\sin(\omega t+\varphi_\tau)$$

代入到式(7.20)，得：

$$A_l\sin(\omega t)=\left[\frac{\rho_{\text{A}}\omega}{2\rho c}\cos(\omega t+\varphi_\tau)+\sin(\omega t+\varphi_\tau)\right]A_\tau$$

$$A_l\sin(\omega t)=\sqrt{\left(\frac{\rho_{\text{A}}\omega}{2\rho c}\right)^2+1}A_\tau\sin(\omega t)\qquad(7.21)$$

对于正弦和余弦的线性组合，我们使用三角函数公式，$a\sin x+b\cos x=\sqrt{a^2+b^2}\sin(x+\varphi')$，由于 $\varphi'=\arctan(b/a)=-\varphi_\tau$。透射波的相位角为：

$$\varphi_\tau=-\arctan\left(\frac{\rho_{\text{A}}\omega}{2\rho c}\right)$$

因此振幅比为：

$$\frac{A_\tau}{A_l}=\frac{1}{\sqrt{\left(\frac{\rho_A\omega}{2\rho c}\right)^2+1}}=\frac{1}{\sqrt{\left(\frac{\pi\rho_A f}{\rho c}\right)^2+1}}$$

根据式(7.7),我们得到透射系数和隔声量为:

$$\tau(f)=\frac{I_\tau}{I_l}=\frac{|p_\tau^2|}{|p_l^2|}=\left(\frac{A_\tau}{A_l}\right)^2=\frac{1}{\left(\frac{\pi\rho_A f}{\rho c}\right)^2+1}$$

$$R(f)=10\lg\left[\left(\frac{\pi\rho_A f}{\rho c}\right)^2+1\right] \tag{7.22}$$

对于典型的建筑构件,其频率 f 远大于 $\frac{\rho c}{\pi\rho_A}$,因此可得:

$$R(f)\approx 20\lg\left(\frac{\pi}{\rho c}\rho_A f\right)=20\lg(\rho_A f)-42.4\ \text{dB} \tag{7.23}$$

上述表达式称为声屏障质量定律。我们观察到声衰减指数随着屏障面密度的增加而增大:面密度加倍会增加 6 dB 的声衰减。因此,提高建筑构件或声屏障空气声衰减指数的最简单方法是增加其质量。为便于比较,在标准 DIN 4109-2 中,单个块状墙体的计权表观隔声量(第 7.4.2 小节)表示为:

$$R'_W=28\lg\rho_A-18\ \text{dB} \tag{7.24}$$

式(7.20)和式(7.21)的两个特殊解可以帮助我们理解。对于面质量可忽略不计的面板,$R=0$,$A_\rho=0$,$A_l=A_\tau$,$\varphi_\tau=0$,这时声音全部透射。对于面质量无限大的板,$R=\infty$,$A_\tau=0$,$A_l=A_\rho$,$\varphi_\rho=\pi$,这时声音被全部反射。

对声音传播更严格的考虑,比如包括声波的耗散,此时波函数用函数 $\exp[i(\omega t-kz)]$ 表示。然而,这些计算超出了本书的讨论范围。

7.4.2 空气传声隔声量的测量与评价

测量隔声量的装置由两个房间组成——声源室和接收室,它们被待研究的水平或垂直建筑元件隔开。两个房间必须满足创造扩散声场的条件。如图 7.18 所示,声源室(左)包含声源和话筒 1,而接收室(右)包含话筒 2。声源的位置距离建筑元件和话筒 1 足够远,在该位置上可以创造满足扩散声场条件。话筒 1 和话筒 2 测量的声压级分别为 L_{p1} 和 L_{p2}。

就像第 7.2.2 小节中所述的,我们依然对扩散声场采用式(7.3)和式(7.8)来描述。为了解释在扩散场条件下平面波从各个方向均匀地撞击建

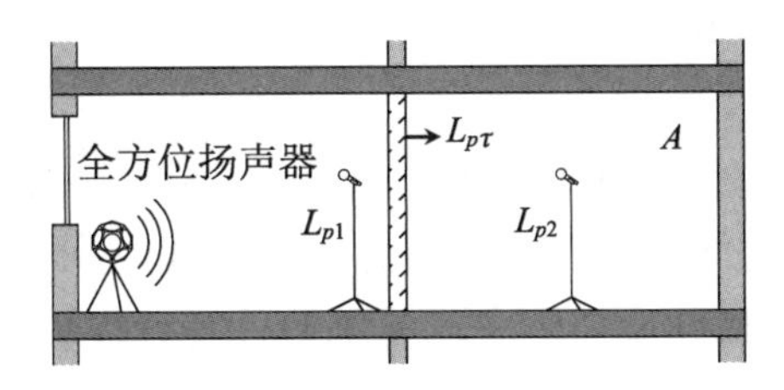

图 7.18 测量斜纹填充的垂直建筑元件的隔声量。源室(左)包含声源和话筒1,而接收室(右)包含话筒2

筑单元这一事实,我们必须增加一个四分之一象限限制:

$$I_{\tau}=\frac{1}{4}\tau I$$

式中,τ 是房间分隔建筑构件的透射系数,而 I 和 I_{τ} 分别是源室声强和透射的声音强度。通过对数转换,我们得到:

$$L_{p\tau}=L_{p1}-R+10\lg\frac{1}{4}$$

式中,R 是建筑构件的隔声量,$L_{p\tau}$ 是透射声压级。因此隔声量为:

$$R=L_{p1}-L_{p\tau}-10\lg 4 \tag{7.25}$$

另一方面,对于接收室,建筑元件是实际的声源,因此扩散声场 L_{p2} 与透射声压级 $L_{p\tau}$ 不同。由于建筑元件是表面声功率级为 L''_{W}[参考式(6.38)]的表面声源,并且近似等于其附近声压级为 $L_{p\tau}$,我们可以使用式(6.40)和式(6.41)建立:

$$L''_{W}=L_{p\tau}$$

$$\Rightarrow L_{W}=L_{p\tau}+10\lg\frac{S}{S_0}$$

式中,L_W是总的声功率,S 是分隔房间建筑构件的面积。

插入式(7.15),最终可得:

$$\begin{aligned}L_{p2}&=L_{p\tau}+10\lg\frac{S}{S_0}-10\lg\frac{A}{4S_0}\\&=L_{p\tau}+10\lg\left(\frac{4S}{A}\right)\end{aligned} \tag{7.26}$$

式中,A 是接收室的等效吸声面积。

联立式(7.25)和式(7.26),对于隔声量,可得:

$$R=L_{p1}-L_{p2}+10\lg\left(\frac{S}{A}\right) \tag{7.27}$$

与式(7.8)不同,由于考虑了声屏障两侧的反射,该表达式在扩散声场条件下有效。

准确的隔声量只能根据 ISO 10140-2 规定在实验室测量获得。注意,我们这里获得的是最大隔声量。隔声量也可以通过现场测量获得,即根据标准 ISO 16283-1 在已建住宅中对建筑构件进行现场测量。但是测量结果不仅受到空气传声的影响,也受侧向传播和声桥的影响。在这种情况下,我们得到表观隔声量为:

$$R' = L_1 - L_2 + 10\lg\left(\frac{S}{A}\right) \tag{7.28}$$

显然这个值要小于实验室测得的,即 $R' < R$。

最后,这个表达式可以用赛宾公式[式(7.18)]进一步简化,得到标准化级差:

$$D_{nT} = L_1 - L_2 + 10\lg\left(\frac{T_{60}}{T_0}\right) \tag{7.29}$$

式中,T_0(s)是参考混响时间。对于住宅,$T_0 = 0.5$ s,对应的房间特征尺寸 $V/S = T_0/(0.163\ \mathrm{s/m}) = 3.1$ m。

注意

标准 ISO 717-1 用单个值评价隔声量。

从式(7.23)质量定律得出,表观隔声量和标准化级差都与频率紧密相关,频率增加一倍隔声量会增加大约 6 dB。然而,标准 ISO 717-1 允许使用单个值评价隔声量。标准定义了参考曲线(图 7.19),该曲线以1 dB 的步长向测量曲线移动,直到不利偏差(测量曲线低于偏移曲线的值)尽可能接近但不大于 32 dB。500 Hz 时的位移曲线值为计权隔声量 R_W、计权表观隔声量 R'_W 或计权标准化级差 $D_{nT,W}$,具体值取决于输入数据。

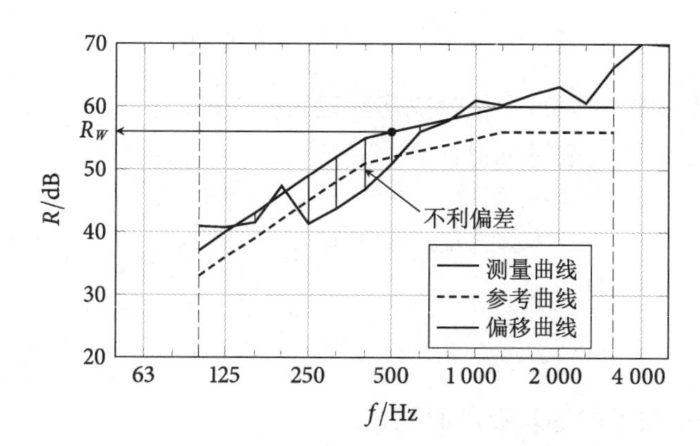

图 7.19　标准 ISO 717-1 规定的空气隔声量等级R_W的测定程序。参考曲线向测量曲线移动,读取偏移完成后 500 Hz 处的值(见彩插)

7.4.3 撞击声压级的测量与评价

测量撞击声压级的装置由声源室和接收室组成,由待测的水平建筑构件隔开。接收室必须满足产生扩散声场的条件。在声源室装有标准化的撞击机,有 5 个 500 g 重的锤子从高度 40 mm 上以 100 ms 间隔自由落下。接收室放置话筒并测量撞击声压级 L_i(dB),如图 7.20 所示。

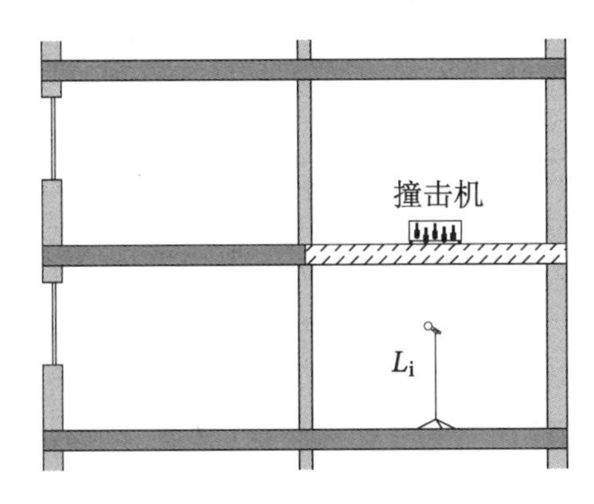

图 7.20 测量斜纹填充的建筑构件的撞击声压级。撞击机位于声源室(上部)的地板上,接收室(底部)包含话筒

撞击声压级不仅与建筑单元的性能有关,还与接收室的等效吸收面积 A 有关。为了消除后者的影响,我们定义标准化撞击声压级 L_n为:

$$L_n = L_i + 10\lg\left(\frac{A}{A_0}\right) \tag{7.30}$$

式中,A_0(m^2)是参考吸声面积。对于住宅,$A_0 = 10\ m^2$。

标准 ISO 10140-3 所规定的标准化撞击声压级只有通过实验室的测量才能得到。与空气传声隔声量相比,我们希望标准化撞击声压级尽可能小。

标准化的撞击声压水平也可以通过现场测量获得,即根据标准 ISO 16283-2 在建成住宅中对建筑构件进行现场测量。但是,测量结果不仅受到撞击声传输的影响,而且还受到侧向传声和声桥的影响。对于现场测量值,将“′”添加到符号中:

$$L'_n = L_i + 10\lg\left(\frac{A}{A_0}\right) \tag{7.31}$$

通过现场测量获得的规范化撞击声压级明显大于通过实验室测量获得的值,$L'_n > L_n$。最后,可以使用赛宾公式[式(7.18)]进一步简化上式,以获得规范化撞击声压级 L'_n 为:

$$L_{nT} = L_i - 10\lg\left(\frac{T_{60}}{T_0}\right) \tag{7.32}$$

式中，T_0(s)是参考混响时间。对于住宅，$T_0=0.5$ s，对应的房间特征尺寸 $V/S=T_0/(0.163\ \text{s/m})=3.1$ m。

注意

标准 ISO 717-2 用单个值来对撞击声压级进行评价。

正如空气传声隔声量一样，所得到的规范化和标准化的撞击声压级与频率强烈相关。但是，标准 ISO 717-2 允许用单个值来对撞击声压级进行评价。如图 7.21 所示，标准定义了参考曲线，该曲线以 1 dB 的步长向测量曲线移动，直到不利偏差（偏移曲线低于测量曲线的值）尽可能接近但不大于 32 dB。500 Hz 时的偏移曲线值为计权规范化撞击声压级 $L_{n,W}$、$L'_{n,W}$，计权标准化撞击声压级 $L_{nT,W}$，具体取决于输入数据。

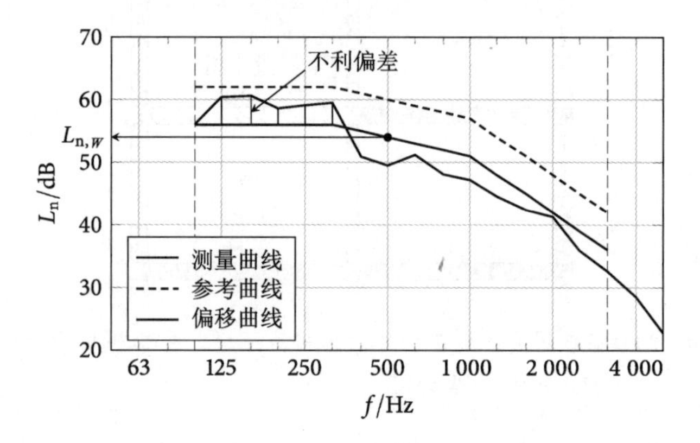

图 7.21 标准 ISO 717-2 规定的撞击声压级的测定程序。参考曲线向测量曲线移动，读取偏移完成后 500 Hz 处的值（见彩插）

计权表观隔声量 R'_W 的最小值和计权规范化撞击声压级（现场测量）$L'_{n,W}$ 的最大值由立法决定。对于指向性，标准 DIN 4109-8 明确了一些室内建筑构件的限值，见表 7.1。建筑外围护结构的最小计权表观隔声量 R'_W 与外立面声压级和房间类型有关。标准 DIN 4109-2 和其相关标准也都提供了计算计权表观隔声量和计权规范化撞击声压级（现场测量）的精确计算方法，但这超出了本书的讨论范围。

表 7.1 标准 DIN 4109-8 中对计权表观隔声量 R'_W 和计权规范化撞击声压级（现场测量）$L'_{n,W}$ 的限值

建筑构件	R'_W/dB	$L'_{n,W}$/dB
有嘈杂建筑服务设备的相邻墙体	57，62	—
有嘈杂建筑服务房间的相邻楼板	—	43
其他住宅楼板	54	50
其他住宅墙体	53	—
住宅走道与楼梯的门	27	—
住宅居室与楼梯的门	37	—

习题

7.1 在一个 30 m×40 m,高 6 m 的大厅内,各有一个高度为 15 m 的接收器和发射器,其位置如图所示。试计算右侧墙体和天花板声波反射造成的延迟时间。(53 ms, 3.6 ms)

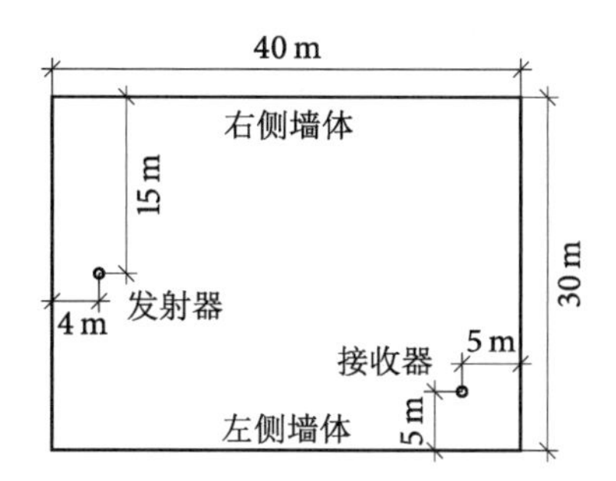

7.2 经过一次反射的声音其声压级减小了 7.0 dB,试求墙体的最小吸声系数。(0.8)

7.3 声音被吸声系数为 0.2 的墙体反射两次,其声压级降低多少?声程引起的减小不计。(1.9 dB)

7.4 计算问题 7.1 中两组反射声与直达声的差值。两组反射声合在一起的声压级是否超过了直达声?超过了多少?考虑几何差异,墙体和天花板的吸声系数取 0.10。(4.28 dB, 0.78 dB,是,0.82 dB)

7.5 一个矩形报告厅,大小为 10 m×20 m,高 4 m,采用混凝土墙体和天花、复合实木地板,有六个面积各为 10 m^2 的窗户和 70 席座位。试计算其混响时间。混凝土吸声系数取 0.02,木材吸声系数取 0.06,玻璃吸声系数取 0.03,每席空座位的等效吸声面积为 0.5 m^2。(2.3 s)

7.6 一人在开放空间听到 40 m 外点声源的声音。一段时间后,一个隔声量为 5.0 dB 的声屏障置于声源和人之间,与声程垂直。则人移动到距离声源多远的位置,才能听到和之前同样响的声音?(22.5 m)

7.7 房间内有一声功率级为 80 dB 的声源。其在源室和相邻房间的扩散声压级分别为多少?房间之间隔墙面积为 8 m^2 隔声量为 50 dB。源室的等效吸声面积为 12 m^2,领室的等效吸声面积为 20 m^2。(75 dB,21 dB)

7.8 两房间大小分别为 $l_1 \times w_1 = 5.0\ \text{m} \times 3.0\ \text{m}$, $l_2 \times w_2 = 3.0\ \text{m} \times 2.5\ \text{m}$,高度均为 2.5 m,位置如图所示。两房间的混响时间分别为 $T_1 = 0.40\ \text{s}$, $T_2 = 0.25\ \text{s}$。打开房间 1 的声源后,测得两房间扩散声压级分别为 $L_1 = 82\ \text{dB}$, $L_2 = 39\ \text{dB}$。试求两房间之间隔墙的隔声量。(40.9 dB)

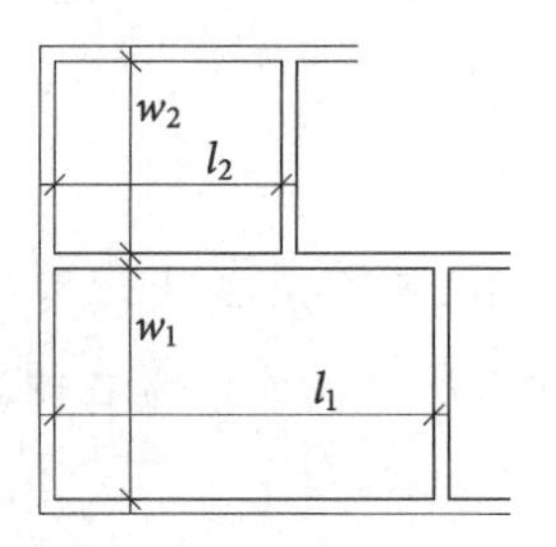

7.9　如图所示，建筑与机动车右车道的水平距离为 5.3 m，声屏障与机动车右车道的水平距离为 2.9 m。计算距地面 4.0 m 高度的建筑里面的声压级。声屏障的吸声系数为 0.20。假设机动车道为距地面 5.0 cm 的声功率级 70 dB 的线性声源。需要同时考虑直达声和声屏障的反射声。(55.4 dB)

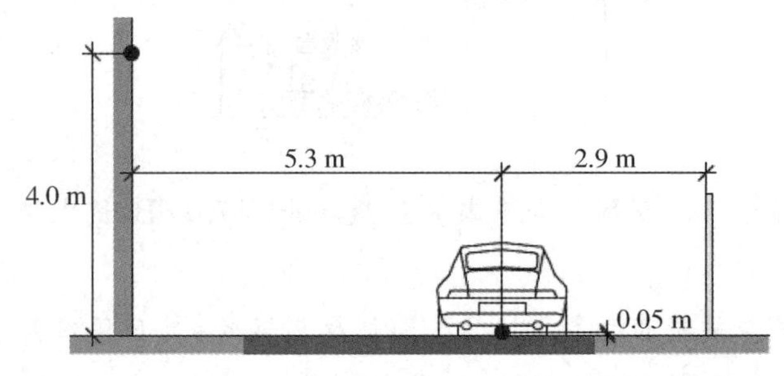

7.10　尺寸为 $l_2 \times w_2 = 5.0\ \text{m} \times 3.0\ \text{m}$ 的矩形平面的起居室紧邻机房，机房为 $l_1 \times w_1 = 2.0\ \text{m} \times 2.0\ \text{m}$ 的矩形平面。两个房间的高度均为 2.6 m。房间之间的隔声量为 57 dB，而混响时间是 0.50 s。如果起居室允许的最大声压级是 35 dB，机房中最高可接受声压是多少？机房中存在一个声音功率 100 dB 装置。为了不超过最高可接受的声压级，该房间所有表面均设置了吸声材料，则材料的最小吸声系数是多少？忽略吸声材料的安装导致的隔声量的增加。(95.9 dB, 0.36)

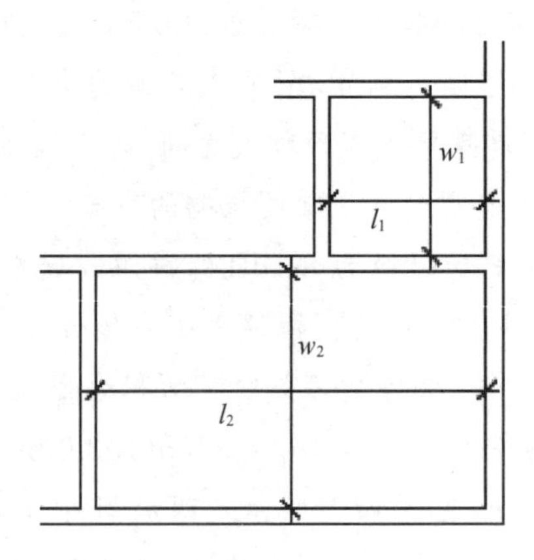

8 建筑照明

照明是建筑物理中与人类生活息息相关的一个主题。合适的室内照明能够提高工作效率和舒适度，帮人们定向以及保障人们的身体健康。一方面，自然光照或者日光是最经济的照明方式，还能够提醒我们时间的流逝，并提高建筑物的经济价值。另一方面，室外光照为交通和人口安全提供了保障。我们将在本章中看到，光学现象与之前几章提到的现象是相似的，但也存在着重要的不同之处。

8.1 引言

在第 2 章我们讨论了电磁波（电磁辐射），但是只讨论了其热量传输的功能/机制。本节中，我们将介绍辐射度学，即精确地研究电磁辐射的传播和测量。后面我们将更多地讲到可见光，也就是电磁波谱上约从 400 nm 到 750 nm 的重要部分。与之前的介绍不同，我们在此将会更关注辐射和可见光的波动现象，以及我们将讨论人眼对不同波长光的灵敏度。

首先，我们仅用几个简单的步骤对电磁波的函数做一个简单的推导，严格的推导则超出了本书的介绍范围。我们从真空条件下的两个麦克斯韦方程开始：

$$\nabla \times \boldsymbol{E} = -\frac{\partial \boldsymbol{B}}{\partial t}$$

$$\nabla \times \boldsymbol{B} = \mu_0 \varepsilon_0 \frac{\partial \boldsymbol{E}}{\partial t}$$

其中，E (V/m)是电场，B (T)是磁场，$\mu_0 = 1.256 \times 10^{-6}$ H/m 是真空磁导率，$\varepsilon_0 = 8.854 \times 10^{-12}$ F/m 为真空介电常数。

若电磁波沿着 z 方向传播，其电场 E_x 沿着 x 方向，磁场 B_y 沿着 y 方向，则以上电磁场的方程可以简化为：

$$\frac{\partial^2 E_x}{\partial t^2} = \frac{1}{\mu_0 \varepsilon_0} \frac{\partial^2 E_x}{\partial z^2}$$

$$\frac{\partial^2 B_y}{\partial t^2} = \frac{1}{\mu_0 \varepsilon_0} \frac{\partial^2 B_y}{\partial z^2}$$

考虑到波动方程式(5.16)的表达形式，我们可以推断如图 8.1 所示的

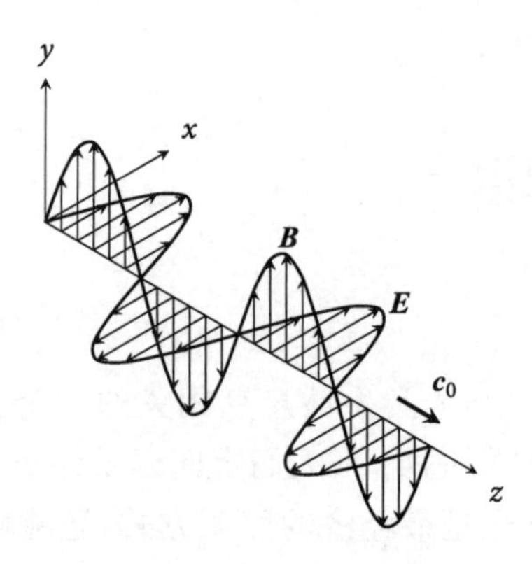

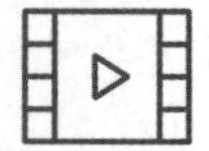

图 8.1 线性极化的电磁波

线性极化的电磁波[式(5.7)]是方程的一个可能解：

$$E_x(z, t) = E_0 \sin(\omega t - kz)$$

$$B_y(z, t) = B_0 \sin(\omega t - kz)$$

其中，E_0 和 B_0 分别为电场和磁场的振幅，光速为：

$$c_0 = \frac{1}{\sqrt{\mu_0 \varepsilon_0}} \tag{8.1}$$

电磁波传输能量的能力是由能流密度，也就是坡印廷矢量 $\boldsymbol{S}$ (W/m^2) 来表达：

$$\boldsymbol{S} = \frac{1}{\mu_0} \boldsymbol{E} \times \boldsymbol{B} \tag{8.2}$$

电场和磁场在快速地变化，即以相当高的频率振荡，所以瞬时的能流密度既不易观察也没有实际的价值。我们更关心的是时间平均的能流密度，也就是辐照度 E (W/m^2)：

$$E = \langle S \rangle = \frac{1}{t'} \int_0^{t'} S \mathrm{d}t \tag{8.3}$$

注意

辐射通量与辐射热流率、辐照度与辐射热流密度分别是相同的概念。

辐照度 E 和辐射热流密度 q (见第 2.3 节)实际上是同一个量。

另一个重要的量是辐射能量流，我们将其称为辐射通量 Φ(W)。辐射通量与辐射热流率 Φ 实际上也是同一个量。

对电磁波能量的研究与对声波能量的研究非常相似(第 6.1.2 小节)。坡印廷矢量 $\boldsymbol{S}$、辐照度 E 和辐射通量 Φ 分别对应于声强 i、时间平均的声强 I 和声功率 P。

8.2 材料的光学特性

本节中，我们将简要概述第 2.4.1 小节中介绍过的一些现象，不过我们会补充一些与光传播相关的细节。

如前所述，当辐射(光)遇到液体或固体的时候，部分的入射辐射被吸收，部分穿过材料，部分被反射(图 8.2)。如第 2.4 节所述，辐射谱(光谱)是对波长展开的。记入射辐射通量为 Φ，反射辐射通量为 Φ_ρ，吸收辐射通量为 Φ_α，透射辐射通量为 Φ_τ，我们可以定义光谱反射比 $\rho(\lambda)$、光谱吸收比 $\alpha(\lambda)$ 和光谱透射比 $\tau(\lambda)$ 为

$$\rho(\lambda)=\frac{\Phi_\rho(\lambda)}{\Phi(\lambda)} \tag{8.4}$$

$$\alpha(\lambda)=\frac{\Phi_\alpha(\lambda)}{\Phi(\lambda)} \tag{8.5}$$

$$\tau(\lambda)=\frac{\Phi_\tau(\lambda)}{\Phi(\lambda)} \tag{8.6}$$

此处，我们需要考虑到这三个物理量均与辐射(光)波长有关。注意，三者的取值范围为 $0\leqslant\rho(\lambda), \alpha(\lambda), \tau(\lambda)\leqslant 1$。

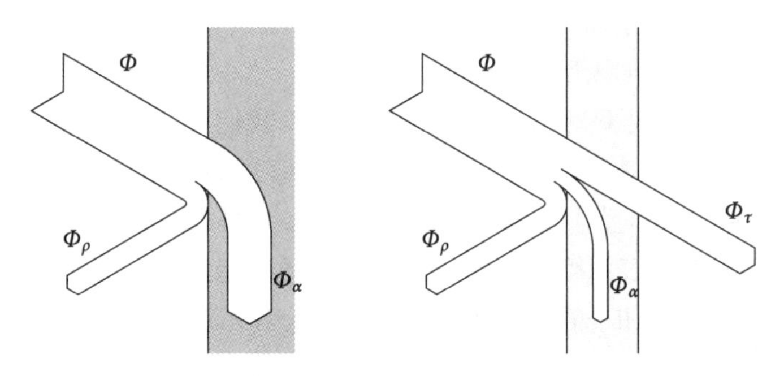

图 8.2 辐射(光)进入非透明材料(左)和透明材料(右)的过程

由于能量守恒，反射、吸收和透射的辐射通量之和应与入射辐射通量相等：

$$\Phi_\rho(\lambda)+\Phi_\alpha(\lambda)+\Phi_\tau(\lambda)=\Phi(\lambda)$$

考虑到反射比、吸收比和透射比的定义，上式等价于：

$$\rho(\lambda)+\alpha(\lambda)+\tau(\lambda)=1 \tag{8.7}$$

在光的传播过程中，我们不仅关心其能量关系，也关心光进入一种介质后如何传播。首先，我们将法线定义为在光进入或离开介质处与介质表面垂直的线(通常以虚线表示)。我们将入射角、反射角和折射角分别定义为法线与入射光线、反射光线和折射光线的夹角。于是我们知道，入射角与反射角相同，而入射角与折射角的关系由斯涅尔定律决定(图 8.3)：

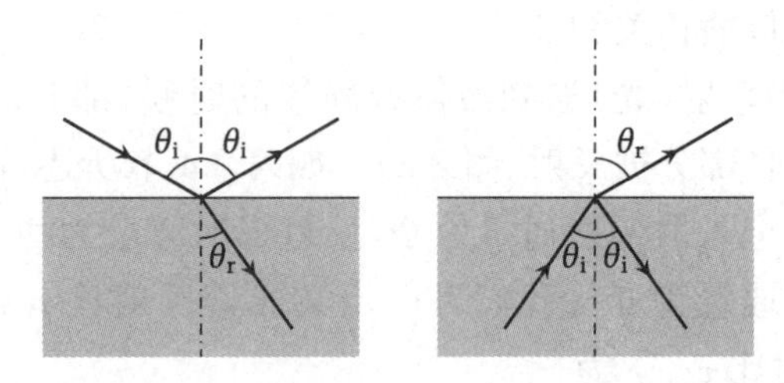

图 8.3 斯涅尔定律。入射角和反射角 θ_i 相等,折射角 θ_r 与入射角与光在两种材料中的速率有关。左图展示了一束光从光疏介质进入光密介质,右图展示了一束光从光密介质进入光疏介质

$$\frac{\sin\theta_1}{\sin\theta_2}=\frac{c_1}{c_2} \tag{8.8}$$

其中,c_1 和 c_2 分别为两种介质中的光速。斯涅尔定律为光学中的基础定律。

当一束光以大的入射角从光密介质进入光束介质时(图 8.3,右)会发生一个有趣的现象。若计算得到折射角 $\theta_r \geqslant 90°$,那么光线就会完全反射,该现象被称为全反射现象。它被用于光导纤维中,使得光在传播中的损失可以忽略不计,也被用于透明遮光设备当中。

然而,很多情况下,我们并不关心折射光,我们更关心透射光。对于一个薄的有两个平行表面的透明物体(窗),一束光的入射角、反射角和透射角是相等的。然而,整个光束的反射和透射与其表面的结构也是相关的:

- 一类材料的表面绝对光滑,甚至从微观角度上也是光滑的,例如镜子、光滑的玻璃和平静的水面。对每一束入射光线而言,材料表面的取向是一致的,所有反射光的方向也是一致的,于是形成一个反射光束。光滑表面上的反射和透射被称为镜面反射和镜面透射(图 8.4,左)。

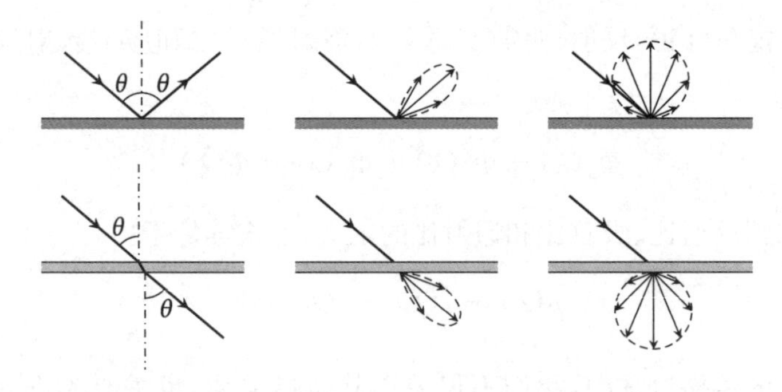

图 8.4 镜面反射和镜面透射(左);高光反射和高光透射(中);漫反射和漫透射(右)

- 一类材料有粗糙的表面,比如墙面或者毛玻璃。每一束光线接触到的材料表面都有不同的取向,因而反射光线都朝向不同的方向,无法形成光

束。粗糙表面上的反射和透射被称为漫反射和漫透射(图 8.4,右)。

- 一类材料的表面性质介于两者之间。每一束光线在部分取向不同的表面上发生反射,但反射光的角度与镜面反射的方向相近。这些材料上的反射和透射被称为高光反射和高光透射(图 8.4,中)。

8.3 光度学

光度学是以人眼感受到的亮度来研究光的学科。本节中,我们将介绍光度学的物理量并阐述它们如何描述人的视觉感知。

8.3.1 波长感知

前面我们提到,可见光是波长大致在 400 nm 到 750 nm 的电磁辐射,但在此范围中,并非所有波长的光在人的视觉感知中都以同样的亮度出现。人眼对波长为 555 nm 的光感知最为灵敏,也就是说,在同样的电磁通量下,该波长的光在人眼中最亮。

为了描述人类视觉对不同波长光的灵敏度,我们使用过许多的单位和物理量。与全波段辐射的辐射通量 Φ 相对应的,对于可见光谱,我们定义了光通量 Φ_v,单位为流明(lm)。特别的,对于波长为 555 nm 的光,当辐射通量 $\Phi = 1$ W 时,相应的光通量为 $\Phi_v = 683$ lm,记为:

$$\Phi_v(555\ \text{nm}) = K_m \Phi(555\ \text{nm}) \tag{8.9}$$

其中,$K_m = 683$ lm/W 为最大光谱光视效能。因此,光通量描述的是一个光源中发射出的可见光的量。

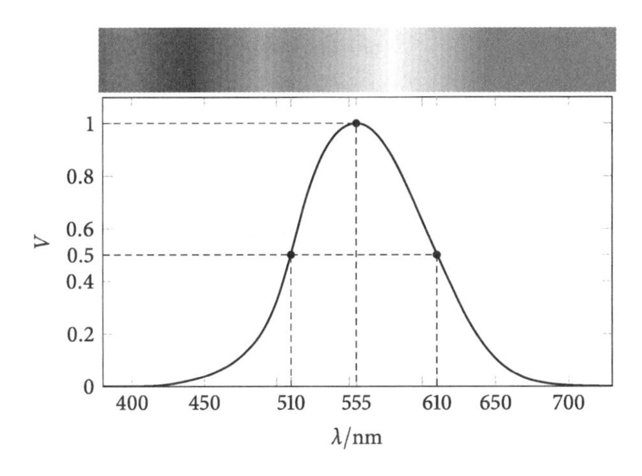

图 8.5 光谱光视效率 $V(\lambda)$(见彩插)

人类对其他波长光的灵敏度由光谱光视效率 $V(\lambda)$ 来描述(图 8.5)。这个函数在 555 nm 时取最大值 $V = 1$,也就是人眼感知最灵敏的光波长。

有了这个函数，我们可以将特定波长下的辐射通量和光通量关联起来。

$$\Phi_v(\lambda)=K_m V(\lambda)\Phi(\lambda) \tag{8.10}$$

例如，对 510 nm 或者 610 nm，光谱光视效率 $V=0.5$，也就是说，对于该波长下，辐射通量为 $\Phi=1$ W 的光，产生的光通量为 $\Phi_v=342$ lm。另一方面，波长为 510 nm 或者 610 nm 的辐射通量为 $\Phi=2$ W 的光与波长为 555 nm的辐射通量为 $\Phi=1$ W 的光在人眼中有相同的亮度。

常见的光源发出的光都不局限于一种波长的光，所以我们需要对所有波长进行积分，即：

$$\Phi_v=K_m\int\frac{d\Phi}{d\lambda}V(\lambda)d\lambda \tag{8.11}$$

注意

光通量与照度的定义是为了解决人类视力感受和波长的密切相关。

其中，$\frac{d\Phi}{d\lambda}$ 为光谱辐射通量。作为其最重要的技术参数，电灯泡通常会给出它的光通量大小(图 8.17)。

与全波段的辐照度 E 相对应，我们对可见光定义照度 E_v，单位为勒克斯(lx)：

$$E_v=K_m\int\frac{dE}{d\lambda}V(\lambda)d\lambda \tag{8.12}$$

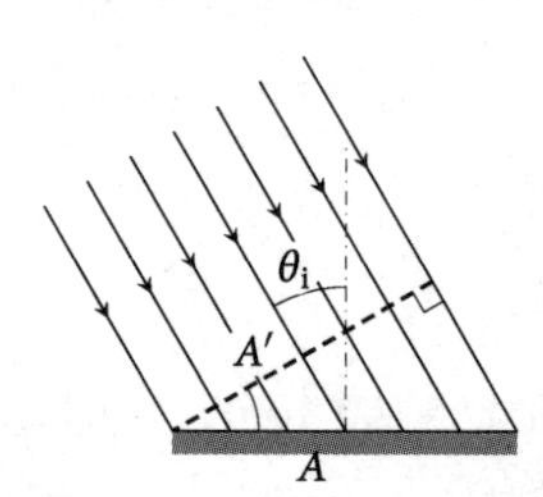

图 8.6 一束光以入射角 θ_i 照射到面积为 A 的表面上的照度。当光线没有对表面垂直照射时，单位面积上接收到的光通量减小，看起来也更暗

与 A 计权声压级描述人对声音大小的感知类似，照度描述的是人类对光的强弱的感知。

对于点光源发出的能量，照度与式(6.30)相似，可以表达为：

$$E_v=\frac{\Phi_v}{A}=\frac{\Phi_v}{4\pi r^2} \tag{8.13}$$

显然，照度单位勒克斯与光通量单位流明是有关联的，即 lx = lm/m²。

照度常常用来描述室温下物体表面的亮度。物体表面并不会产生光，所以它们的亮度取决于其反射的光。其亮度与单位表面积上反射光的光通量成正比，反射光的光通量又与单位面积上入射光的光通量成正比。若入射光不对表面垂直入射（图 8.6），则有效光通量面积 A' 为：

$$A' = A\cos\theta_i$$

其中，θ_i 为入射角。于是，表面上的照度可以表达为

$$E_v = \frac{\Phi_v}{A} = \frac{\Phi_v}{A'}\cos\theta_i = \frac{\Phi_v}{4\pi r^2}\cos\theta_i \tag{8.14}$$

8.3.2 方位感知

视觉和听觉最大的区别在于视觉系统具有空间分辨率。一只耳朵只能听见声波的频率和声能密度，但一只眼睛可以感受到光的波长、光能通量密度以及光源的方向和光源的视觉大小。我们知道，两只耳朵可以通过声波到两只耳朵传播的时间差来感知声源的方位，那么两只眼睛同样也可以通过物体在两只眼睛中的方位差来感知光源的距离。

值得一提的是通常情况下光源并不是各向同性的，其光通量与方位是相关的。这增加的“复杂度”可以由立体角 Ω 来描述。

我们已经对角的概念非常熟悉了。角代表了被两条具有公共顶点的射线所割裂的二维空间。角度的大小就是代表该二维空间的圆弧长与圆的半径 r 之比（图 8.7，左），即：

$$\theta = \frac{l}{r} \tag{8.15}$$

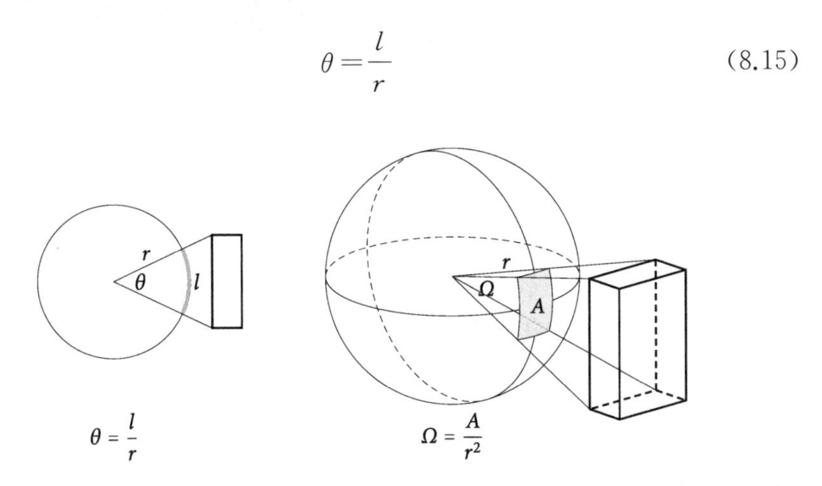

图 8.7 角 θ 的数值是代表部分二维空间的圆环上的弧长 l 与圆的半径 r 之比（左）。于是我们就可以通过将二维物体对一个假想的圆环投影来完成对物体的角度测量。同样的，我们也可以将立体角 Ω 定义为代表部分三维空间的球面区域面积 A 与球的半径平方之比（右）。于是我们可以通过将三维物体投影在一个假想的球面上来测量其立体角（视觉大小）

角是一个无量纲量，但我们还是给了角一个单位，叫做弧度（rad）。角

的另一个单位——度，也是一个广泛使用的单位。全空间的角大小为 2π。

另一方面，立体角是被具有公共顶点的几条射线划分出来的部分三维空间。立体角的大小是代表该部分三维空间的球面面积与球的半径平方 r^2 之比(图 8.7，右)，即：

$$\Omega=\frac{A}{r^2} \tag{8.16}$$

例如，一个任意物体的视觉大小(由该物体占据的视觉范围占总视觉范围的比例)可以由物体对一个假想球面投影的立体角来标定。

立体角是无量纲量，不过为了区分不同性质的无量纲量，我们也给了它一个单位——球面度(sr)。全空间的立体角大小为 4π。

图 8.8　两个相同电功率和光通量的白炽灯泡的发光强度。经典的各向同性灯泡(左)和反射灯泡(右)。使用反射灯泡，光线集中到较小的立体角内，从而增加那里的发光强度。注意，反光灯灯泡的发光强度也取决于偏转角度(见彩插)

我们在考虑各向异性声源的方向时已经讨论了立体角(见第 6.2.4 小节)。此处我们需要对各向异性光源，即仅向特定方向发光的光源或者对各方向的光辐射不同的光源(图 8.8)，做同样的讨论。我们将光源通过某立体角的光通量与该立体角之比定义为发光强度 I_v，单位是坎德拉(cd，简称坎，也叫烛光)：

$$\boxed{I_v=\frac{\Phi_v}{\Omega}} \tag{8.17}$$

发光强度的单位坎德拉 cd＝lm/sr 是国际单位制七个基本单位之一。

有了发光强度，我们就可以将式(8.13)和式(8.14)中的 4π 用立体角 Ω 来替换，从而推广到各向异性光源中。于是照度可以写为：

$$E_v = \frac{I_v}{r^2} \tag{8.18}$$

相应的表面照度为：

$$E_v = \frac{I_v}{r^2} \cos \theta_i \tag{8.19}$$

下面我们来讨论视觉的空间分辨率。当观察者远离声源的时候，声音听起来就不那么响了。我们可以推断，对大脑来说，我们听见的声音大小取决于声强，且声强随距离增加而衰减。另一方面，当观察者远离光源时，光源看起来更小了，但却差不多亮（图 8.9）。这就说明，在大脑中，光的强弱并非与照度对应，因为照度会随距离衰减。为了描述这种视觉现象，我们将照度与立体角的比例定义成一个新的物理量——亮度 L_v (cd/m^2)：

注意

亮度的定义是基于这样的事实：光源的明亮程度与距离无关。

$$L_v = \frac{E_v}{\Omega} \tag{8.20}$$

图 8.9 距光源较远处的照度减小了，但光源看起来差不多亮，只是比近处的光源要小

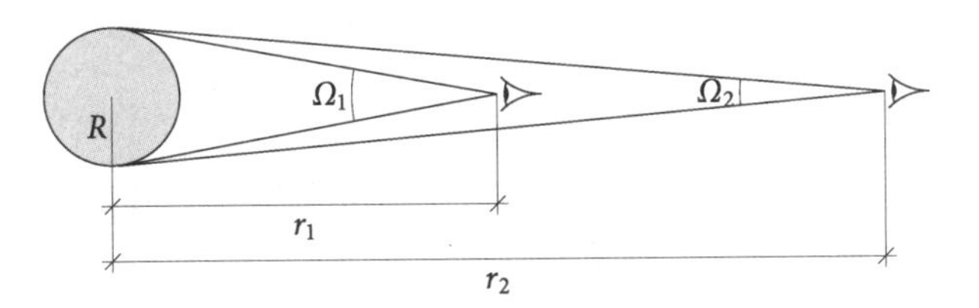

图 8.10 球形各向同性点光源的亮度与观察者到光源的距离无关。光源的照度与立体角随着距离增加一同减小，所以它们的比例是一定的

我们通过一个简单的例子来感受各向异性光源的亮度几乎与距离无关。如图 8.10 所示，观察者与光源的距离增加，立体角减小：

$$\Omega \approx \frac{\pi R^2}{r^2}$$

照度[式(8.18)]也减小，所以二者之比——亮度是一定的：

$$L_v \approx \frac{I_v}{r^2}\frac{r^2}{\pi R}=\frac{I_v}{\pi R^2} \tag{8.21}$$

对于任意形态的光源，有：

$$L_v=\frac{E_v}{\Omega}=\frac{I_v}{r^2}\frac{r^2}{A}$$

$$\boxed{L_v=\frac{I_v}{A}} \tag{8.22}$$

其中，A 为光源在球面上投影的面积。所以，亮度就是光源的发光强度 I_v 与光源在垂直光线方向的平面的投影面积 A 之比。这就是亮度的正式定义。从这个定义可以知道，亮度与观察者的位置无关。亮度是电脑和电视屏幕最重要的技术参数。

注意，光强和亮度都是以坎德拉来表达的。基于坎德拉的单位表示该物理量是在单位立体角下的量。

例 8.1 太阳光球

在例 2.1 中，我们计算了太阳的热流量或者辐射通量。若太阳的光谱发光效率为 $K=93$ lm/W，求其光通量和发光强度。计算太阳光球——视觉表面在地球大气层外边缘的亮度，假定太阳的半径为 $r_{Sun}=6.96\times10^5$ km。

假定太阳是一个各向同性光源，那么光通量和发光强度可根据式(8.17)计算：

$$\Phi_v=K\Phi_{Sun}=3.58\times10^{28}\ \text{lm}$$

$$I_v=\frac{\Phi_v}{\Omega}=\frac{\Phi_v}{4\pi}=2.85\times10^{27}\ \text{cd}$$

为了计算亮度[式(8.22)]，我们需要知道太阳在与光线垂直平面上的投影面积，也就是太阳的大圆面积：

$$L_v=\frac{I_v}{A}=\frac{I_v}{\pi r_{Sun}^2}=1.87\times10^9\ \text{cd/m}^2$$

注意，亮度与观察者到光源的距离无关，所以我们不需要知道太阳和地球之间的距离。另外，地球表面上的亮度要略低于此数值，因为地球的大气层会吸收和反射一部分入射的太阳光。一个晴天的正午，地球表面的太阳光亮度大约为 1.44×10^9 cd/m^2。

照度也可以通过式(8.20)由亮度来推算：

$$E_v = L_v \Omega \tag{8.23}$$

对于表面，我们需要考虑入射角 θ_i 非零的情况，就如我们在第 8.3.1 小节中所考虑的一样，可以得到：

$$E_v = L_v \Omega \cos\theta_i \tag{8.24}$$

8.3.3 漫射光源

前面的小节中我们主要介绍了点光源的情况，现在我们来看看透射和反射的表面。我们需要根据其不同的性质来做不同的处理(图 8.4)。

- 对于光滑表面(镜子、光滑的玻璃)的镜面反射和镜面透射，我们采用几何光学来讨论问题。对于反射相关的问题，通过光源对镜子平面成的虚像来计算(图 8.11，左上)。对透射问题，薄的平面玻璃板可以忽略不计(图 8.11，右上)。
- 对于粗糙表面(墙面、毛玻璃)的漫反射和漫透射，观察者可以将该物看作是一个漫射光源的表面(图 8.11，下)。本节中，我们要详细地讨论这种情况。

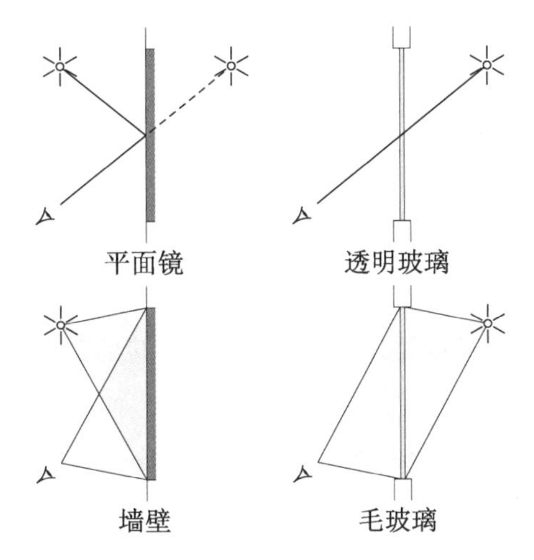

图 8.11 光学上对不同表面的处理。对于光滑表面(上)，我们用几何光学来解决问题。对于粗糙表面(下)，物体被看做一个表面光源或者漫射光源

注意，粗糙表面的反射比通常被叫做反照率(albedo，拉丁语中的“白色”)。反照率的取值范围很大，可以从沥青的 0.1 到雪地的 0.9。

大多数面光源最重要的特性是无论观察者在何角度，光源的明亮程度看起来是一致的。如图 8.12 所示，我们将观察者的角度记为发射角 θ_e。当发射角增加时，立体角减小，因为：

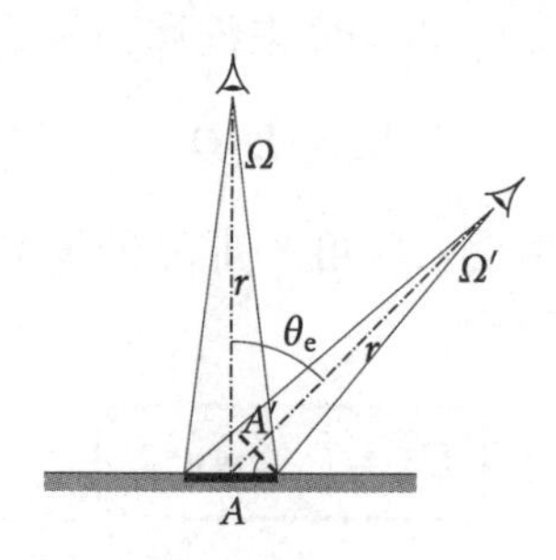

图 8.12 明暗，也就是亮度，与发射角 θ_e 无关。由于立体角 Ω' 小于 Ω，所以光强与角度有关，这一关系由朗伯定律来描述

$$\Omega=\frac{A'}{r^2}$$

然而，从式(8.20)可知：

$$L_v=\frac{E_v}{\Omega}=\text{const}$$

所以我们知道照度也需要减小，以保持亮度为常数。

利用各向异性光源的表达式(8.18)，我们有：

> **注意**
> 朗伯光源不管从哪个方向看都同样明亮。

$$L_v\approx\frac{I_v}{r^2}\frac{r^2}{A'}=\frac{I_v}{A\cos\theta_e}=\text{const}$$

于是，发光强度可以写为：

$$I_v(\theta_e)=I_v(0)\cos\theta_e \tag{8.25}$$

该式称为朗伯定律。

为了计算一个小的表面 A 上总的光通量，如图 8.13 所示，我们对半球的立体角进行微分，取与表面的发射角成定角的部分微元。由于球的半径 $r=1$，立体角微元为：

$$\mathrm{d}\Omega=2\pi x\,\mathrm{d}s=2\pi\sin\theta_e\,\mathrm{d}\theta_e$$

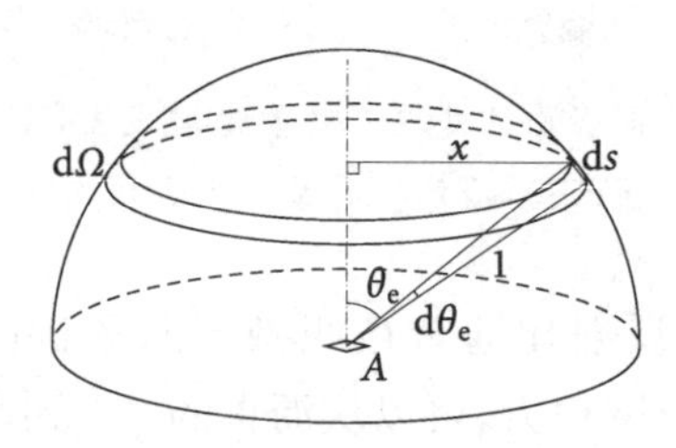

图 8.13 在一个微小表面上，与表面的发射角成一个定角的半球上的圆环微元

结合式(8.17)和式(8.25)可知总的光通量为：

$$\Phi_{v}=\int I_{v}\mathrm{d}\Omega=\int_{0}^{\pi/2} I_{v}(0)\cos\theta_{e}2\pi\sin\theta_{e}\mathrm{d}\theta_{e}=\pi I_{v}(0) \tag{8.26}$$

由于光通量与光源的表面积成正比，所以我们可以定义单位表面积的光通量为光出射度 $M_{v}(\mathrm{lm/m^2})$，即：

$$M_{v}=\frac{\Phi_{v}}{A} \tag{8.27}$$

微分形式为：

$$M_{v}=\frac{\mathrm{d}\Phi_{v}}{\mathrm{d}A} \tag{8.28}$$

于是朗伯定律就变成了如下形式：

$$I_{v}(\theta_{e})=\frac{1}{\pi}AM_{v}\cos\theta_{e} \tag{8.29}$$

我们可以简要地概况一下光度学中物理量的计算如下：

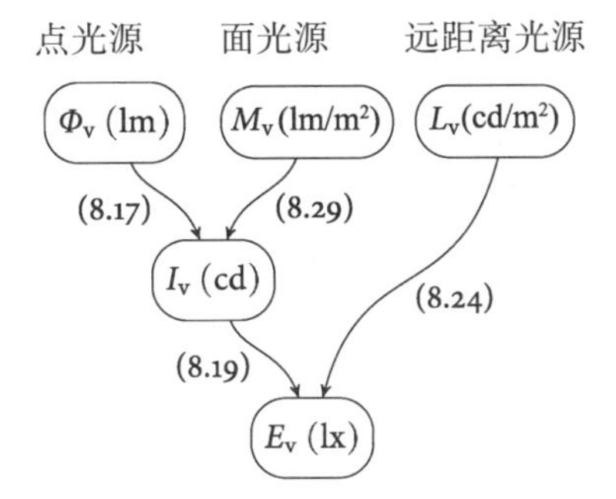

8.3.4 角系数

上一节中，我们了解到理想的漫反射面根据朗伯定律[式(8.25)]来反射光。这一定律在理想漫射光源中依然成立，不过此处我们需要将第 2.4.2 小节定义的角系数也纳入考虑范围。我们下面用严格的数学推导导出角系数。

如图 8.14 所示，我们考虑从面微元 A_i 到另一个面微元 A_j 的光通量。由面 A_i 上发出的总的光通量可以由式(8.26)表示。相对表面 A_i 的辐射角为 θ_i、立体角为 Ω_{ij} 的表面 A_j 上接收到的光通量可以由式(8.17)表示。于是，我们有：

$$\Phi_{v,ij}=\Omega_{ij}I_{v,i}(\theta_i)=\Omega_{ij}I_{v,i}(0)\cos\theta_i \tag{8.30}$$

由于角系数 F_{ij} 是指到达表面 A_j 的光辐射占总的光辐射的比例，那么

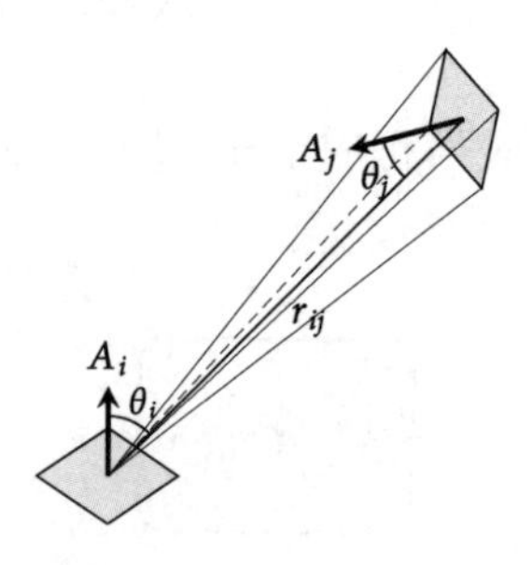

图 8.14 从面微元 A_i 到面微元 A_j 的光通量。光通量取决于立体角 Ω_{ij}、A_j 的朝向以及辐射角 θ_i

根据式(8.26)可知：

$$F_{ij} = \frac{\cos\theta_i \Omega_{ij}}{\pi} \tag{8.31}$$

仅考虑表面 A_j 在与表面 A_i 连线上的投影，即 $A_j\cos\theta_j$，由立体角的定义式(8.16)可知：

$$F_{ij} = \frac{\cos\theta_i\ \cos\theta_j}{\pi r_{ij}^2} A_j \tag{8.32}$$

对于较大的表面，我们需要将表面分成无穷小的片段，再对这些片段进行积分，其角系数可以表达为：

$$F_{ij} = \frac{1}{A_i} \int_{A_i} \int_{A_j} \frac{\cos\theta_i\ \cos\theta_j}{\pi r_{ij}^2} \mathrm{d}A_i \mathrm{d}A_j \tag{8.33}$$

以上过程不仅对光的传输有效，对于任意的辐射流也是有效的，所以上式也可以直接用于其他的辐射流计算。在实际情况中计算角系数可能是非常复杂的问题。

8.4 光源

8.4.1 太阳的位置

地球上最重要的光源是太阳。由于太阳在一年和一天的周期中出现在天空中的位置不同，我们才能够区分日夜，感受到一年四季的变化。我们用以下物理量来描述在任意时刻太阳在天空中的视位(图 8.15)。

方位角 α 是太阳光线的水平投影在顺时针方向上与正北方的夹角(正北方为 0°、正东方为 90°、正南方为 180°、正西方为 270°)。

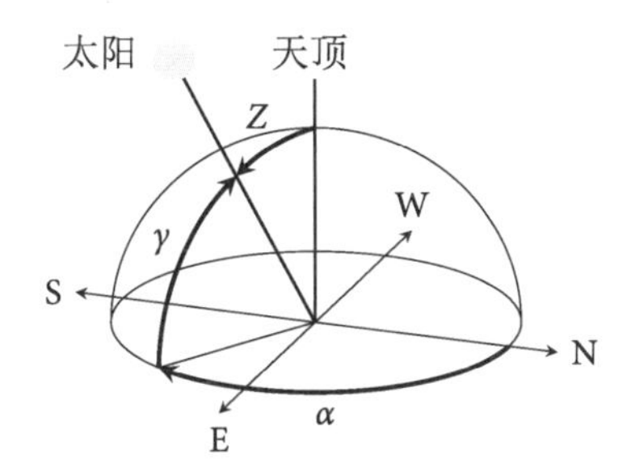

图 8.15 天空中任一物体的方位角 α、仰角 γ 和天顶角 Z。对于太阳，我们一般为这些量加上下标“s”

仰角 γ 是太阳光线与水平面的夹角*。

> **＊译者注**
> 国内一般用太阳高度角，这里作者用的是仰角，在描述太阳高度上这两个概念是一样的。

天顶角 Z 是太阳光线与天顶方向(竖直向上)的夹角。

有一些半经验公式可以用来计算方位角和仰角，这些公式是关于日期 J(1 月 1 日 $J=1$，12 月 31 日 $J=365$) 和天文时间 t(中午时 $t=12$) 的函数，这里我们采用标准 EN 17037 中的计算方法。方位角和仰角的计算都需要依赖地球的赤纬角 δ，即太阳光与地球的赤道平面之间的夹角。赤纬角的形成是由于地球的中心轴有 23.44°的倾斜，也就是说，地球的旋转轴与地球的运动轨迹之间的角度。由于地球绕着太阳旋转，赤纬角也会随着时间发生变化，大致可以由下式来估算：

$$\delta = 0.3948^\circ - 23.2559^\circ\cos(J' + 9.1^\circ) - 0.3915^\circ\cos(2J' + 5.4^\circ) - 0.1764^\circ\cos(3J' + 26.0^\circ) \tag{8.34}$$

其中，$J' = 360^\circ J/365$，角度为 9.1°时对应 $J=-9.2$*，也就是冬至时刻，赤纬角达到其中一次的极值。对于整个地球的不同地方，赤纬角是一个相同的值。

> **＊译者注**
> 上文中 J 是从 1 取到 365 的，而此处 J 取 −9.2，对 J' 的影响是减小了 360，并不影响用三角函数计算所得到的赤纬角。

我们还需要定义时角 ω。时角描述的是太阳的视位在每天发生的变化。时角的表达式为：

$$\omega = \frac{360^\circ}{24}(t - 12) \tag{8.35}$$

当 $t=12$ 时，太阳在每天的最高视位，也就是说，天文时间与观察者的地理经度是有关联的。需要注意的是，天文时间与当地标准时间未必是一致的。观察者的子午线与当地标准时间所在的子午线每差 1°，天文时间就会相差 4 min。

仰角和方位角可以通过下式来计算：

$$\gamma_s = \arcsin(\cos\omega_\eta \cos\varphi \cos\delta + \sin\varphi \sin\delta) \tag{8.36}$$

$$\alpha_s=\begin{cases}180°-\arccos\dfrac{\sin\gamma_s\sin\varphi-\sin\delta}{\cos\gamma_s\cos\varphi}, & t\leqslant 12\text{ h}\\ 180°+\arccos\dfrac{\sin\gamma_s\sin\varphi-\sin\delta}{\cos\gamma_s\cos\varphi}, & t>12\text{ h}\end{cases} \tag{8.37}$$

其中，φ 为观察者所在的地理纬度。

除了赤纬角导致太阳的视位在一年中存在着南北向振荡以外，太阳在东西向上也存在着一个更小范围也更复杂的东西向振荡。这是由于地球围绕太阳旋转的轨迹是椭圆。这就表示，在天文时间（假定每天的时长相等）的表述下，太阳未必在 $t=12$ 时达到最高视位。我们用时差对天文时间进行校准。时差大致可以写成：

$$\begin{aligned}\Delta t=&0.000\,11\text{ h}+0.122\,54\text{ h}\cdot\cos(J'+85.9°)\\&+0.165\,60\text{ h}\cdot\cos(2J'+108.9°)+0.005\,65\text{ h}\cdot\cos(3J'\\&+105.2°)\end{aligned} \tag{8.38}$$

角度 85.9°对应于 $J=-87.1$，也就是地球近日点（离太阳最近的位置）和远日点（离太阳最远的位置）之间时间的一半时刻。角度(108.9°−90°)/2 对应 $J=-9.6$，也就是冬至时刻。

以上仅仅是一个大致的估算表达，还没有考虑一些更复杂的细节，比如大气层的折射和地球的形状与标准球形的差异。

方位角和仰角可以在太阳视运动轨迹图中查到。它们分为：

- 圆柱形太阳视运动轨迹图采用的是笛卡儿坐标系；
- 极坐标太阳视运动轨迹图采用的是极坐标系；
- 球极平面投影太阳视运动轨迹图采用了球极投影（圆的半径并不相等），对应于鱼眼相机拍摄的照片。

图 8.16 为地理纬度在 $\varphi=47°$ 位置（北半球）的圆柱形太阳视运动轨迹图。顶部、底部和正中间的曲线分别代表了在夏至日、冬至日和昼夜平分日（春分或秋分）太阳在天空视表面上的运行轨迹。如前所述，在一个固定的天文时间上，太阳的视位（以方位角和仰角表达）在一年之中发生周期性的变化，在轨迹图上呈现数字 8 的环形轨迹，我们称其为 8 字曲线。

在工程上，常常使用太阳视运动轨迹图来判断一个我们关心的位置（通常是建筑物的正面）在特定的时间是否能有直射的太阳光，也就是日光暴露。我们将障碍物的影响标记在轨迹图上。为此，我们需要找到指定障碍物外边缘的方位角和仰角对，并在轨迹图上将这些点连接起来。轨迹图上剩余的区域就代表了该处具有太阳直射的时间。太阳视运动轨迹图也可以用于制造精确日晷。

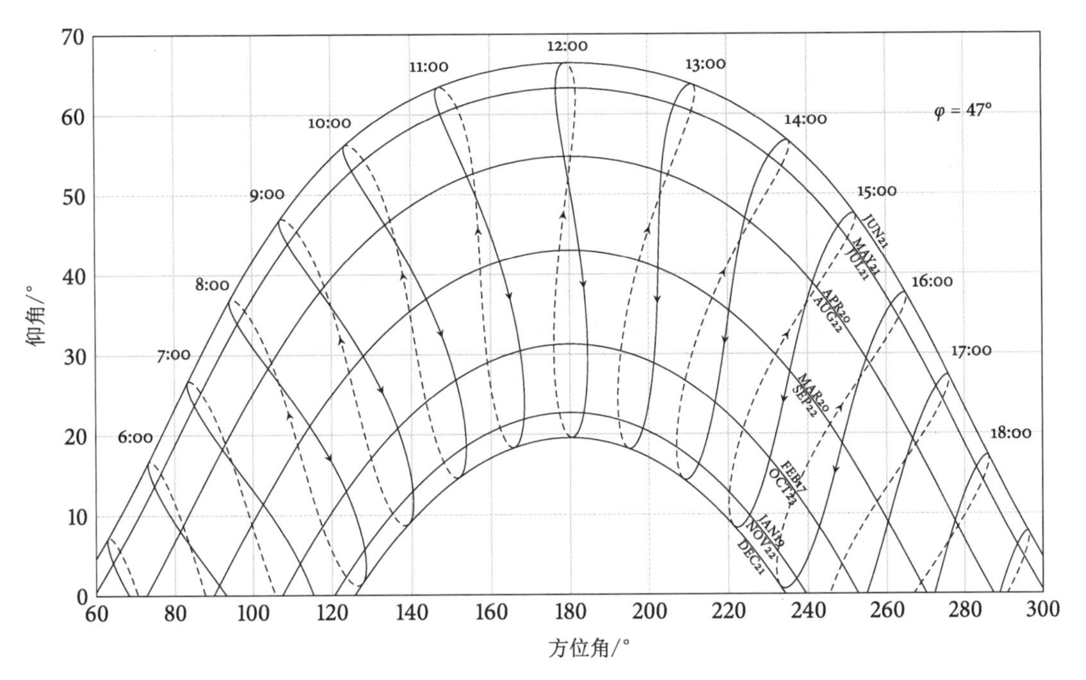

图 8.16 太阳视运动轨迹图。顶部、底部和正中间的曲线分别代表了在夏至日、冬至日和昼夜平分日太阳在天空视表面上的运行轨迹。十五个环状的曲线表示从5:00到19:00的天文时间(8字曲线)。其中,沿着虚线向上为上半年的轨迹,沿着实线向下为下半年的轨迹

例 8.2 建筑物的日光暴露

如图所示,在地理纬度为47°(北半球)的地方,距离已知建筑物 $l=10\ \mathrm{m}$ 处预计建造一个长宽均为 $d=20\ \mathrm{m}$、高为 $h=12.5\ \mathrm{m}$ 的长方体楼房。求已知建筑物一楼在冬至、夏至和昼夜平分日的太阳直射光照情况。我们以建筑物正面的正中位置,即离地高度 $h_0=1.5\ \mathrm{m}$,作为观察位置来计算该问题。

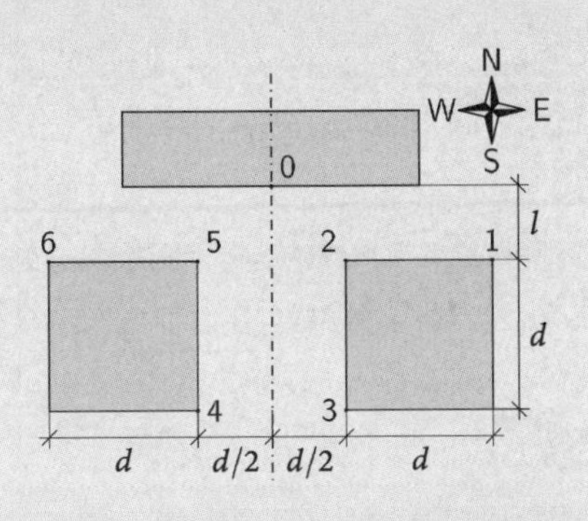

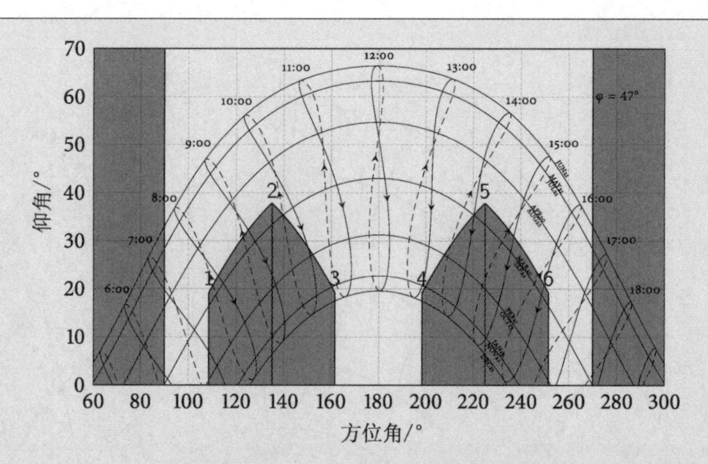

首先,我们注意到建筑物的正面受到建筑物本身的影响,不能看到东北方向($\alpha < 90°$)和西北方向($\alpha > 270°$)的太阳光。

下面,我们需要找到新建筑的遮挡区域。如图所示我们只需要三个极限点来确定新建筑的遮挡范围。从观察点到东边建筑的三个极限点的水平距离为:

$$d_1 = \sqrt{l^2 + \left(\frac{3}{2}d\right)^2} = 31.6 \text{ m}$$

$$d_2 = \sqrt{l^2 + \left(\frac{1}{2}d\right)^2} = 14.1 \text{ m}$$

$$d_3 = \sqrt{(l+d)^2 + \left(\frac{1}{2}d\right)^2} = 31.6 \text{ m}$$

东边建筑三个极限点的方位角为(以方位角为 180°的正南方向为参考):

$$\alpha_1 = 180° - \arctan \frac{\frac{3}{2}d}{l} = 108°$$

$$\alpha_2 = 180° - \arctan \frac{\frac{1}{2}d}{l} = 135°$$

$$\alpha_3 = 180° - \arctan \frac{\frac{1}{2}d}{l+d} = 162°$$

三个极限点的仰角为:

$$\gamma_1 = \arctan \frac{h - h_0}{d_1} = 19°$$

$$\gamma_2 = \arctan \frac{h - h_0}{d_2} = 38°$$

$$\gamma_3 = \arctan \frac{h - h_0}{d_3} = 19°$$

我们将三个点标记在太阳视运动轨迹图上，并连接它们。注意，在实际情况中，三者的连线并不应该是直线，但在太阳视运动轨迹图中它们的间距较短，可以用直线来做近似估算。三点之下的区域为东面建筑遮挡的区域。我们可以对西面的建筑完成同样的操作。

我们可以看到，在冬至日、夏至日和昼夜平分日的采光时间大约分别为 2.5 h、9 h 和 7 h。

8.4.2 自然光源

如前所述，我们最重要的自然光源是太阳。太阳光不仅可以直射，还可以通过云层、大气层以及经过地球上物体的反射间接地照射。我们从天空开始研究这个问题，也就是太阳、云层和大气层的综合作用。

由于天空光源的距离不均一，且难以测定，所以光通量或者发光强度也就不那么有用。因此我使用亮度来描述，并用式(8.24)来计算照度。

ISO 标准 15469 基于国际照明委员会(CIE)的研究对于不同的气象状况(比如晴天、多云、阴天等)定义了 16 种天气模型。对于大多数天气模型，亮度的表达都非常复杂，且与太阳的视位有关。也有稍简单的模型，例如 CIE 标准阴天和传统阴天情况下，亮度仅与仰角相关，对于后者即：

$$L_v(\gamma) = L_Z \frac{1 + 2\sin\gamma}{3} \tag{8.39}$$

其中，L_Z 是天顶方向的亮度。另一个更简单的模型是均匀的天空亮度模型，即：

$$L_v(\gamma) = L_Z \tag{8.40}$$

天顶亮度的绝对值通常取决于太阳仰角。标准没有规定任何表达式，但其他地方已针对不同气候发布了经验公式。出于演示的目的，这里我们给出一个有用的公式：

$$L_Z = \frac{9}{7\pi}(300 + 21\,000\sin\gamma_s) \tag{8.41}$$

其中，γ_s 为太阳的仰角。

例 8.3　标准天空下的照度

计算一个小的水平表面在 CIE 传统阴天和均匀天空亮度模型情况下的照度。

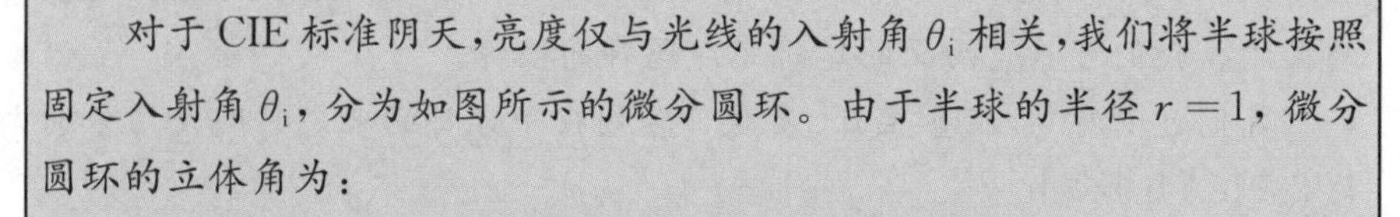

由于亮度与方向相关，我们采用式(8.24)以积分的方式计算照度：

$$E_{\mathrm{v}}=\int L_{\mathrm{v}}\cos\theta_{\mathrm{i}}\mathrm{d}\Omega$$

对于 CIE 标准阴天，亮度仅与光线的入射角 θ_{i} 相关，我们将半球按照固定入射角 θ_{i}，分为如图所示的微分圆环。由于半球的半径 $r=1$，微分圆环的立体角为：

$$\mathrm{d}\Omega=2\pi x\,\mathrm{d}s=2\pi\sin\theta_{\mathrm{i}}\mathrm{d}\theta_{\mathrm{i}}$$

我们将上式与式(8.39)代入第一个式子中，得到：

$$E_{\mathrm{v}}=2\pi L_{\mathrm{Z}}\int_{0}^{\pi/2}\frac{1+2\cos\theta_{\mathrm{i}}}{3}\cos\theta_{\mathrm{i}}\,\sin\theta_{\mathrm{i}}\mathrm{d}\theta_{\mathrm{i}}=\frac{7\pi}{9}L_{\mathrm{Z}}$$

将结果与式(8.41)相结合：

$$E_{\mathrm{v}}=300+21\,000\sin\gamma_{\mathrm{s}}$$

它是由 Krochmann 等人提出的无障碍天空的水平照度。

另一方面，对于均匀天空，我们有：

$$E_{\mathrm{v}}=2\pi L_{\mathrm{Z}}\int_{0}^{\pi/2}\cos\theta_{\mathrm{i}}\,\sin\theta_{\mathrm{i}}\mathrm{d}\theta_{\mathrm{i}}=\pi L_{\mathrm{Z}}$$

不受天空光线直射的物体每天仍能被自然光照射到，这是由于地面物体对天空光线的反射造成的。我们将这部分光源也当作自然光源(图 8.17)。

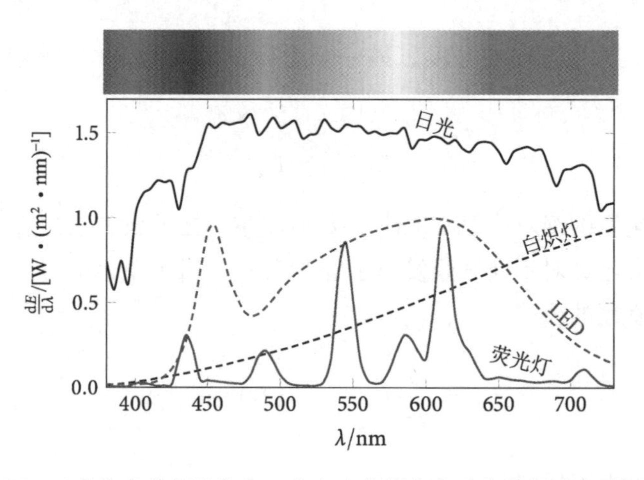

图 8.17　日光的光谱辐照度和三种人造光源的典型光谱辐照度(见彩插)

8.4.3 人造光源

当自然光源不能满足我们的日常光照需求的时候，我们就需要用到人造光源。

在人类的早期历史中，人们使用火来照明。后来，人们发明了更加精致的照明用具——蜡烛和油灯。工业时代的人们开始使用瓦斯灯（煤气灯），而到了现在，我们使用白炽灯泡。以上这些光源的共同特点是它们与太阳光的发光机制是相似的。这些光源依靠高温下的黑体辐射来发光。不管是蜡烛、油灯还是瓦斯灯，都是用燃料对空气进行加热。在白炽灯中，灯丝线是由电流来加热的。

在以上例子中，光源的温度远远低于太阳的温度，也就是说其光谱（图 2.19）在远红外区域出现峰值。这就导致了两个重要的结果：

1. 这些光源比太阳光的效率要低许多，因为红外光在总的光线中占比非常高。太阳光的光谱光视效能为 $K=93$ lm/W，而白炽灯的光谱光视效能只有 $K=20$ lm/W。
2. 如图 8.17 所示，这些光源与太阳光相比，红光占比较多而蓝光占比较少，也就是说这些光源在可见光范围内的颜色组成也同太阳光不同。由于这些光源可以近似认为是黑体辐射发光，所以我们可以用光源的温度来标定其发出的光的颜色组成，也就是色温 T_c。

近年来出现了许多新的人造光源，比如荧光灯和发光二极管（LED）。它们正在取代原来的几种光源。

电子在两个量子态中发生跃迁时能够在室温下发光。由于这种光源几乎仅发出可见光，所以它们比之前的光源都要高效，例如荧光灯的光谱光视效能约为 $K=70$ lm/W，而 LED 的光谱光视效能约为 $K=90$ lm/W。这些光源的相关色温是通过将它们的光谱与不同温度下黑体辐射发光的光谱比较，取光谱最相近的黑体辐射温度得到。色温和相关色温都是光学产品的技术参数（图 8.18）。

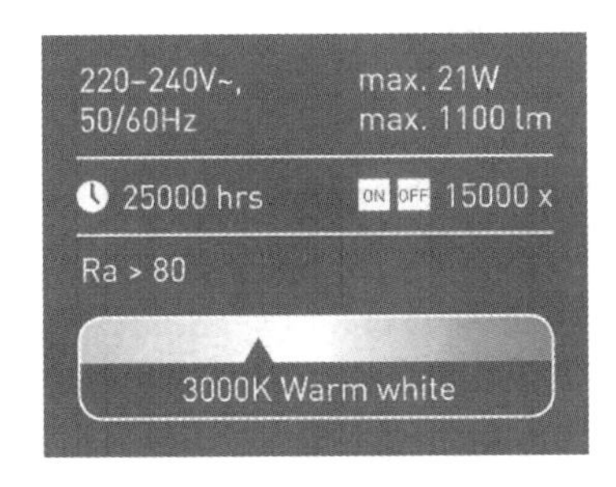

图 8.18 人造光源包装上的技术参数。其中标注了重要的与光学相关的参数，比如光通量、相关色温和显色指数以及电压、功率和产品寿命等（见彩插）

如前所述，色温（相关色温）较高的光中蓝光较多、红光较少，而色温（相关色温）较低的光中红光较多、蓝光较少。然而，这与我们在文化上对温度的概念恰恰相反，即我们称红色是“暖”色调而蓝色是“冷”色调，所以高色温的光源产生“冷”色调的光，而低色温的光源产生“暖”色调的光。表8.1为常用色表。

表 8.1 灯光色表

色表	T_{CP}/K
暖白	$<$3 300
白色	3 300～5 300
冷白	$>$5 300

传统的光源发出连续谱的光，而荧光灯和LED发出离散的谱线，也就是离散的颜色（图8.17）。这些不同颜色的光混合在一起就形成了我们看见的白光。但是这些新型的光源在物体上发生反射的时候不太能够很好地展现物体的颜色。为了标定不同光源对物体的颜色的展现，我们定义了CIE平均演色性指数（CRI）（显色指数）R_a。R_a的最大可能值是100，对应于与标准日光无法区分的光源。显色程度与日光差距越大，R_a的数值越小，对于某些光源R_a甚至是负值。尽管新型的光源具有较高的与日光相近的色温，但它们的显色指数通常较低。CRI也是光学产品的标准技术参数之一（图8.18）。

8.5 照度计算

对于一个建筑，我们主要关心的是建筑物内外物体的照度，所以在计算中我们不仅要考虑来自自然光源和人造光源的光线，同时还要考虑物体表面的反射光。我们将物体表面的反射光作为附加光源来看待。我们采用通量分裂法将三种类型的光一起计算（图8.19）。

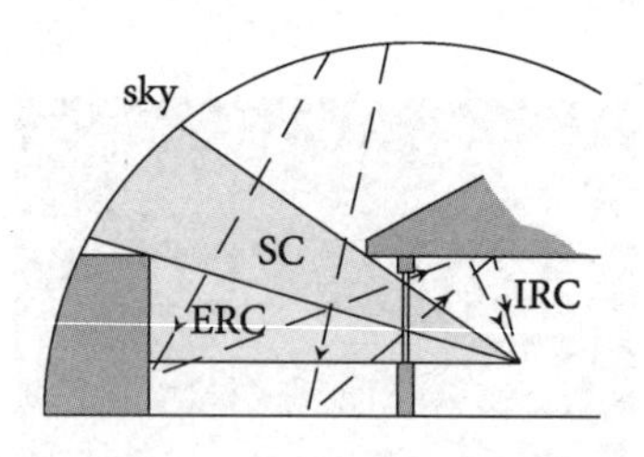

图 8.19 根据通量分裂法分类的光线来源：天空光线分量（SC）、室外反射光分量（ERC）和室内反射光分量（IRC）

1. 天空光线分量（SC）是在观察点可以接收到的天空直射光线。
2. 室外反射光分量（ERC）是经室外表面上反射，到达观察点的光线。

3. 室内反射光分量(IRC)是经过窗户进入室内，经过室内表面反射后到达观察点的光线。

其他计算方法包括：

- 光能传递是将表面分割成小块单元，计算每个单元的角系数(第 8.3.4小节)，然后通过有限元分析进行计算。最后对观察者所能看见的所有物体表面和光源的照度贡献进行叠加。
- 光线追踪是一种计算从光源出发的大量光线或者从观察者位置出发的大量光线的照度贡献的方法。

在这些计算中通常采用 CIE 标准阴天作为环境背景。

另外，EN 12464-1 标准规定了常见室内表面的反射比范围(表 8.2)。

表 8.2 室内主要漫反射面的反射比范围

表面	反射比
天花板	0.7～0.9
内墙面	0.5～0.8
地板	0.2～0.4
外墙面	0.2～0.4
外地面	0.2

由于照度计算是一个枯燥而复杂的工作，我们通常都使用特殊的电脑程序来计算。

在估算照度的过程中，我们还需要考虑以下物理量：

照度均匀度 U_o 是表面上的最小照度 E_{min} 与平均照度 E_{av} 之比：

$$U_o = \frac{E_{min}}{E_{av}}$$

采光系数 D 是排除直接的日光照射之外，室内照度 E_i 与室外照度 E_o 的比值：

$$D = \frac{E_i}{E_o} \tag{8.42}$$

它可以通过对两个照度进行数值计算或者通过近似方程、测量仪器、诺模图和图表等得到(图 8.20)。采光系数通常采用 CIE 标准阴天(第8.4.2小节)，离楼面高度 0.85 m 作为条件计算。计算结果不依赖于所选的计算时间，但通常使用春分日正午时刻计算。

我们注意到一种特别的情况——眩光，也就是以下两种情况之一：

- 有过多的光线；
- 对比度过高，即观察点视线范围内的照度变化太大。

我们用 CIE 统一眩光值 R_{UG} 来衡量室内工作场所的眩光情况，即

$$R_{UG}=8\lg\left[\frac{0.25}{L_b}\sum_n\left(L_n^2\frac{\Omega_n}{p_n^2}\right)\right]$$

其中，L_b 为背景照度，L_n、Ω_n 和 p_n 分别为各光源的亮度、立体角和 Guth 位置指数。Guth 位置指数随着视线距离增加而增加。它与两个角度相关：一个是光源所在平面的法线与视线的夹角 α（单位：度），一个是观察者到光源的直线与视线的夹角 β。Guth 位置指数可以表达为

$$p=\exp\left(\left[35.2-0.318\,89\alpha-1.22\exp\left(-\frac{2}{9}\alpha\right)\right]10^{-3}\beta+(21+0.266\,67\alpha-0.002\,936\alpha^2)10^{-5}\beta^2\right)$$

此外，我们用 CIE 眩光值 R_G 来衡量室外工作场所的眩光情况。

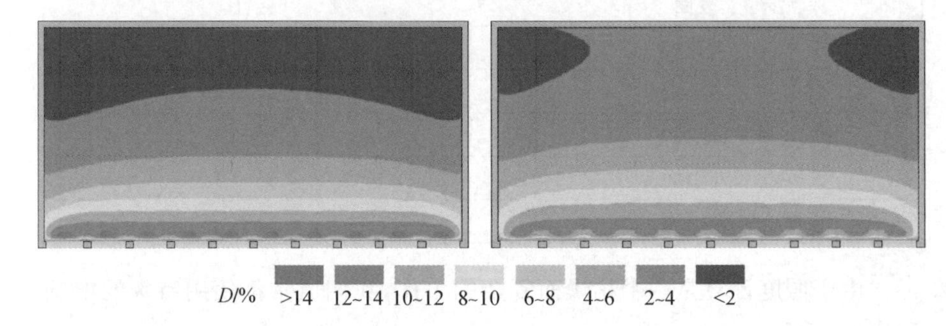

图 8.20 在有十个窗户的教室内无反光板(左)和有反光板(右)情况下的采光系数。有了反光板，日光照射深度从 1.5 倍窗顶高度增加到 2.5 倍窗顶高度。此外，房间内的照度均匀度也增加了(见彩插)

8.6 建筑照度的要求

照度需要满足如下几种条件：

1. 建筑物需要有合适的日光暴露。这一要求通常以晴朗无云的一天(通常在冬至附近)每天直接日照的小时数来表示。标准 EN 17037 规定，医院的病房、托儿所的游戏室和住宅内至少一个可居住空间在 2 月至 3 月间的每日最低日照时间为 1.5 h。其中参考点位于开口内表面，水平居中，距地面至少 1.2 m、窗台开口以上 0.3 m 处。此外，应拒绝低于最小太阳仰角(欧洲国家规定)的阳光照射。请注意，本书中的计算示例使用了立面上的一个参考点，把问题简化了。
2. 工作区域的表面和其他区域需要根据其活动种类提供合适的照明。EN 12464-1 标准规定了需要保持的照度 E_m。工作场所的平均照度不应低于规定的照度。在大多数室内工作场所，照度大致在

200 lx到 500 lx。在特定的一些房间，比如走廊、门厅和休息室，100 lx 的照度就足够了。对于对光照较为敏感的工作，比如体检、手术、美术教室、技术制图、精细工作、色诊和其他检测，照度需要在 750 lx 到 1 500 lx。在非常特殊的情况下甚至需要 5 000 lx 的照度。另一方面，根据 EN 12464-2，室外工作只需要 10 lx 到 200 lx 的照度。

3. 一个建筑全年必须有足够的采光。标准 EN 17037 提供了两种评价采光效果的方法：

   其一，以地面以上 0.85 m 处为基准面计算照度。对于垂直和倾斜表面的采光口，照度必须超过两个值：至少 50%空间达到目标照度 $E_{T}=300$ lx，至少 95%空间达到最小目标照度 $E_{TM}=100$ lx。对于水平面上的采光口，至少有 95%的空间达到目标照度 $E_{T}=300$ lx。计算时长应达全年的 4 380 个采光小时数，其中至少有 50%的小时数满足上述条件。

   其二，如果我们知道外部照度最大 50%小时中的最小值，单个采光系数的计算可以代替多小时内照度的计算。外部照度可以是：外部漫射照度的中间值 $E_{v,d,med}$（其中不包括太阳直接贡献）或外部总照度的中间值 $E_{v,g,med}$（其中包括太阳的直接贡献）。对于垂直和倾斜表面上的采光口，最小采光系数为：

$$D_{T}=\frac{E_{T}}{E_{v,d,med}},\quad D_{TM}=\frac{E_{TM}}{E_{v,d,med}}$$

   高纬度往往对应较小的外部漫射照度中间值，因此需要更大的采光系数。标准给出了欧洲国家的外部漫射照度中间值和采光系数最小值。其中外部漫射照度中间值 $E_{v,d,med}=$ 11 500 lx ～ 19 400 lx，50%空间的采光系数要达到 $D_{T}=1.5\%\sim2.6\%$，95%以上的空间采光系数要达到 $D_{TM}=0.5\%\sim0.9\%$。对于水平采光口，太阳直射应被考虑进去，此时用外部总照度中间值代替外部漫射照度中间值。

4. 照度均匀度需要在一个合适的水平。EN 12464-1 规定室内工作场所的最小照度均匀度 U_{o} 在大多数情况下需要在 0.4 到 0.7。EN 12464-2 规定室外工作场所的最小照度均匀度 U_{o} 在大多数情况下需要在 0.25 到 0.5。

5. 我们还需要将眩光控制在可接受的范围内。EN 12464-1 规定了最大允许的眩光值 R_{UGL}。对于一般室内工作，R_{UGL} 的值为 19，而对于对眩光敏感的工作，比如技术作图、精密工作、控制室、色诊等，R_{UGL} 的值为 16。

6. 显色指数越高越好。EN 12464-1 规定，对于大多数室内工作场地，

显色指数 R_a 需要不低于 80，而对于颜色敏感的工作，比如大多数医疗保健活动、艺术教室、色诊等，R_a 需要不低于 90。EN 12464-2 规定室外工作场所的显色指数 R_a 一般需要在 20 到 40。

采光系数可以通过如下方式来提高：

- 在建筑物正面周围以及屋内表面的反射面多用亮色来提高室外和室内反射光分量。
- 增加采光口，并将采光口设置在对着无遮挡阴天空的区域来提高天空光线分量。

对于标准窗户，有一条经验规律：房间采光区域（$D \geq 2\%$）的深度在 1.5 倍窗顶高度以内。在添加了反光架后，采光区域深度可扩展到 2.5 倍窗顶高度(图 8.21)。

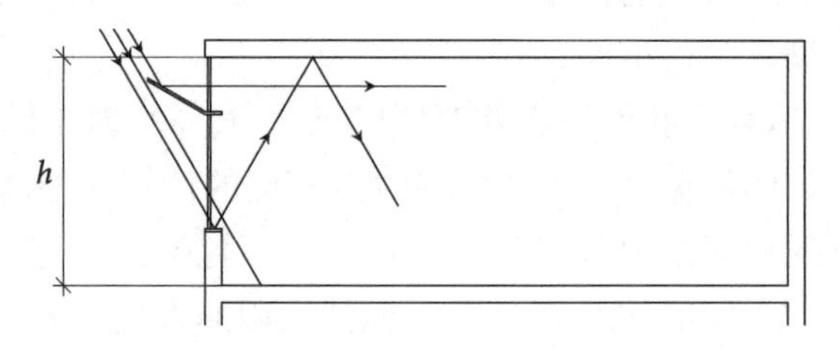

图 8.21　反光板和反射窗台能够将光传送到房间深处。其对采光系数的影响如图 8.20 所示。光照区域主要取决于窗顶高度 h

照度均匀度和日照渗透深度可以通过以下方法改善：

- 提高窗顶高度 h(图 8.21)；
- 使用反光板(图 8.21)；
- 房间表面使用浅色，特别是在房间的后半部分；
- 采用高反射比窗台；
- 在靠近反光表面处使用窗户；
- 使用天窗或光导管，从上方采光。

一般来说，反光板可以向室外、室内或同时往两个方向延伸。这样做不是为了提高(CIE 标准阴天下的)采光区域，而是为了在晴天使太阳光能够对房间深处照明。

对眩光的控制主要取决于眩光的来源：

- 直接自然光产生的眩光一般采用遮光窗帘或者毛玻璃来减弱光线。
- 人造光源产生的眩光一般采用灯具来解决，比如避免对工作区域的直接光照(光线指向天花板)或在采用毛玻璃减弱。
- 反光造成的眩光则改用漫反射表面来解决。

习题

8.1 如图所示,四个竖直的街灯高为 $h=8.0$ m。它们在地面上的投影构成了一个边长为的正方形。假定灯光是各向同性的,要使正方形中心(0 点)的照度为 50 lx,求每个灯的发光强度。(1 050 cd)

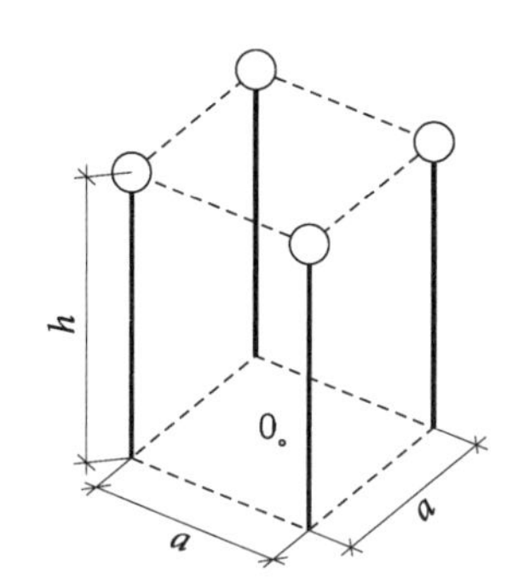

8.2 计算从地球角度看太阳的立体角。太阳距离地球 1.50×10^8 km,太阳半径为 6.96×10^5 km。假定太阳光到地球表面的亮度在晴天的天顶是 1.44×10^9 cd/m^2,求一个小的地球表面的最大照度。(6.76×10^{-5} sr, 9.74×10^4 lx)

8.3 在北半球地理纬度为 47°的某处,两个高为 9.5 m 的长方体建筑物在水平地面上的位置如图所示。建筑物与东西方向的夹角为 $\theta=30°$。利用太阳视位轨迹图,求建筑物南面三分点(0 点)、高度为 1.5 m 处的窗户在 3 月 21 日接受太阳光照的时长。为计算方便,只考虑太阳仰角大于 15°的情况,选择等距离点 1~4。(2.5 h)

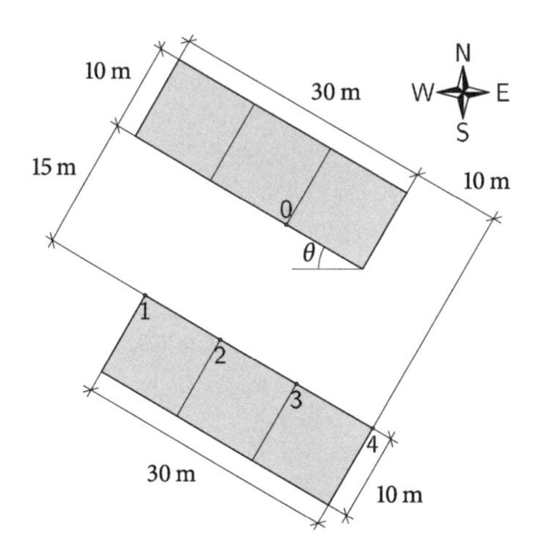

8.4 如图所示,光通量为 1 500 lm 的各向同性光源离地高度为 2.2 m,离带镜子竖直墙面的水平距离为 2.0 m。求距离墙面 1.0 m 处地面的照度。

仅考虑直接光照和镜子的反射光。(23.7 lx)

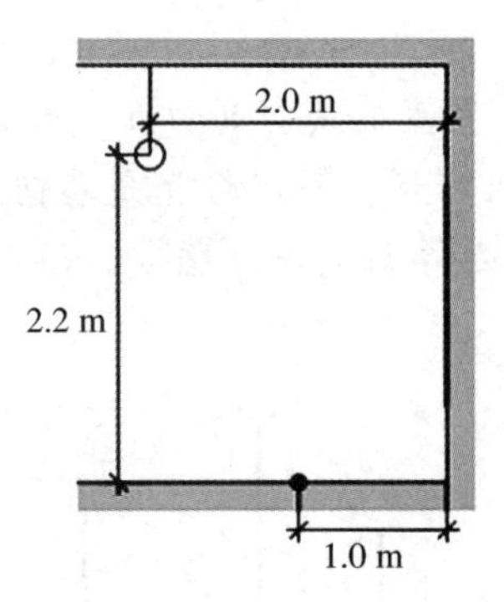

附　录

A 表

建筑物理中物理量的符号和名称是根据标准 ISO 80000、ISO 7345 和 EN 12665-52～59、27、15 编辑的。另外有些物理量有常见叫法，在表中用†标出。

表 A.1　建筑物理中物理量的符号和名称

符号	单位	名称	
A	J	功	work
A	m^2	面积	area
A	m^2	等效吸声面积(吸声量)	equivalent absorption area
A	dB	声衰减	sound attenuation
a	m/s^2	加速度	acceleration
α	m^2/s	热扩散系数	thermal diffusivity
b	$W \cdot s^{1/2}/(m^2 \cdot K)$	吸热系数	thermal effusivity
c	m/s	(相)速度	(phase) speed
c	J/(kg·K)	比热容	specific heat capacity
c_0	m/s	真空中光速	speed of light in vacuum
c_p	J/(kg·K)	定压比热容	specific heat capacity at constant pressure
c_V	J/(kg·K)	定容比热容	specific heat capacity at constant volume
D	m^2/s	水蒸气扩散系数	water vapour diffusion coefficient
D	dB	级差	level difference
D	1	采光系数	daylight factor
D_C	dB	方向性校正	directivity correction
E	J	机械能	mechanical energy
E	W/m^2	辐照度	irradiance
E_v	lx	照度	illuminance

（续表）

符号	单位	名称	
e	J/m^3	时均机械能（本书指的是声能）密度	time-averaged density of mechanical energy
F	1	角系数	view factor
F	N	力	force
f	Hz	频率	frequency
f	1	面积分数	fractional area
f_{Rsi}	1	内表面温度系数	temperature factor of the internal surface
g	m/s^2	重力加速度	acceleration of free fall
g	$kg/(m^2 \cdot s)$	水蒸气流量密度	density of water vapour flow rate
g	1	太阳总透射比	solar factor
H	J	焓	enthalpy
H	W/K	换热系数	heat transfer coefficient
h	$J \cdot s$	普朗克常数	Planck's constant
h	J/kg	比焓	specific enthalpy
h	$W/(m^2 \cdot K)$	表面传热系数	surface coefficient of heat transfer
h_c	$W/(m^2 \cdot K)$	对流表面传热系数	convective surface coefficient
h_f	J/kg	熔解比焓	specific enthalpy of fusion
h_m	m/s	表面传质系数	surface coefficient of mass transfer
h_r	$W/(m^2 \cdot K)$	辐射表面传热系数	radiative surface coefficient
h_v	J/kg	汽化比焓	specific enthalpy of vaporisation
I	W/m^2	时均声强	time-averaged sound intensity
I_v	cd	光强	luminous intensity
i	W/m^2	声强	sound intensity
K	N/m^2	压缩模量	modulus of compression
K	s	导水率	liquid water conductivity
K	dB	级调节	level adjustment
K_m	lm/W	最大光谱光视效能	maximum spectral luminous efficacy

（续表）

符号	单位	名称	
k	rad/m	角波数	angular wavenumber
k	W/(m^2 · K)	传热系数	coefficient of heat transfer
k	J/K	玻尔兹曼常数	Boltzmann's constant
L_i	dB	撞击声压级	impact sound pressure level
L_p	dB	声压级	sound pressure level
L_R	dB	评价等级	rating level
L_v	cd/m^2	亮度	luminance
L_W	dB	声功率级	sound power level
L'_W	dB	线性声功率级	linear sound power level
L''_W	dB	表面声功率级	surface sound power level
l	m	长度	length
M	kg/mol	摩尔质量	molar mass
M_v	lm/m^2	出射度	luminous exitance
m	kg	质量	mass
m	kg	水蒸气质量	mass of water vapour
m_d	kg	干空气质量	mass of dry air
N_A	1/mol	阿伏伽德罗常数	Avogadro's constant
n	mol	物质的量	amount of substance
n	1/s	换气次数	air change rate
n_{pr}	1/s	参考压差下换气次数	air change rate at the reference pressure difference
P	W	功率	power
P	W	声功率	sound power
P'	W/m	线性声功率	linear sound power
P''	W/m^2	表面声功率	surface sound power
p	Pa	压强	pressure
p	Pa	水蒸气压强	pressure of water vapour
p	Pa	声压	sound pressure
p_{atm}	Pa	大气压强	atmospheric pressure

（续表）

符号	单位	名称	
p_d	Pa	干空气压强	pressure of dry air
p_s	Pa	静压	static pressure
p_{sat}	Pa	饱和蒸气压	water vapour pressure at saturation
Q	J	热量	heat
q	W/m^2	热流密度	density of heat flow rate
q_f	J/kg	熔解比热	specific heat of fusion
q_m	kg/s	质量流量	mass flow rate
q_{pr}	m^3/s	参考压差下的透风量	air leakage rate at the reference pressure difference
q_V	m^3/s	风量	air flow rate
q_v	J/kg	汽化比热	specific heat of vaporisation
R	dB	隔声量	sound reduction index
R	$m^2 \cdot K/W$	热阻	thermal resistance
R	$J/(mol \cdot K)$	气体常数	molar gas constant
R_a	1	显色指数	colour rendering index
R_a	$m^2 \cdot K/W$	空气层热阻	thermal resistance of airspace
R_{se}	$m^2 \cdot K/W$	外表面热阻	external surface resistance
R_{si}	$m^2 \cdot K/W$	内表面热阻	internal surface resistance
R_{tot}	$m^2 \cdot K/W$	总热阻	total thermal resistance
R_{UG}	1	统一眩光值	unified glare rating
R_v	$J/(kg \cdot K)$	水蒸气气体常数	gas constant for water vapour
S	m^2	面积	area
S	$m/s^{1/2}$	吸水率	sorptivity
S	W/m^2	坡印廷矢量	Poynting's vector
s_d	m	水蒸气扩散等效空气层厚度	water vapour diffusion-equivalent air layer thickness
T	K	温度	temperature
T	s	周期	period
T_c	K	色温	colour temperature

（续表）

符号	单位	名称	
T_{cp}	K	相关色温	correlated colour temperature
T_n	s	混响时间	reverberation time
t	s	时间	time
U	J	内能	internal energy
U	$W/(m^2 \cdot K)$	传热系数	thermal transmittance
U_o	1	均匀度	uniformity
u	m^3	水与干材料的质量比(含水率†)	mass ratio of water to dry matter water (moisture) content†
V	m^3	体积	volume
V	1	光谱光视效率	spectral luminous efficiency
v	m/s	速率	velocity
v	kg/m^3	水蒸气质量浓度(绝对湿度†)	mass concentration of water vapourabsolute humidity†
w	kg/m^3	水的质量浓度	mass concentration of water
x	m	位移	displacement
x	1	水蒸气与干空气质量比(含湿量†)	mass ratio of water vapour to dry gas humidity ratio†
Z	1	天顶角	zenith angle
α	1	吸收比	absorptance
α	1	吸声系数	absorbance
α	1	方位角	azimuth
α_l	1/K	线膨胀系数	linear expansion coefficient
α_V	1/K	体膨胀系数	cubic expansion coefficient
γ	N/m	表面张力	surface tension
γ	1	绝热系数	ratio of the specific heat capacities
γ	1	仰角	angle of elevation or altitude
d	m	渗入深度	periodic penetration depth
δ	1	耗散系数	dissipance

(续表)

符号	单位	名称	
δ_0	kg/(m·s·Pa)	与水蒸气分压力相关的水蒸气渗透系数	water vapour permeability with respect to vapour pressure
ε	1	发射率	emittance
θ	℃	温度	temperature
θ	1	接触角	contact angle
λ	m	波长	wavelength
λ	W/(m·K)	导热系数	thermal conductivity
μ	1	水蒸气阻力系数	water vapour resistance factor
ρ	kg/m^3	密度	density
ρ	1	反射系数	reflectance
ρ_A	kg/m^2	面密度	surface density
ρ_l	kg/m	线密度	linear density
σ	$W/(m^2 \cdot K^4)$	斯特藩-玻耳兹曼常数	Stefan-Boltzmann constant
τ	1	透射比	transmittance
Φ	W	热流率	heat flow rate
Φ	W	辐射功率	radiant flux
Φ_v	lm	光通量	luminous flux
φ	rad	初始相位	phase constant
φ	1	相对湿度	relative humidity
χ	W/K	点传热系数	point thermal transmittance
Ψ	W/(m·K)	线传热系数	linear thermal transmittance
φ	1	含水量体积比	moisture content volume by volume
Ω	sr	立体角	solid angle
ω	1/s	角频率	angular frequency

表 A.2　物理常数

物理量	符号	值
20℃时空气中的声速	c	343.2 m/s
真空中的光速	c_0	2.998×10^{8} m/s
重力加速度	g	9.807 m/s^2
普朗克常数	h	6.626×10^{-34} J·s
最大光谱光视效能	K_m	683 lm/W
玻耳兹曼常数	k	1.381×10^{-23} J/K
参考声功率	P_0	1.0×10^{-12} W
标准大气压	p_{atm}	1.013×10^{5} Pa
参考声压	p_0	2.0×10^{-5} Pa
摩尔气体常数	R	8.314 J/(mol·K)
阿伏伽德罗常数	N_A	6.022×10^{23}/mol
水蒸气气体常数	R_V	461.5 J/(kg·K)
与水蒸气分压力相关的水蒸气渗透系数	δ_0	2×10^{-10} kg/(m·s·Pa)
水的密度	ρ_0	1.00×10^{3} kg/m^3
斯特藩-玻耳兹曼常数	σ	5.670×10^{-8} $W/(m^2\cdot K^4)$

表 A.3　常见建筑材料的物理特性。表中数据是根据标准 ISO 10456 所得的典型值或平均值

材料	ρ/[kg·$(m^3)^{-1}$]	c/[J·$(kg\cdot K)^{-1}$]	$c\rho$/[kJ·$(m^3\cdot K)^{-1}$]	λ/[W·$(m\cdot K)^{-1}$]	μ
发泡聚苯乙烯	30	1 450	43.5	0.035	60
矿棉	100	1 030	103	0.035	1
木材	500	1 600	800	0.13	50
实心砖*	1 800	1 000	1 800	0.8	16
空心砖*	680	1 000	680	0.22	8
石膏板	700	1 000	700	0.21	10
中密度混凝土	2 200	1 000	2 200	1.65	120
玻璃	2 500	750	1 880	1.0	∞
陶瓷	2 300	840	1 930	1.3	∞

（续表）

材料	ρ /[kg·$(m^3)^{-1}$]	c /[J·$(kg·K)^{-1}$]	$c\rho$ /[kJ·$(m^3·K)^{-1}$]	λ /[W·$(m·K)^{-1}$]	μ
钢	7 800	450	3 510	50	∞
聚乙烯	950	2 000	1 900	0.42	100 000
结晶岩	2 800	1 000	2 800	3.5	10 000
沉积岩	2 600	1 000	2 600	2.3	250
砂/砾石	1 950	1 050	2 050	2.0	50
黏土/淤泥	1 500	2 090	3 140	1.5	50
冰	900	2 000	1 800	2.2	—
水	1 000	4 190	4 190	0.6	—
空气	1.23	1 008**	1.24	0.025	1

* 该值从一些厂商处获得。

** 在常压下。

参考文献

[1] BERGMAN T L, LAVINE A S, INCROPERA F P, et al. *Fundamentals of Heat and Mass Transfer*[M]. *7th ed*. [s.l.]: John Wiley & Sons, 2011.

[2] SERWAY R A, JEWETT J W. *Physics for Scientists and Engineers* [M]. *8th ed*. Belmont: Brooks/Cole, Cengage Learning, 2009.

[3] MEDVED S. *Gradbena Fizika* [M]. Ljubljana: Fakulteta za Arhitekturo, 2010.

[4] ŠIMETIN V. *Gradbena Fizika*[M]. Zagreb Fakultet Građevinskih Znanosti, 1983.

[5] ANSI/ ASHRAE Standard 62.2-2016, Ventilation and Acceptable Indoor Air Quality in Residential Buildings.

[6] ASTM E779 - 03, Standard Test Method for Determining Air Leakage Rate by Fan Pressurization.

[7] DIN 4108-7: 2011-01. Wärmeschutz und Energie-Einsparung in Gebäuden — Teil 7: Luftdichtheit von Gebäuden — Anforderungen, Planungs-und Aus führungsempfehlungen sowie beispiele.

[8] DIN 4109 - 1: 2016 - 07, Schallschutz im Hochbau — Teil 1: Mindestanforderungen.

[9] DIN 4109 - 2: 2016 - 07, Schallschutz im Hochbau — Teil 2: Rechnerische Nachweise der Erfüllung der Anforderungen.

[10] EN 410: 2011, Glass in building — Determination of luminous and solar characteristics of glazing.

[11] EN 673: 2011, Glass in building — Determination of thermal transmittance(*U* value) — Calculation method.

[12] EN 1991-1-5: 2003, Actions on structures — Part 1-5: General actions — Thermal actions.

[13] EN 12464-1: 2011, Lighting of work places — Part 1: Indoor work.

[14] EN 12464-2: 2014, Lighting of work places — Part 2: Outdoor work places.

[15] EN 12665: 2011, Light and lighting — Basic terms and criteria for

specifying lighting requirements.
[16] EN 12898：2001，Glass in building — Determination of the emissivity.
[17] EN 15026：2007，Hygrothermal performance of building components and building elements — Assessment of moisture transfer by numerical simulation.
[18] EN 16798-7：2017，Energy performance of buildings. Ventilation for buildings. Calculation methods for the determination of air ow rates in buildings including infiltration.
[19] EN 17037：2018，Daylight in buildings.
[20] IEC 61672-1：2013，Electroacoustics — Sound level meters — Part 1：Specifications.
[21] ISO 226：2003，Acoustics — Normal equal-loudness-level contours.
[22] ISO 354：2003，Acoustics — Measurement of sound absorption in a reverberation room.
[23] ISO 717-1：2013，Acoustics — Rating of sound insulation in buildings and of building elements — Part 1：Airborne sound insulation.
[24] ISO 717-2：2013，Acoustics — Rating of sound insulation in buildings and of building elements — Part 2：Impact sound insulation.
[25] ISO 1996-1：2016 Acoustics — Description，measurement and assessment of environmental noise — Part 1：Basic quantities and assessment procedures.
[26] ISO 1996-2：2017 Acoustics — Description，measurement and assessment of environmental noise — Part 2：Determination of environmental noise levels.
[27] ISO 6946：2007，Building components and building elements — Thermal resistance and thermal transmittance — Calculation method.
[28] ISO 7345：1987，Thermal insulation — Physical quantities and definitions.
[29] ISO 7730：2005，Ergonomics of the thermal environment — Analytical determination and interpretation of thermal comfort using calculation of the PMV and PPD indices and local thermal comfort criteria.
[30] ISO 9050：2003，Glass in building — Determination of light

transmittance, solar direct transmittance, total solar energy transmittance, ultraviolet transmittance and related glazing factors.

[31] ISO 9613 - 1: 1993 Acoustics — Attenuation of sound during propagation outdoors — Part 1: Calculation of the absorption of sound by the atmosphere.

[32] ISO 9613 - 2: 1996 Acoustics — Attenuation of sound during propagation outdoors — Part 2: General method of calculation.

[33] ISO 9845 - 1: 1992, Solar energy — Reference solar spectral irradiance at the ground at different receiving conditions — Part 1: Direct normal and hemispherical solar irradiance for air mass 1.5.

[34] ISO 9972: 2015, Thermal performance of buildings — Determination of air permeability of buildings — Fan pressurization method.

[35] ISO 10077-1: 2017, Thermal performance of windows, doors and shutters — Calculation of thermal transmittance, Part 1: General.

[36] ISO 10140-2: 2010, Acoustics — Laboratory measurement of sound insulation of building elements — Part 2: Measurement of airborne sound insulation.

[37] ISO 10140-3: 2010, Acoustics — Laboratory measurement of sound insulation of building elements — Part 3: Measurement of impact sound insulation.

[38] ISO 10140-5: 2010, Acoustics — Laboratory measurement of sound insulation of building elements — Part 5: Requirements for test facilities and equipment.

[39] ISO 10211: 2017, Thermal bridges in building construction — Heat flows and surface temperatures — Detailed calculations.

[40] ISO 10456: 2007, Building materials and products — Hygrothermal properties — Tabulated design values and procedures for determining declared and design thermal values.

[41] ISO 12572: 2001, Hygrothermal performance of building materials and products — Determination of water vapour transmission properties

[42] ISO 13370: 2017, Thermal performance of buildings — Heat transfer via the ground — Calculation methods.

[43] ISO 13786: 2017, Thermal performance of building components — Dynamic thermal characteristics — Calculation methods.

[44] ISO 13788: 2012, Hygrothermal performance of building components and building elements — Internal surface temperature to avoid critical

surface humidity and interstitial condensation — Calculation methods.
[45] ISO 13789：2017，Thermal performance of buildings — Transmission and ventilation heat transfer coefficients — Calculation method.
[46] ISO 14683：2017，Thermal bridges in building construction — Linear thermal transmittance — Simplified methods and default values.
[47] ISO 15469：2004，Spatial distribution of daylight — CIE standard general sky.
[48] ISO 16283-1：2014，Acoustics — Field measurement of sound insulation in buildings and of building elements — Part 1：Airborne sound insulation.
[49] ISO 16283-2：2015，Acoustics — Field measurement of sound insulation in buildings and of building elements — Part 2：Impact sound insulation.
[50] ISO 20065：2016，Acoustics — Objective method for assessing the audibility of tones in noise — Engineering method.
[51] ISO 52019-2：2017，Energy performance of buildings — Hygrothermal performance of building components and building elements — Part 2：Explanation and justification.
[52] ISO 52022-2：2017，Energy performance of buildings — Thermal，solar and daylight properties of building components and elements — Part 2：Explanation and justification.
[53] ISO 80000-1：2013，Quantities and units，Part 1：General.
[54] ISO 80000-3：2012，Quantities and units，Part 3：Space and time.
[55] ISO 80000-4：2012，Quantities and units，Part 4：Mechanics.
[56] ISO 80000-5：2012，Quantities and units，Part 5：Thermodynamics.
[57] ISO 80000-7：2013，Quantities and units，Part 7：Light.
[58] ISO 80000-8：2013，Quantities and units，Part 8：Acoustics.
[59] ISO 80000-9：2013，Quantities and units，Part 9：Physical chemistry and molecular physics.
[60] ISO 80000-10：2013，Quantities and units，Part 10：Atomic and nuclear physics.
[61] Comission directive（EU）2015/996 establishing common noise assessment methods according to Directive 2002/49/EC of the European Parliament and of the Council，2015 O.J. L 168/1.
[62] RUBIN M. Optical properties of soda lime silica glasses[J]. Solar

Energy Materials, 1985,12 (4): 275-288.

[63] Vitavia Europe ApS, Odense, Denmark.

[64] HECHT F. New development in FreeFem++[J]. Journal of Numerical Mathematics, 2012,20 (3-4): 251-265.

[65] Schöck Bauteile Ges.m.b.H., Wien, Austria.

[66] SHERMAN M H. Estimation of infiltration from leakage and climate indicators[J]. Energy and Buildings, 1987(10): 81-86.

[67] DJOLANI B. Hystérèse et effets de second ordre de la sorption d'humidité dans le bois aux températures de 5°, 21°, 35°, 50°C[J]. Annales des sciences forestières,1972, 29 (4): 465-474.

[68] LEUSDEN F P, FREYMARK H. Darstellungen der Raumbehaglichkeit für den einfachen praktischen Gebrauch[J]. Gesundheits-Ingenieur, 1951, 72 (16): 271-273.

[69] KEIDEL K D, NEFF W D. *Handbook of Sensory Physiology* (*Vol.* 1)[M]. [s.l.]: Springer-Verlag, 1974.

[70] Epi Spektrum doo, Maribor, Slovenia.

[71] JENNINGS S. The mean free path in air[J]. Journal of Aerosol Science, 1988, 19 (2): 159-166.

[72] WYSZECKI G, BLEVIN W R, KESSLER K G, et al. Principles governing photometry[J]. Monographie, 1983, 83(1): 19, 97-101.

[73] KROCHMANN J, SEIDL M. Quantitative data on daylight for illuminating engineering[J]. Lighting Research & Technology, 1974, 6 (3) : 165-171.

[74] IVERSEN A, ROY N, HVASS M, et al. *Daylight calculations in practice*. Danish Building Research Institute, Aalborg University, 2013.

[75] Velux Daylight Visualizer.

[76] https://passipedia.org/basics/building_physics_-_basics/heating_load.

[77] http://www.passiv.de/en/02_informations/02_passive-house requirements/02_passive-house-requirements.htm.

[78] https://buildingscience.com/documents/digests/bsd-138-moisture-and materials.

[79] http://www.anaesthesiamcq.com/FluidBook/fl3_2.php.

[80] http://ec.europa.eu/environment/noise/europe_en.htm.

[81] http://www.designingwithleds.com/light-spectrum-charts-data.

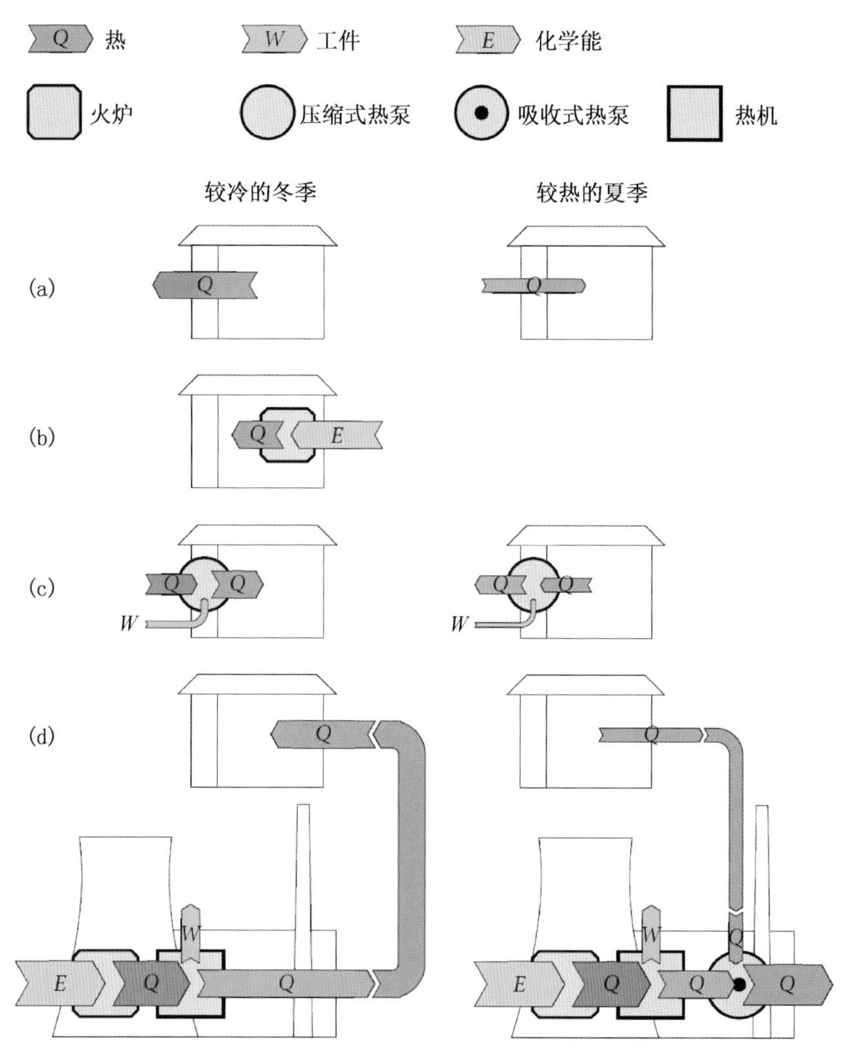

图 1.12 建筑的能量平衡。冬天建筑损失的能量可以通过火炉、热泵或 CHP 系统提供补偿热量。夏天建筑所获得的能量可以通过热泵或 CCHP 系统将热量转移出室外。其中深灰色和浅灰色指的是用来传递热量的介质的温度，深灰色和浅灰色分别对应于高于和低于室内的温度

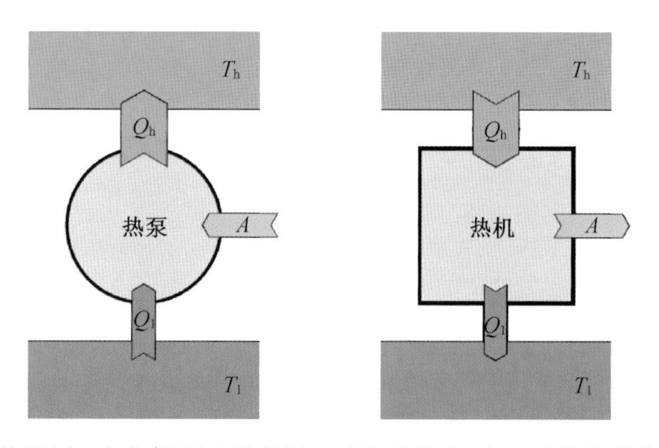

图 1.13 热泵(左)与热机(右)原理图。对热泵做功，它可以将能量从低温环境传向高温环境。当热机置于具有温差的两个环境中，它可以对外输出功

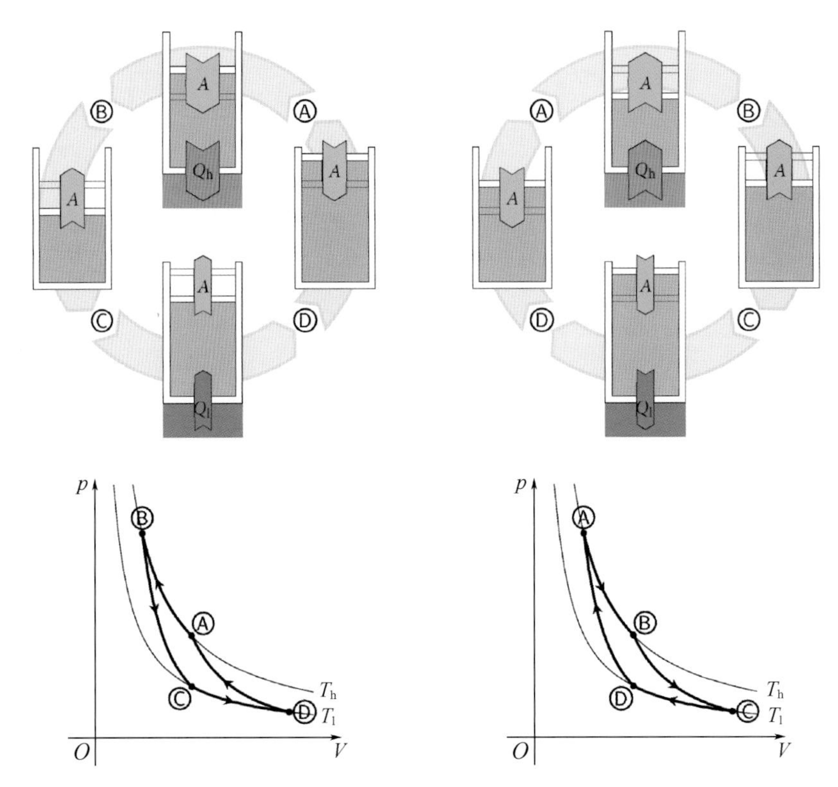

图 1.15 利用卡诺循环工作的热泵(左)和热机(右)。其中上半部分是循环的图示,下半部分是循环的 pV 图。需要注意的是热泵和热机所采用的循环是相同的,但循环的方向相反

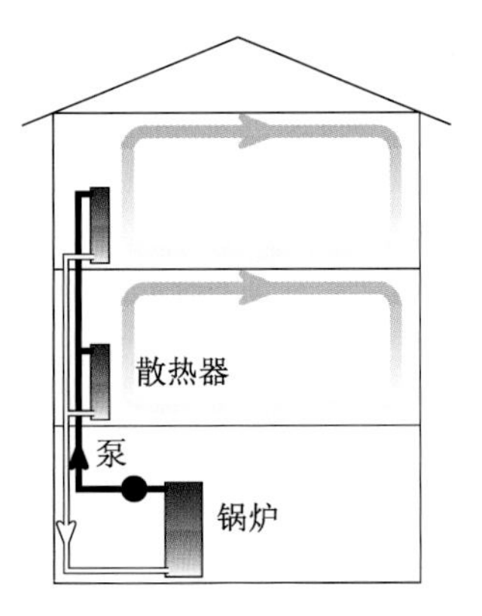

图 2.15 集中供暖系统。水的运动是强迫对流(黑色),空气的运动是自然对流(蓝色)

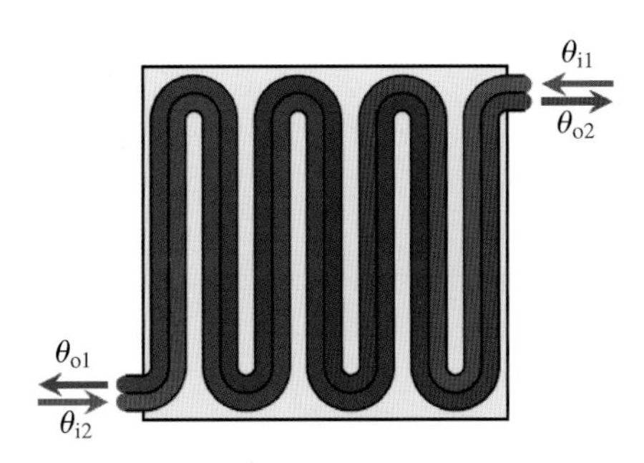

图 2.18 通过两个金属管道热接触构成的回热器的简易模型。在冬季,最初较热的废气和最初较冷的新鲜空气以相反的方向通过管道,在这一过程的热量从废气转移给新风。新风入口处温度为 θ_{i1},出口温度为 θ_{o1}。废气入口温度为 θ_{i2},出口温度为 θ_{o2}。$\theta_{o1} < \theta_{i2}$, $\theta_{o2} > \theta_{i1}$

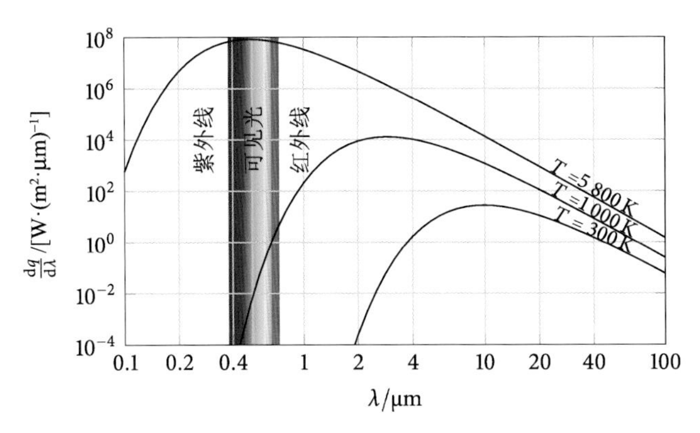

图 2.19 三种温度下的光谱辐射力，其中最重要的是太阳温度(约5 800 K)和室温(约 300 K)下的。只有较热的物体才能发出可见光

图 2.20 由于电流加热灯丝产生高温，白炽灯泡发出可见的短波辐射

图 2.22 由光学相机(左)和红外相机(右)记录的同一场景。由于玻璃可透过短波(可见光)辐射，但不可透过长波(红外)辐射，因此红外发射物体被玻璃遮挡。红外热成像技术将在第 2.4.4 小节详细阐述

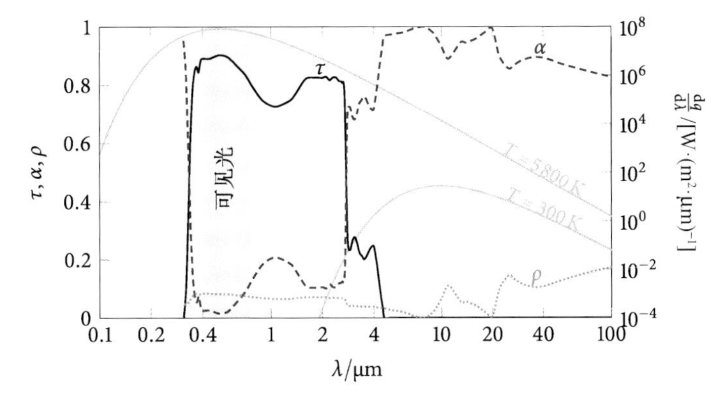

图 2.23 普通窗户玻璃的光谱透射比、吸收比和反射比。大部分的短波辐射被透射，大部分的长波辐射被吸收

图 2.31 冬日一栋建筑的热像图。左侧图像显示了建筑具有较薄保温层的部分，右侧图像显示了建筑具有附加保温层的部分。更厚更好的保温层降低了热流量，从而降低了表面温度

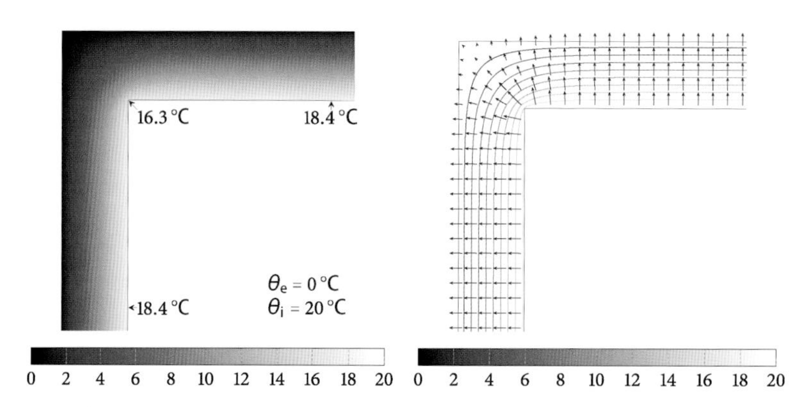

图 3.13 线性热桥的温度(左)、等温面和热流密度矢量(右)。等温面不是平面的，热流方向在热桥附近发生变化。在离热桥较远的地方，情况变得均匀。该结果是用 FreeFEM ++获得的

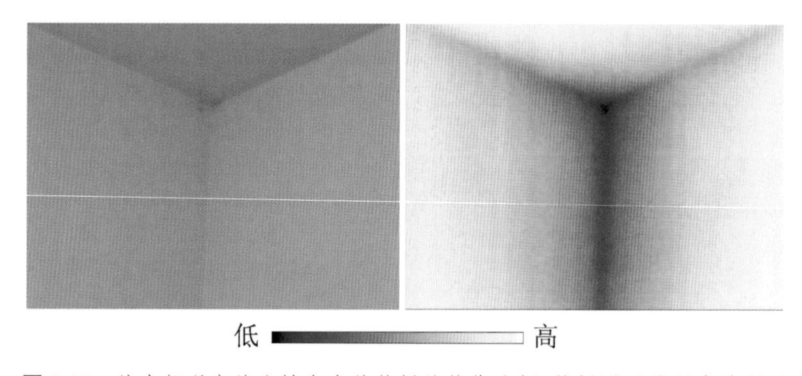

图 3.14 从内部观察的线性和点状热桥的热像分析：热桥附近的温度降低了

图 3.17 热桥的热成像分析：墙/地板连接处、窗上过梁、墙/窗连接处以及内外表面边缘

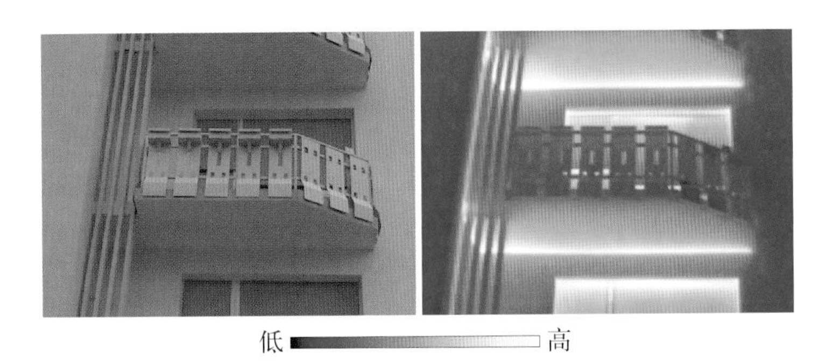

图 3.19 阳台板的热成像分析。由于阳台板破坏了保温层，热流增加了

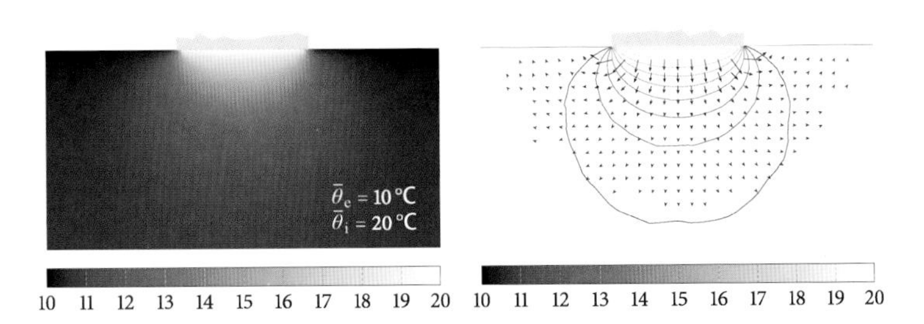

图 3.26 地面传热的温度(左)、等温面和热流密度矢量(右)图。该结果是年平均气温下的稳态情况，结果是用 FreeFEM++获得的

图 4.13 由于湿度上升而造成的高出地面以上部分立面损坏。请注意，最大的损坏发生在靠近水汽边界的地方，通常称为蒸发区

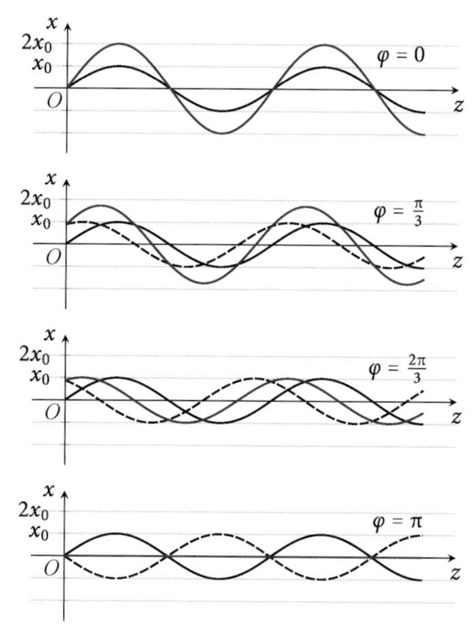

图 5.10 沿着相同方向传播的两个相位不同(相位差为 φ)的全同简谐行波之间的干涉。两列波以蓝色和绿色表示,干涉结果以红色表示。当 $\varphi=0$ 时(顶部),干涉为完全相长干涉,干涉波形的振幅是初始波形振幅的两倍。当 $\varphi=\pi$ 时(底部),干涉为完全相消干涉,两个波互相抵消,干涉结果是位移为零

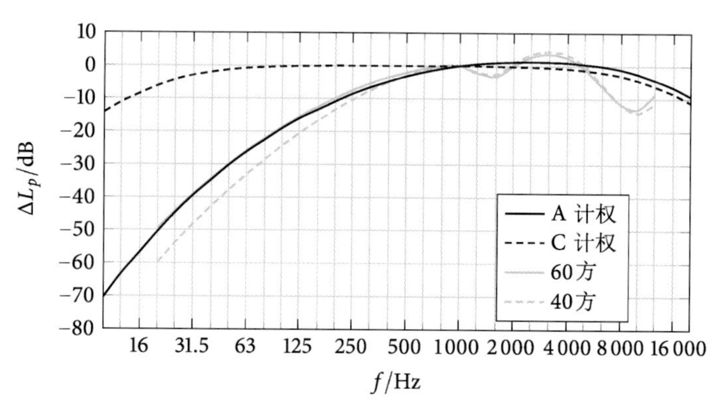

图 6.10 A、C 计权函数及以 1 kHz、0 dB 为中心镜像后的 40 方、60 方等响曲线

图 6.13 环境声压级的两种测定方法:使用话筒测量(左),使用数字模型计算(右)

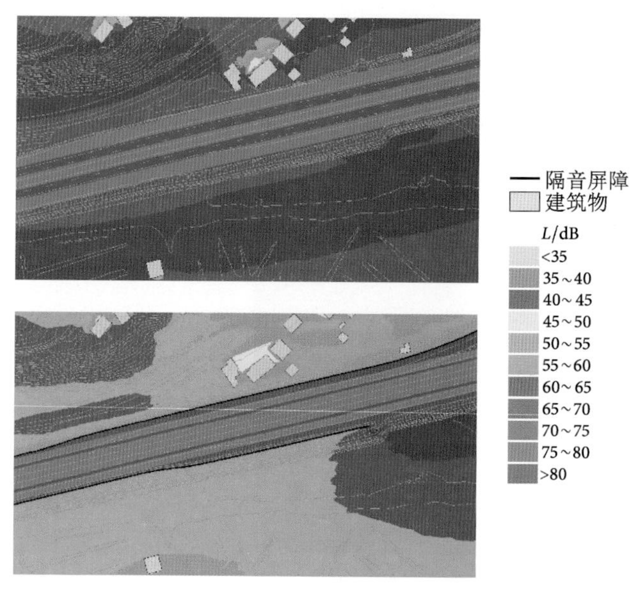

图 6.14 由图 6.13 中的数字地形模型绘制的高速公路附近距离地面 2 m 的噪声图。上图是没有噪声控制的情况,下图是有噪声控制的情况。同一区域的截面表示见图 6.18。所使用的配色方案由标准 DIN 18005-2 规定

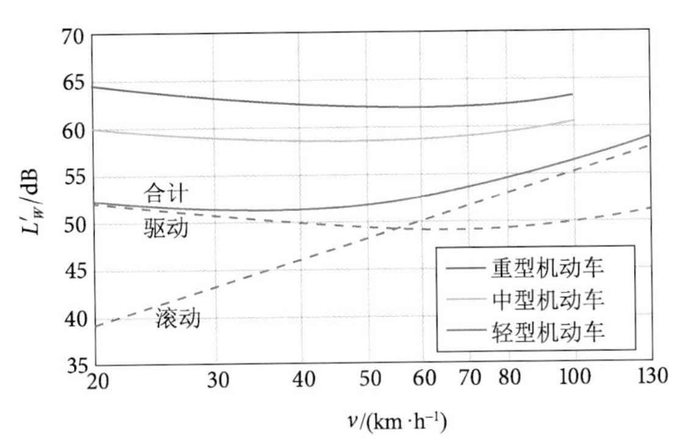

图 6.15 根据 CNOSSOS-EU 方法，前三类车辆每小时有一辆车的道路的线性声功率级。还给出了轻型机动车辆滚动和驱动对噪声的贡献

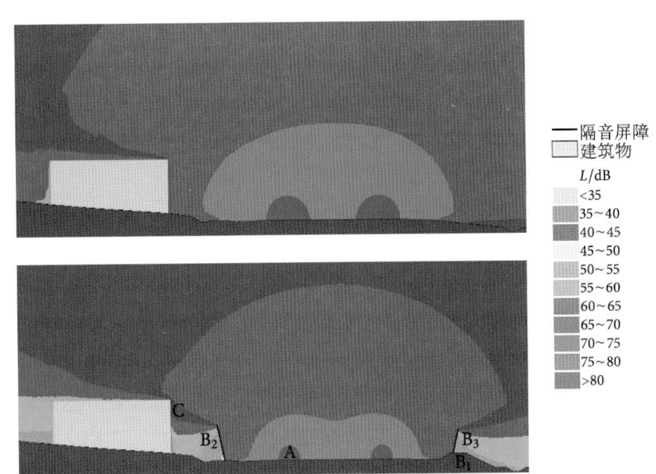

图 6.18 三种降噪方法的效果。根据图 6.13 中的数字地形模型，给出了公路两侧无降噪（上）和有降噪（下）声压级的横截面图。降噪措施包括一项声功率削减措施（A）、三项主动措施（B_1、B_2、B_3）和一项被动措施（C）。同一区域的情况表示见图 6.14。使用的配色方案由标准 DIN 18005-2 规定

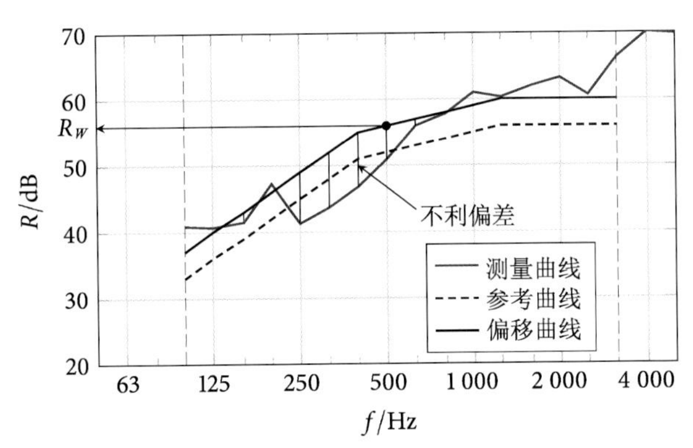

图 7.19 标准 ISO 717-1 规定的空气隔声量等级 R_W 的测定程序。参考曲线向测量曲线移动，读取偏移完成后 500 Hz 处的值

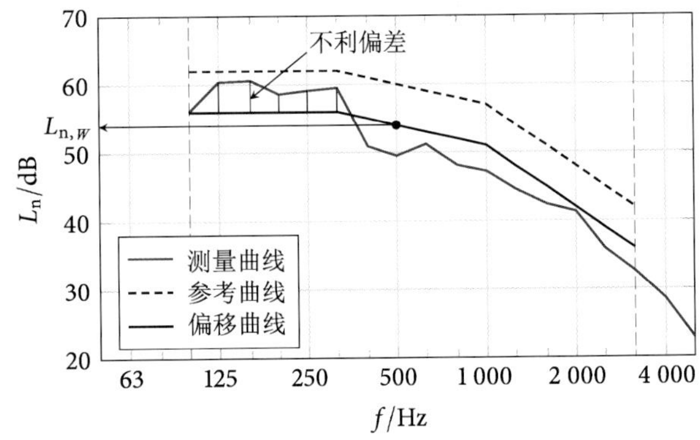

图 7.21 标准 ISO 717-2 规定的撞击声压级的测定程序。参考曲线向测量曲线移动，读取偏移完成后 500 Hz 处的值

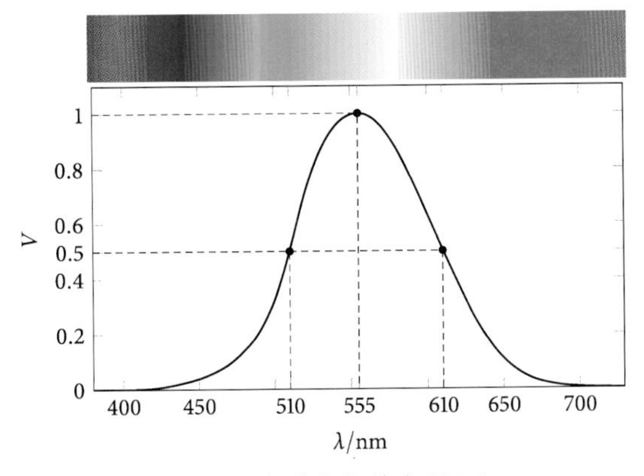

图 8.5 光谱光视效率 $V(\lambda)$

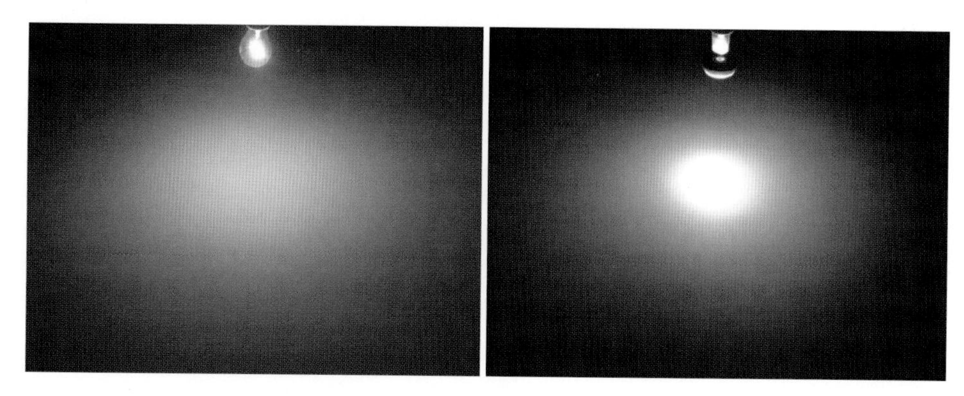

图 8.8 两个相同电功率和光通量的白炽灯泡的发光强度。经典的各向同性灯泡(左)和反射灯泡(右)。使用反射灯泡,光线集中到较小的立体角内,从而增加那里的发光强度。注意,反光灯灯泡的发光强度也取决于偏转角度

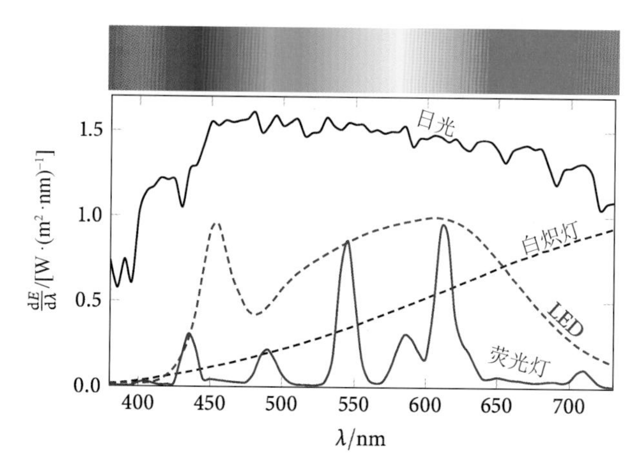

图 8.17 日光的光谱辐照度和三种人造光源的典型光谱辐照度

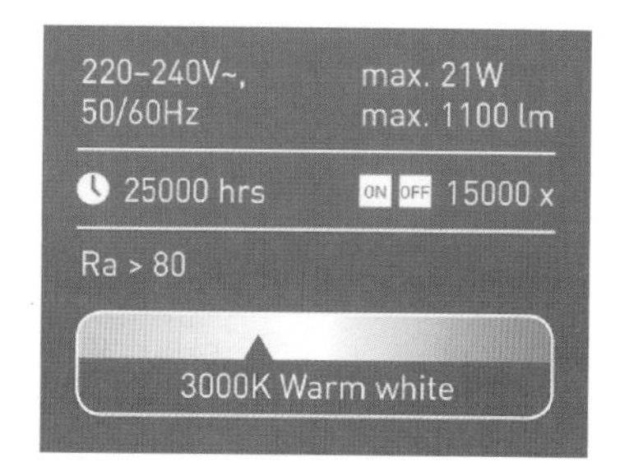

图 8.18 人造光源包装上的技术参数。其中标注了重要的与光学相关的参数,比如光通量、相关色温和显色指数以及电压、功率和产品寿命等

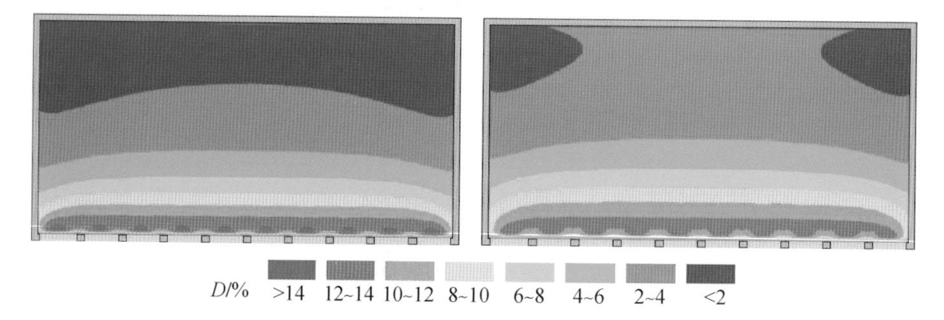

图 8.20 在有十个窗户的教室内无反光板(左)和有反光板(右)情况下的采光系数。有了反光板,日光照射深度从 1.5 倍窗顶高度增加到 2.5 倍窗顶高度。此外,房间内的照度均匀度也增加了